光伏发电特征的分析与计算

肖文波　著

科学出版社
北京

内 容 简 介

本书共有八章，主要包括光伏发电的基本原理、影响电池发电量的典型因素、光伏发电预测技术、光伏电池的参数提取技术、光伏发电工程数学模型以及国内外光伏技术的发展趋势等。本书结合当前光伏发电的理论与实验进展，强调先进性、科学性和实用性，撰写理念先进、定位准确、内容精当、文字流畅、特色鲜明。通过本书的学习，人们不仅能够深化对于光伏发电技术的基本理论的认识，更可以从计算角度理解光伏发电规律。

本书内容适合从事光伏发电技术相关研究与应用的工程技术人员及高校师生阅读和参考。

图书在版编目(CIP)数据

光伏发电特征的分析与计算 / 肖文波著. —北京：科学出版社，2023.6

ISBN 978-7-03-075782-1

Ⅰ. ①光…　Ⅱ. ①肖…　Ⅲ. ①太阳能光伏发电-研究　Ⅳ. ①TM615

中国国家版本馆CIP数据核字(2023)第106520号

责任编辑：吴凡洁　王楠楠 / 责任校对：崔向琳
责任印制：吴兆东 / 封面设计：无极书装

科 学 出 版 社 出版
北京东黄城根北街 16 号
邮政编码: 100717
http://www.sciencep.com
北京捷迅佳彩印刷有限公司 印刷
科学出版社发行　各地新华书店经销
*
2023 年 6 月第 一 版　开本：720 × 1000 1/16
2023 年 6 月第一次印刷　印张：13
字数：258 000

定价：118.00 元

(如有印装质量问题，我社负责调换)

前　言

随着经济的发展、人口的增加，人们对能源的需求不断增长，对化石燃料的开采与使用也越来越多，导致化石燃料短缺、环境遭受污染和破坏。人类的文明正面临环境污染、能源短缺等诸多问题。太阳能是一种能量巨大、无限、清洁的能源，应用的领域也从航天、国防等转向民用，其不仅可以部分代替化石燃料发电，还可以缓解地球环境恶化。

从 20 世纪 80 年代开始，太阳电池的应用与开发就是我国能源政策支持产业以及科研开发的方向。进入 21 世纪后，随着新型太阳电池(例如，2022 年 6 月 30 日，德国和比利时的研究人员携手研制出一款新型钙钛矿/铜铟二硒化物串联太阳电池，其光电转换效率达到 25%，为迄今同类产品的最高值)的发展，以及大规模光伏并网发电技术的成熟等，我国的光伏发电在民用、工业以及产业上的应用已经处于世界前列。鉴于国内外光伏产业的快速发展，我感到有必要撰写一本比较系统全面介绍光伏发电基本理论和实用技术的参考书，以满足从事光伏发电的科技工作者、大专院校师生以及光伏发电爱好者的需求。

本书主要介绍国内外光伏发电的最新技术和最新成果。第 1 章介绍光伏发电的基本原理及其应用，主要是电池的原理、电池种类、离网与并网发电等；第 2 章对影响电池发电量的典型因素进行研究与分析，如光强与温度、聚光透镜的焦点位置等对电池性能的影响规律；第 3 章为遮阴对太阳电池发电的影响规律研究，包括实验及仿真研究遮阴下电池的特征；第 4 章为光伏发电预测技术的研究，主要介绍物理预测方法、神经网络预测方法等的特征；第 5 章为光伏发电的参数提取技术的研究，主要介绍如何提取太阳电池单二极管模型中理想因子、串联电阻、并联电阻、反向饱和电流和光生电流等五个参数；第 6 章为光伏发电工程数学模型的研究，分析及研究各种太阳电池工程数学模型的特点等；第 7 章为光伏系统发电最大功率点跟踪技术的研究，主要介绍传统算法(扰动观察法、电导增量法等)以及智能算法(粒子群优化算法等)的优缺点；第 8 章是对国内外光伏发电的趋势及光伏发电技术的展望。

本书得到了国家自然科学基金项目(编号：12064027)、2022 年江西省高层次高技能领军人才培养工程(63 号)、江西省教育厅科学技术研究重点项目(GJJ2204302)、南昌航空大学 2022 年学术专著出版资助项目、九江市 2022～2023 年度市级科技计划项目(光伏组件的检测研究、光伏组件交直流特征用于其故障辨识的研究)等的支持。

光伏发电尚属于一项新技术且在快速发展中，因此作者在撰写本书时参考了大量的文献，尽管在撰写过程中已对专业性术语和符号、下标等作了统一，但由于作者水平有限，书中难免有疏漏和不妥之处，请读者不吝提出宝贵意见。

肖文波

2023 年 1 月

目　录

第1章　光伏发电的基本原理及其应用

随着人类社会经济的发展，人类对于能源的需求越来越高。不仅如此，人口总数不断增大，以及人类对电力需求的提高和化学燃料的大量使用，导致了众多的环境问题和能源问题。因此人们对清洁可再生能源越来越重视，特别是太阳能，而太阳能的利用中光伏发电更受到了人们的关注。原因不仅在于经济因素，更在于环境因素。我国光伏产业起步较西方国家略晚，早期以太阳电池制造为主，美国和欧盟是我国光伏产品的重要出口市场。自2008年国际金融危机爆发以来，欧美发达国家和地区经济受到较大影响，导致就业率下降，贸易保护主义势头日益上升。在此背景下，包括光伏产业在内的中国众多出口行业遭遇了越来越严重的贸易摩擦。2012年、2013年美国和欧盟对中国光伏产品采取的巨额惩罚措施，对中国光伏企业发展产生了巨大的负面影响。在此背景下，大量竞争力较弱的企业退出光伏产业。从2013年开始，在我国政府和光伏企业的共同努力下，我国光伏产业迎来转机。凭借良好的产业配套优势、人力资源优势、成本优势以及国家的大力扶持政策，充分利用国内光伏市场崛起的机遇，通过自主创新与引进消化吸收再创新相结合，我国光伏产业逐步形成了具有我国自主特色的产业技术体系，逐步成为我国为数不多的具有国际竞争优势的战略性新兴产业。

为了适应光伏产业的快速发展，阐述光伏发电的特征等，本章将从以下方面进行分析：太阳能及太阳电池、太阳电池的构造及发电原理、太阳电池的种类、太阳电池的等值电路和伏安特性、太阳电池的表征、太阳电池离网和并网发电。

1.1　太阳能及太阳电池

从1839年法国科学家贝可勒尔发现液体的光生伏特效应算起，太阳电池已经经过了180多年的漫长发展历史。从总的发展来看，基础研究和技术进步都起到了积极推进的作用。1954年，美国科学家蔡平和皮尔逊在美国贝尔实验室首次制成了实用的效率为6%的单晶硅太阳电池，诞生了将太阳光能转换为电能的实用光伏发电技术，在太阳电池发展史上起到了里程碑的作用。太阳电池工作的基础是半导体PN结的光生伏特效应，就是当物体受到光照时，物体内的电荷分布状态发生变化而产生电动势和电流的一种效应，即当太阳光或其他光照射半导体的PN结时，就会在PN结的两边出现电压，称为光生电压，使PN结短路，就会产生电流。太阳电池可以利用太阳的光能，将光能直接转换成电能，以分散电源系统的形式向负载提供电能[1,2]。由半导体器件构成的太阳电池是发电的重要部件，如图 1-1 所示。

图 1-1　太阳电池

太阳能发电具有如下的特点。

1. 在太阳能利用方面

(1) 能量巨大、清洁。到达地球的太阳能，在大气圈外的太阳光强度为 1.38kW/m^2，其中有 30%向宇宙反射，剩余的 70%可到达地球。据推算，太阳的寿命可达几十亿年，所以太阳能可称为无穷大能源。

(2) 到处存在、取之不尽、用之不竭。有太阳的地方便可发电，因此使用方便，通常的火力、水力发电方式，其发电站一般远离负荷，需要输电，而太阳电池可设置在负荷所在地就近为负荷提供电力。

(3) 能量密度低、出力随气象条件而变。太阳电池的出力随入射光、季节、天气、时刻等的变化而变化，夜间不能发电。

(4) 提供直流电能、无蓄电功能。

2. 将光能直接转换成电能方面

(1) 阴天、雨天可利用散乱光发电。

(2) 设备结构简单、无可动部分、无噪声、无机械磨损、寿命长、管理和维护简便，可实现系统自动化、无人化。

(3) 可以阵列为单位选择容量。

(4) 重量轻，可作为屋顶使用。

(5) 制造所需能源少、建设周期短。

3. 构成分散型电源系统

(1)适应发电场所的负载需要，不需要输电线路等设备。

(2)适应昼间的电力需要，减轻高峰时的用电压力。

(3)电源多样化，提供稳定电源。

1.2　太阳电池的构造及发电原理

1.2.1　基本工作原理

太阳能是一种辐射能，它必须借助于能量转换器才能变换成电能。这个把太阳能(或其他光能)变换成电能的能量转换器，就称为太阳电池。

太阳电池工作原理的基础[3,4]，是半导体 PN 结的光生伏特效应。所谓光生伏特效应，简单地说，就是当物体受到光照时，其体内的电荷分布状态发生变化而产生电动势和电流的一种效应。在气体、液体和固体中均可产生这种效应，但在固体尤其是在半导体中，光能转换为电能的效率特别高，因此半导体中的光电效应受到人们的格外关注，被研究得最多，人们还发明制造出了半导体太阳电池。

可将半导体太阳电池的发电过程概括成如下 4 点(图 1-2 是光生电原理图)：①收集太阳光和其他光使之照射到太阳电池表面上；②太阳电池吸收具有一定能量的光子，激发出非平衡载流子(光生载流子)——电子-空穴对，这些电子和空穴应有足够的寿命，在它们被分离之前不会复合消失；③这些电性符号相反的光生载流子在太阳电池 PN 结内建电场的作用下被分离，电子集中在一边，空穴集中

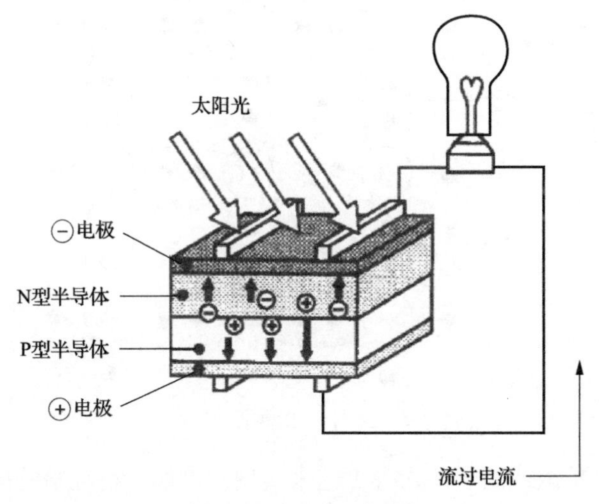

图 1-2　光生电原理图

在另一边，在 PN 结两边产生异性电荷的积累，从而产生光生电动势，即光生电压；④在太阳电池 PN 结的两侧引出电极，并接上负载，在外电路中即有光生电流通过，从而获得功率输出，这样太阳电池就把太阳能(或其他光能)直接转换成电能了。

1.2.2　PN 结形成

晶格完整且不含杂质的半导体，称为本征半导体，这样的硅晶片，称为本征硅晶片。本征半导体电子填满价带，导带是空的，不能导电。在一般情况下，由于温度的影响，价电子在热激发下有可能克服原子的束缚而跳跃出来，使其价键断裂。电子离开原来的位置在整个晶体中活动，也就是价电子由价带跃迁到导带成为能导电的自由电子；与此同时，在价键中留下一个空位，称为空穴，也可以说成是价带中留下一个空位产生了空穴，如图 1-3 所示。空穴可以被相邻满键上的电子填充而出现新的空穴，也可以说成是价带中的空穴可被相邻的价电子填充而产生新的空穴。这样，空穴不断被电子填充，又不断产生新的空穴，结果形成空穴在晶体内的移动。空穴可以被看成一个带正电的粒子，其所带的电荷与电子相等，但符号相反。这时自由电子和空穴在晶体内的运动都是无规则的，因而并不产生电流。这样的电子和空穴称为载流子。本征半导体的导电就是由于这些载流子的运动，所以称为本征导电。半导体的本征导电能力很小。为获得所需性能的材料，需要人为地将某种杂质加到半导体材料中，这个过程称为掺杂。下面以单晶硅太阳电池为例，对具体的掺杂进行阐述。

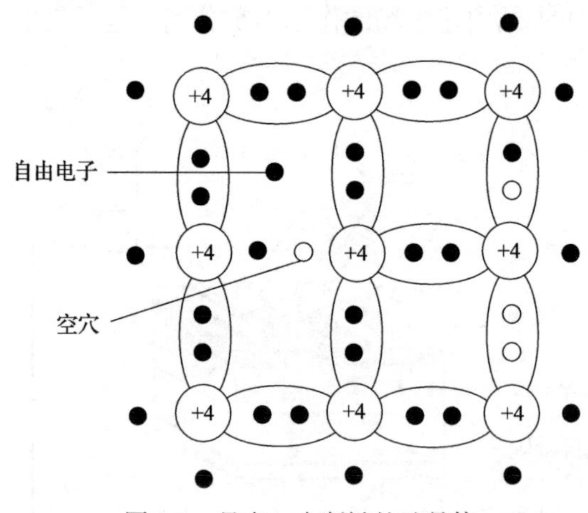

图 1-3　具有一个断键的硅晶体

掺杂可通过扩散或离子注入等工艺来实现。例如，在纯净的硅中掺入少量的 5 价元素磷，这些磷原子在晶格中取代硅原子，并用它的 4 个价电子与相邻的硅原子进行共价结合。磷有 5 个价电子，用去 4 个，还剩 1 个。这个多余的价电子虽然没有被束缚在价键里，但仍受到磷原子核正电荷的吸引。但这种吸引力很弱，可使其脱离磷原子到晶体内或成为自由电子，从而产生电子导电运动；同时，磷原子由于缺少 1 个电子而变成带正电的磷离子。由于磷原子在晶体中起释放电子的作用，把磷等 5 价元素称为施主型杂质，也称为 N 型杂质。它的自由电子数目远远大于空穴数目，导电主要由自由电子决定，导电方向与电场方向相反，称为 N 型半导体。

如果在纯净的硅中掺入少量 3 价元素硼，其原子只有 3 个价电子，当硼和相邻的 4 个硅原子进行共价键结合时，还缺少 1 个电子，所以要从其中 1 个硅原子的价键中获取 1 个电子来填补。这样，就在硅中产生了 1 个空穴，而硼原子则由于接收了 1 个电子而成为带负电的硼离子。硼原子在晶体中起接收电子而产生空穴的作用，所以称为受主型杂质，也称为 P 型杂质。它的空穴数目远远超过自由电子数目，导电主要由空穴决定，导电方向与电场方向相同，称为空穴型或 P 型半导体。图 1-4 是 N 型硅和 P 型硅晶体结构示意图。

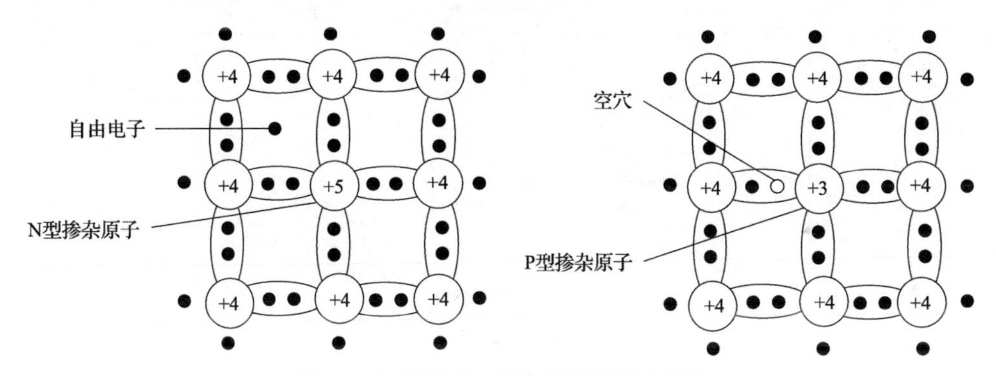

图 1-4　N 型硅和 P 型硅晶体结构示意图

把一块 N 型半导体和一块 P 型半导体十分紧密地接触形成 PN 结。N 型半导体和 P 型半导体接触后，由于交界面处存在电子和空穴的浓度差，N 型区中的多数载流子（电子）要向 P 型区扩散，P 型区中的多数载流子（空穴）要向 N 型区扩散。扩散后，在交界面的 N 型区一侧留下带正电荷的离子施主，形成一个正电荷区域；同理，在交界面的 P 型区一侧留下带负电荷的离子受主，形成一个负电荷区域。这样，就在 N 型区和 P 型区交界面的两侧形成一侧带正电荷而另一侧带负电荷的一层很薄的区域，称为空间电荷区，即通常所说的 PN 结。在同一半导体材料上形成的 PN 结，称为同质结。在不同半导体材料上形成的 PN 结，称为异质结。PN 结具有单向导电性。PN 结有很多种分类：按杂质分，有实变结和缓变结；按工艺分，有成长结、合金结、外延结和注入结。PN 结是太阳电池的核心，是其赖以工作的基础。

1.2.3 电池发电过程

PN结在结的两边形成内建电场，又称势垒电场。因为此处的电阻特别高，所以也称为阻挡层。当太阳光(或其他光)照射PN结时，束缚电子由于获得了光能而释放，相应地便产生了电子-空穴对，并在势垒电场的作用下，电子被驱向N型区，空穴被驱向P型区，从而使N型区有过剩的电子，P型区有过剩的空穴；于是就在PN结的附近形成了与势垒电场方向相反的光生电场。光生电场的一部分抵消势垒电场，另一部分使P型区带正电、N型区带负电；于是就使得N型区与P型区之间的薄层产生了电动势，即光生伏特电动势。当接通外电路时，便有电能输出。这就是PN结接触型硅系太阳电池发电的基本原理(图1-5)。若把几十个、数百个太阳电池单体串联、并联起来封装成太阳电池组件，在太阳光(或其他光)的照射下，便可获得具有一定功率输出的电能。

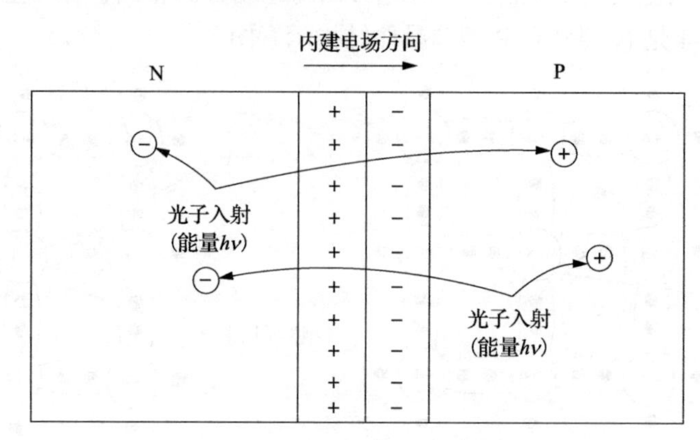

图1-5 光生伏特效应原理图

h为普朗克常量，ν为光的频率

1.3 太阳电池的种类

太阳电池根据其使用的材料可分成硅系太阳电池、化合物系太阳电池以及有机半导体系太阳电池等类型[5-8]，如图1-6所示。硅系太阳电池可分成结晶硅系太阳电池和非晶硅太阳电池。而结晶硅系太阳电池又可分成单晶硅太阳电池和多晶硅太阳电池。化合物系太阳电池可分为Ⅲ-Ⅴ族化合物(GaAs)太阳电池、Ⅱ-Ⅵ族化合物(CdS/CdTe)太阳电池以及三元(Ⅰ-Ⅲ-Ⅵ族)化合物($CuInSe_2$)太阳电池等。有机半导体系太阳电池可分成染料敏化太阳电池(DSSC)以及钙钛矿太阳电池等。

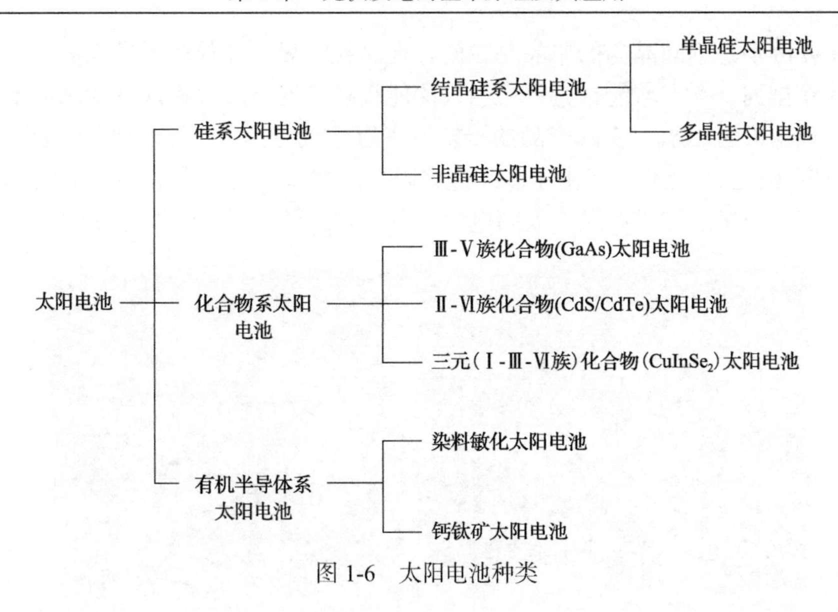

图 1-6　太阳电池种类

1.3.1　硅系太阳电池

自太阳电池发明以来，单晶硅太阳电池开发的历史最长。图 1-7 为单晶硅太阳电池的外观；单晶硅太阳电池的硅原子的排列非常规则，在硅系太阳电池中转换效率最高，转换效率的理论值为 24%～26%，实际产品的结晶硅系太阳电池的转换效率为 15%～18%，从住宅到街灯等已得到广泛应用，目前主要用于发电。

图 1-7　单晶硅太阳电池

图 1-8 为多晶硅太阳电池的外观。多晶硅材料由许多具有不同晶向的小颗粒单晶硅组成，在小颗粒的单晶晶粒内部硅原子呈周期性有序排列。多晶硅与单晶

硅的主要区别是不同晶向的单晶晶粒间存在晶粒间界。晶粒间界结构复杂，硅原子呈无序排列，存在着能在禁带中引入深能级缺陷的杂质。多晶硅太阳电池转换效率的理论值为 20%，实际产品的转换效率为 12%～14%。与单晶硅太阳电池的转换效率相比虽然略低，但由于多晶硅太阳电池的原材料较丰富，制造比较容易，因此，其使用量已超过单晶硅太阳电池，占主导地位。

图 1-8　多晶硅太阳电池

非晶硅太阳电池是指通过光电效应或者光化学效应把光能转换成电能的装置。1976 年出现的新型薄膜式太阳电池的基本组成成分是非晶硅化合物，又称为 α -Si 太阳电池或无定型硅太阳电池。图 1-9 是非晶硅太阳电池外观，它的原子排列呈现无规则状态，转换效率的理论值为 18%，但实际产品的转换效率为 9%左

图 1-9　非晶硅太阳电池

右。这种电池早期存在劣化特性，即在太阳光的照射下，初期存在转换效率下降的现象。最近，非晶硅太阳电池的初期劣化特性已得到改善。

1.3.2　化合物系太阳电池

化合物薄膜电池材料为无机盐，其主要包括砷化镓薄膜电池、硫化镉薄膜电池、碲化镉薄膜电池及铜铟硒薄膜电池等。与非晶硅太阳电池相比，这些电池有不同的性能，可以满足不同的需求。尽管硫化镉、碲化镉薄膜电池的效率较非晶硅太阳电池高，成本比单晶硅太阳电池低，并且也易于大规模生产，但由于镉有剧毒，会对环境造成严重的污染，因此，并不是硅系太阳电池最理想的替代。

据了解，GaAsⅢ-Ⅴ族化合物及铜铟硒薄膜电池由于具有较高的转换效率而受到人们的普遍重视。GaAs属于Ⅲ-Ⅴ族化合物半导体材料，如图1-10所示，其能隙为1.4eV，正好为高吸收率太阳光的值，因此，是很理想的电池材料。GaAs等Ⅲ-Ⅴ族化合物太阳电池的制备主要采用金属有机物气相外延生长(MOVPE)和液相外延(LPE)技术，其中MOVPE方法制备GaAs太阳电池受衬底位错、反应压力、Ⅲ-Ⅴ比率等诸多参数的影响。

图1-10　GaAs太阳电池组件

除GaAs外，其他Ⅲ-Ⅴ族化合物如GaSb、GaInP等电池材料也得到了开发。1998年德国费莱堡太阳能系统研究所制得的GaAs太阳电池转换效率为24.2%。首次制备的GaInP太阳电池的转换效率为14.7%。另外，该研究所还采用堆叠结构制备GaAs、GaSb太阳电池，该电池将两个独立的电池堆叠在一起，GaAs作为上电池，下电池用的是GaSb，所得到的电池转换效率达到31.1%。

GaAs 等Ⅲ-Ⅴ族化合物半导体材料制成的太阳电池在发电领域已得到应用。Ⅲ-Ⅴ族化合物太阳电池有单结合电池单元、多结合电池单元、聚光型电池单元以及薄膜型电池单元等种类。这种太阳电池的转换效率较高，单结合的太阳电池的转换效率为 26%～28%，三层结合的太阳电池的转换效率可望达到 35%～42%，它可以做成薄膜太阳电池，其耐辐射性、温度特性较好，因此适用于聚光发电。

$CuInSe_2$简称 CIS，CIS 太阳电池如图 1-11 所示。CIS 材料的能隙为 1.1eV，适用于太阳光的光电转换，另外，CIS 太阳电池不存在光致衰退问题。因此，CIS 用作高转换效率太阳电池材料也引起了人们的关注，转换效率将来可达到 25%～30%。大面积组件的转换效率已达 12%，在薄膜太阳电池中最高。而且这种太阳电池的可靠性高、安全性好、无光劣化、耐辐射性好，可成为下一代主流太阳电池。化合物系太阳电池中，小规模 CIS 太阳电池已有产品上市，用于住宅发电的大面积组件已进入试制阶段，将来有望用于住宅太阳能光伏系统。

图 1-11　CIS 太阳电池

1.3.3　有机半导体系太阳电池

1. 染料敏化太阳电池

染料敏化太阳电池主要是模仿光合作用原理研制出来的一种新型太阳电池。染料敏化太阳电池以低成本的纳米二氧化钛和光敏染料为主要原料，模拟自然界中的植物利用太阳能进行光合作用，将太阳能转化为电能。这种电池由透明导电性玻璃、微结晶膜、无机酸化物或增感色素以及电解质溶液等材料构成。这种太阳电池比硅系太阳电池便宜，可用简单的印刷方式进行制造，可大量生产，不需要昂贵的制造设备，因此具有制造成本低、制造所需材料丰富、耗能少、品种多样以及对环境的影响不大等特点。

1991 年瑞士的 Grätzel 教授首先采用联吡啶钌作为染料与纳米多孔 TiO_2 薄膜制备了染料敏化太阳电池，获得了 7.1%的光电转换效率[9]。染料敏化太阳电池主要由纳米多孔 TiO_2 薄膜、染料敏化剂、电解质和对电极四个部分组成，其工作原理如图 1-12(a)所示。吸收太阳光后染料分子从基态跃迁到激发态(过程①)，染料激发态的电子注入到 TiO_2 的导带中(过程②)，随后扩散至导电基底(过程③)，经外回路转移至对电极，氧化态的电解质在对电极接收电子被还原(过程④)，处于氧化态的染料敏化剂被还原态的电解质还原再生(过程⑤)，从而完成了电子输运的一个循环过程。在这些过程中，伴随着两个复合反应：注入到 TiO_2 导带中的电

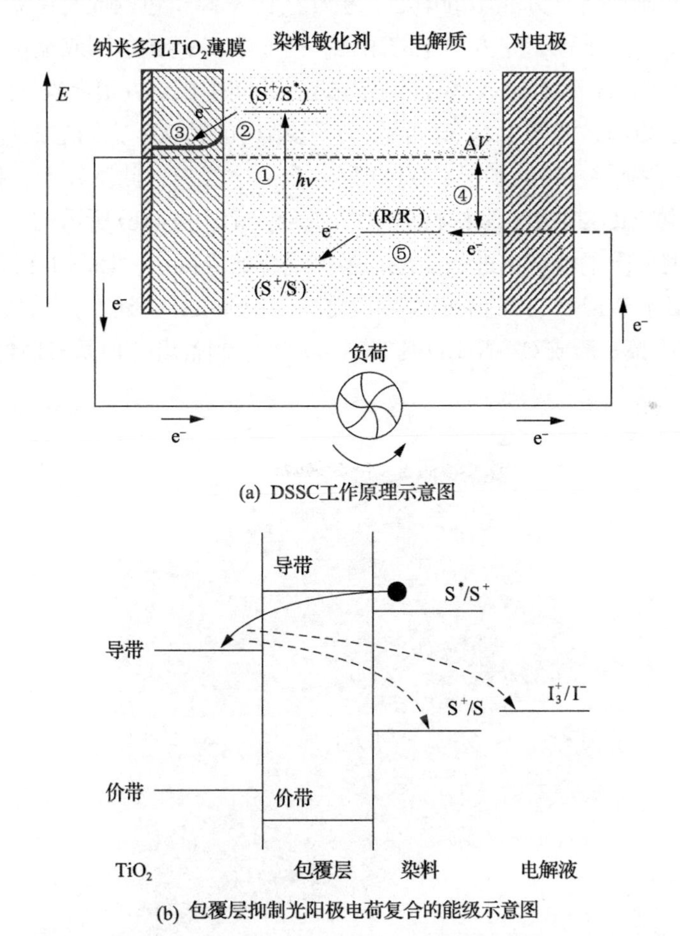

(a) DSSC工作原理示意图

(b) 包覆层抑制光阳极电荷复合的能级示意图

图 1-12　染料敏化太阳电池工作过程及电子运动复合过程

R/R^-为氧化-还原对；S 是染料的基态；S^*/S^+是染料的激发态及氧化态；I_3^+/I^-是电解质中的电子态；E 为电子能量；ΔV 为能级差

子与染料的基态分子或电解质中的电子受体离子发生复合反应。这两个复合反应都不利于电流的输出，为了抑制电荷复合反应，有研究提出在 TiO_2 多孔膜的表面修饰一层宽禁带半导体材料，形成复合的核壳结构光阳极，结构引入的目的是抑制电子与染料和电解质的复合，如图 1-12(b)虚线部分所示。但是这种电极本身的性质会因为引入宽禁带半导体材料而发生改变。

2. 钙钛矿太阳电池

钙钛矿太阳电池(perovskite solar cell)是将钙钛矿型的有机金属卤化物半导体作为吸光材料的太阳电池，属于第三代太阳电池，也称作新概念太阳电池，如图 1-13 所示。钙钛矿晶体为 ABX_3 结构，一般为立方体或八面体结构。在钙钛矿晶体中，A 离子位于立方晶胞的中心，被 12 个 X 离子包围成配位立方八面体，配位数为 12；B 离子位于立方晶胞的角顶，被 6 个 X 离子包围成配位八面体，配位数为 6，其中，A 离子和 X 离子半径相近，共同构成立方密堆积。图 1-14 是钙钛矿太阳电池结构，如图 1-14(a)所示，介孔结构的钙钛矿太阳电池包括 FTO(导电玻璃)层、致密层、钙钛矿层、HTM 层、金属电极。在此基础上，把多孔支架层 N 型半导体 TiO_2 换成绝缘材料 Al_2O_3，形成如图 1-14(b)所示的一种介观超结构的异质结型太阳电池。更进一步地，去掉绝缘的支架层，如图 1-14(c)所示，制备出具有类似于 P-I-N 结构的平面型异质结电池。Gratzel 等还在介孔结构基础上将 HTM 层直接去掉，形成 $CH_3NH_3PbI_3/TiO_2$ 异质结，制备出一种无 HTM 层结构，如

图 1-13 钙钛矿太阳电池

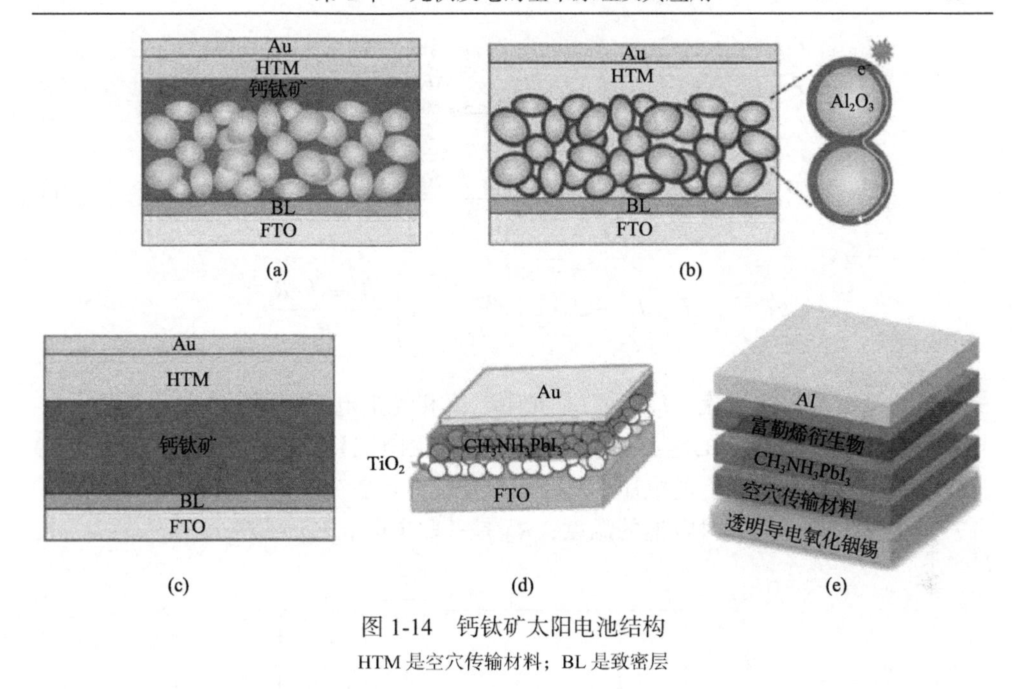

图 1-14　钙钛矿太阳电池结构

HTM 是空穴传输材料；BL 是致密层

图 1-14(d) 所示。此外，有研究者把钙钛矿材料作为吸光层用于有机太阳电池的结构中，如图 1-14(e) 所示。

1.4　太阳电池的等值电路和伏安特性

目前最典型的太阳电池在光照下不仅有光生电流，还有用于补偿 PN 结缺陷的漏电流；此外，太阳电池除了有纵向电流外，电极表面层还有横向电流流过，故在等值电路中应有串联与并联电阻，还有电流源等，太阳电池的等值电路应该反映电池的工作原理。

1.4.1　太阳电池单二极管模型

太阳电池的等效电路主要有单二极管模型[10]、双二极管模型(两个二极管并联)[11]以及三二极管模型(三个二极管并联)[12]等。不同的研究指出，双二极管模型、三二极管模型比单二极管模型更能准确地反映太阳电池的特征，特别是在低太阳辐射下[13,14]。

太阳电池单二极管模型的基本结构由恒流源、二极管、并联电阻和串联电阻组成，如图 1-15 所示。在恒定的光照下，太阳电池特性的电流输出方程(或者电流密度输出方程)表述如下：

$$I = I_{\mathrm{ph}} - I_{\mathrm{d}} - I_{\mathrm{sh}} = I_{\mathrm{ph}} - I_0\left(\mathrm{e}^{\frac{q(V+I\cdot R_{\mathrm{s}})}{nkT}} - 1\right) - \frac{V + I\cdot R_{\mathrm{s}}}{R_{\mathrm{sh}}}$$

$$= I_{\mathrm{ph}} - I_0\left(\mathrm{e}^{\frac{V+I\cdot R_{\mathrm{s}}}{nV_{\mathrm{th}}}} - 1\right) - \frac{V + I\cdot R_{\mathrm{s}}}{R_{\mathrm{sh}}} \tag{1-1}$$

或者 $$J = J_{\mathrm{ph}} - J_0\left(\mathrm{e}^{\frac{q(V+J\cdot R_{\mathrm{s}})}{nkT}} - 1\right) - \frac{V + J\cdot R_{\mathrm{s}}}{R_{\mathrm{sh}}}$$

式中，I 是负载上的电流；I_{ph}、J_{ph} 是光生电流和光生电流密度；I_{d} 是二极管上的电流；I_{sh} 是并联电阻上的电流；I_0、J_0 是二极管反向饱和电流和电流密度；q 是电子电荷常数；V 是负载上的电压；R_{s} 是串联电阻；n 是二极管的理想因子；k 是玻尔兹曼常量；T 是测试时电池的温度；R_{sh} 是并联电阻；$V_{\mathrm{th}}(=kT/q)$ 是结电压。

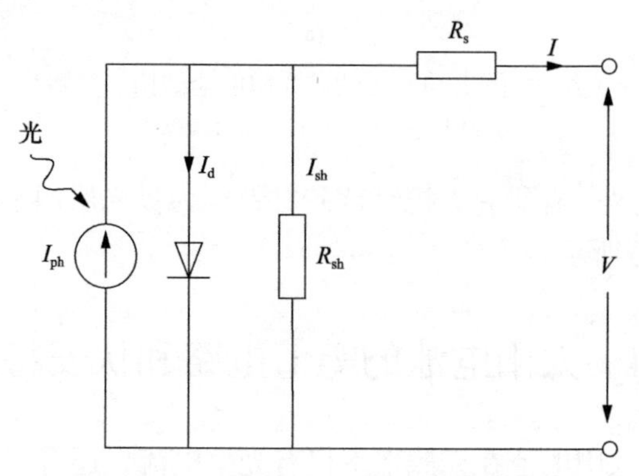

图 1-15 太阳电池单二极管模型的电路

1.4.2 太阳电池双二极管模型(两个二极管并联)

为了表示耗尽区的复合损耗，在单二极管模型的基础上添加了一个二极管[15,16]，如图 1-16 所示。

其输出电流为

$$I = I_{\mathrm{ph}} - I_{\mathrm{d1}} - I_{\mathrm{d2}} - I_{\mathrm{sh}} = I_{\mathrm{ph}} - I_{01}\left(\mathrm{e}^{\frac{q(V+I\cdot R_{\mathrm{s}})}{n_1 kT}} - 1\right) - I_{02}\left(\mathrm{e}^{\frac{q(V+I\cdot R_{\mathrm{s}})}{n_2 kT}} - 1\right) - \frac{V + I\cdot R_{\mathrm{s}}}{R_{\mathrm{sh}}} \tag{1-2}$$

式中，I_{d1} 是发射区和基区的扩散电流；I_{d2} 是耗尽区的复合饱和电流；I_{01}、I_{02} 为二极管反向饱和电流。

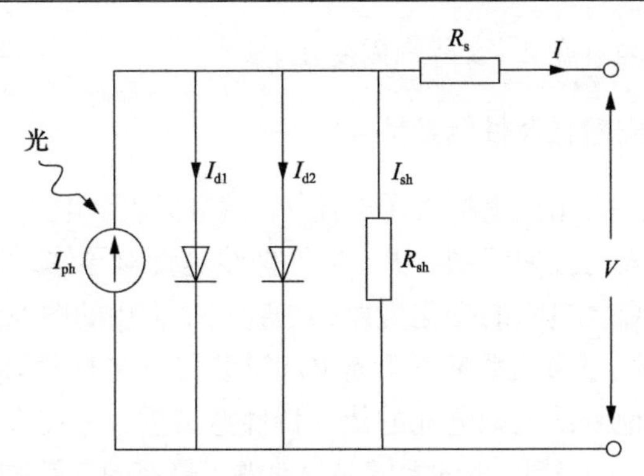

图 1-16　太阳电池双二极管模型的电路

1.4.3　太阳电池三二极管模型(三个二极管并联)

图 1-17 是太阳电池三二极管模型的电路，其中第一个二极管是准中性区的扩散与复合电流(n_1=1)，第二个二极管是空间电荷区的复合电流(n_2=2)，第三个二极管是缺陷与边缘位置的复合电流(n_3>2)，其输出电流为

$$I = I_{\mathrm{ph}} - I_{\mathrm{d1}} - I_{\mathrm{d2}} - I_{\mathrm{d3}} - I_{\mathrm{sh}} = I_{\mathrm{ph}} - I_{01}\left(\mathrm{e}^{\frac{q(V+I\cdot R_{\mathrm{s}})}{n_1 kT}} - 1\right)$$
$$- I_{02}\left(\mathrm{e}^{\frac{q(V+I\cdot R_{\mathrm{s}})}{n_2 kT}} - 1\right) - I_{03}\left(\mathrm{e}^{\frac{q(V+I\cdot R_{\mathrm{s}})}{n_3 kT}} - 1\right) - \frac{V + I\cdot R_{\mathrm{s}}}{R_{\mathrm{sh}}} \tag{1-3}$$

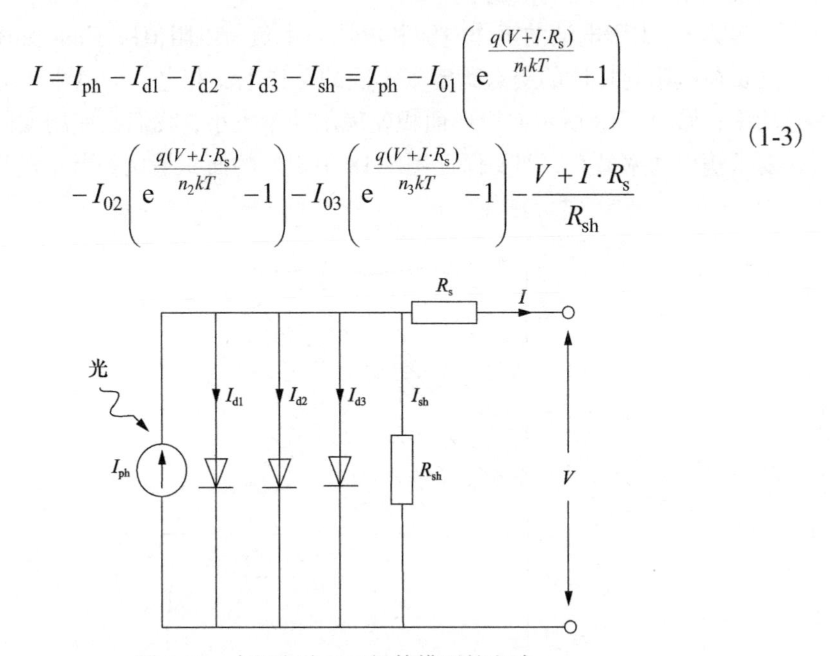

图 1-17　太阳电池三二极管模型的电路

在图 1-17 所示模型中，第一个二极管将有助于理解准中性区中的扩散和复合，第二个二极管将有助于理解在空间电荷区中的扩散和复合。平行于两个二极管增加第三个二极管的目的是，考虑缺陷区域中的复合分量电流贡献；可预测第

三个二极管的理想因子在 2～5 范围内变化。

1.4.4 太阳电池伏安特性及性能参数

伏安特性曲线图常用纵坐标表示电流 I、横坐标表示电压 V，以此画出的 I-V 图像称为导体的伏安特性曲线图。伏安特性曲线是针对导体，也就是耗电元件的，图像常被用来研究导体电阻的变化规律，是物理学常用的图像法之一。

太阳电池伏安特性测试系统属于光电测试装置。在对太阳电池等光伏器件的研究过程中，精确地测试太阳电池的伏安特性意义重大。在太阳能光伏器件的所有性能表征手段中，I-V 特性测试无疑是最直观、最有效、最被广泛应用的一种方法。通过 I-V 特性测试并进一步进行数据分析处理，可以得到一些重要的参数，如开路电压(V_{oc})——太阳电池电路将负荷断开测出的两端电压。该值随光强度按指数函数规律增加，其特点是光强度值低时，仍保持一定的值。短路电流(I_{sc})在太阳电池的两端是短路状态时进行测定，该电流随光强度按比例增加。填充因子(FF)、最大输出功率(P_{max})、转换效率等，这些数据可以为光伏器件的研究、质检以及应用提供可靠的依据。

实际上，太阳电池的工作电流和电压是由负荷电阻值决定的。如图 1-18 所示，不同负荷电阻与特性的交点确定了不同的工作电流和电压。电流和电压的乘积就是功率，如图 1-18 所示的矩形面积就表示功率大小，我们在使用太阳电池时，总是要求输出功率最大，即要保证图 1-18 中矩形的面积最大。当光强改变时，电压

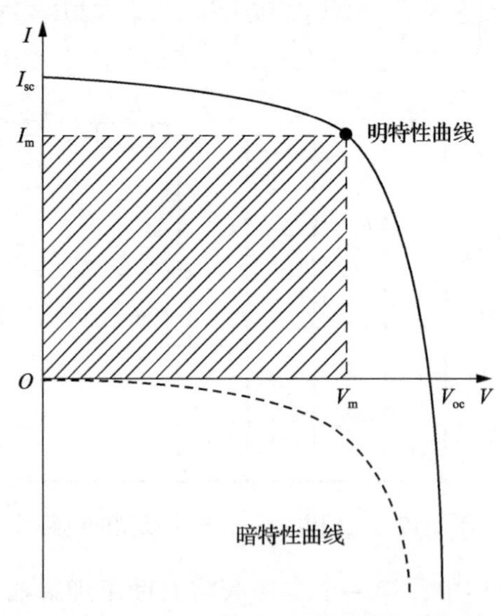

图 1-18 太阳电池的明、暗特性曲线

阴影面积对应太阳电池的最大输出功率

随之变化，即可找到该时刻的最大功率 P_{max}。在某光照强度下，对应最大功率 P_{max} 的电流和电压分别为最大功率点电流 I_m 和最大功率点电压 V_m。

实际情况中，PN 结在制造时由于工艺原因而产生缺陷，使太阳电池的漏电流增加。考虑这种影响，常将伏安特性加以修正，将特性的弯曲部分曲率加大，把 FF 作为考核太阳电池的指标之一。

$$\mathrm{FF}=\frac{I_m\cdot V_m}{I_{sc}\cdot V_{oc}}=\frac{P_{max}}{I_{sc}\cdot V_{oc}} \tag{1-4}$$

FF 指标可用于太阳电池制造企业，作为检验太阳电池板性能的重要依据。

太阳电池是一种可将太阳能直接变换为电能的半导体光电器件，可将太阳能按比例地变换成电能。太阳电池的转换效率为输入太阳能与输出电功率之比，即

$$\begin{aligned}\eta&=\frac{\text{最大输出功率}}{\text{光照强度}\times\text{太阳电池受光面积}}\times 100\%\\&=\frac{P_{max}}{E\cdot A}\end{aligned} \tag{1-5}$$

1.5　太阳电池的表征

1.5.1　电池测试标准条件

由于太阳电池受光照影响，不同地区或同一地区不同时间，太阳电池的发电效果明显不同。为了对比太阳电池的效率，需要附加若干测试条件，国际电工委员会做出如下规定：地面用太阳电池的额定效率需在使用温度为 25℃、光强为 $1\mathrm{kW/cm^2}$（或 $100\mathrm{MW/cm^2}$）及符合国际电工委员会规定的空气质量标准的基准光下进行测定，该状态统称为测试的基本状态。故世界上各厂家生产的太阳能光伏组件在出厂时均按上述规定进行测试后标于铭牌上。实际地面应用的太阳电池的国际标准测试条件为 AM1.5，$1000\mathrm{W/m^2}$，25℃（$\mathrm{AM}=1/\cos\theta$，θ 为光入射角，θ=48.2°时，大气质量为 AM1.5）。太阳光在大气层外垂直辐照时（太空太阳电池测试）$\mathrm{AM0}=1353\mathrm{W/m^2}$（太阳常数）；太阳光在地球表面垂直辐照时，$\mathrm{AM1}=1070\mathrm{W/m^2}$。

1.5.2　典型太阳电池测试仪器构成

太阳电池有专用的测试仪器，一般由光源、恒温真空吸附测试台、电子负载及信号放大器、A/D 转换器、计算机、数据处理软件等组成，其基本结构如图 1-19 所示。下面对太阳电池测试仪器各部分的功能做一般的说明。

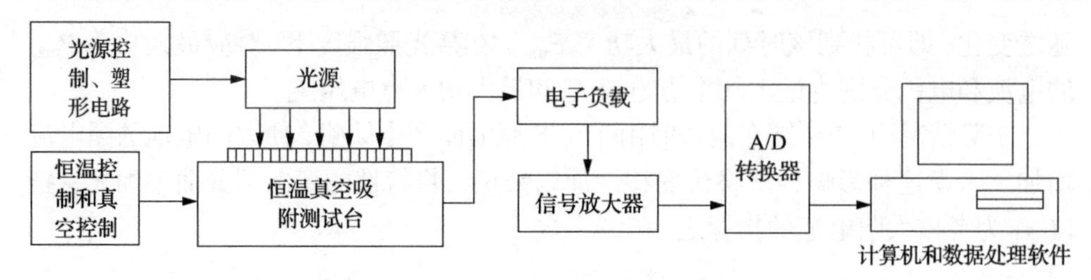

图 1-19　典型太阳电池测试仪器结构

光源部分由氙灯、抛物反射镜、积分镜、准直物镜、第一滤光片、第二滤光片和两个 45° 反射镜等组成。光源使用的氙灯的光谱接近太阳光，使用寿命长、价格低廉、供电电路较为简单、故障率低、功耗小。光路中的积分镜使光强均匀，通过准直物镜后可以得到平行度很好的均匀平行光。光路中加入两个滤光片和两个 45°反射镜，两个 45°反射镜采用有一定光谱反射特性的镀膜石英玻璃，使其在改变光路的同时改善光谱特性。两个滤光片采用有一定光谱透射特性的镀膜光学石英玻璃。通过以上一系列滤光处理可以使光谱失配度在±5%以内。光源的电源部分采用适当的闪光塑形电路，使脉冲氮灯点亮后有 10ms 左右的稳定时间，这样的时间可以满足一般太阳电池的测量要求。

光源设计有效使用面积可达 $150mm^2$，甚至更大，辐照均匀度可小于或等于±5%。恒温真空吸附测试台采用半导体制冷片进行控温，同时恒温真空吸附测试台还有真空吸附设计，使测量时太阳电池片和下电极可靠接触。

电子负载采用高速大电流设计，能在 1h 的时间内对被测太阳电池片进行从开路电压到短路电流的扫描，电子负载最大测量电流可以达到 10A。信号放大器采用高速高精度放大电路对电压、电流、光强信号进行放大，三个放大通道必须有很小的相位差。A/D 转换器采用高速多通道同步数据采集，转换精度为 12 位或 16 位，计算机和数据处理软件采用 Windows 操作系统。

1.5.3　便携式电池特性参数获取系统的研制

当太阳电池通过串并联形成光伏阵列并网发电的时候，只有每个单体太阳电池特性参数(包括光生电流、反向饱和电流、二极管理想因子、串联电阻、并联电阻、短路电流、开路电压、最大输出功率、最佳工作电压、最佳工作电流和填充因子)相等或非常接近的情况下，光伏阵列才能有最高的效率。因此太阳电池特性参数的精确及快速获取具有重要的意义。特性参数的获取方法如下：首先，通过电路测量获得太阳电池电流电压曲线，根据曲线获取电池短路电流、开路电压、最大输出功率、最佳工作电压、最佳工作电流和填充因子；其次，依据太阳电池模型拟合电流电压曲线，提取电池光生电流、反向饱和电流、二极管理想因子、串联电阻、并联电阻。所以，高精度地测试电池电流电压数据为关键的一步。简单的测量电路是将电压表并接在太阳电池上，将电流表串接在回路中，线性改变负载阻值，同步获得电池两端的电压以及通过负载的电流。显然该方法的测试精度不高，原因是没有考虑太阳电池的非线性光电响应特征，即低电压段电流变化缓慢，而高电压段电流变化显著的特点[17]。为此，有研究基于补偿原理对电池电流电压测试电路进行调整与优化，结果可使测量数据的误差仅为 1%～2%[18]。此外，为了实现太阳电池特性参数的实时和便捷化测量，避免使用 Keithley 数字源表[19]等不宜携带的设备，有研究采用单片机为控制核心进行电流、电压采样[20-22]，但是研制的这些太阳电池测量仪仅能获得短路电流等参数，而不能提取光生电流等参数。目前，对电流电压曲线实验数据进行拟合分析的成熟算法有解析法[23,24]、显函数方法[25,26]等，它们已获得较深入的研究。因此，如何结合硬件电路与提取算法，实现太阳电池 11 个参数的高精度获取是本节的研究目标。

1.5.3.1　系统总体设计

系统总体设计方案如图 1-20 所示。系统分为 6 个模块，分别是太阳模拟器模块、电子负载模块、信号采集模块、控制及处理模块、按键模块和显示模块，模块间通过总线连接。太阳模拟器模块由电源及 500W 的脉冲氙灯构成，模拟太阳光；电子负载模块包括恒压型电子负载、恒流型电子负载以及选通电路，可根据外部条件实时选择不同类型的负载；信号采集模块由电流采集电路及电压采集电路构成，完成信号的精确采集；控制及处理模块主要由 TMS320F2812 数字信号处理器、外部存储器、D/A 转换器组成，实现控制电流电压信号变频采集、数据滤波和拟合提取参数功能，其中数据拟合和数据滤波是外加功能；显示模块以 12864LCD 显示屏为主，显示获取的太阳电池的电流电压曲线以及 11 个特性参数；按键模块以 6mm×6mm×4.3mm 冉华键盘构成，功能是输入指令。

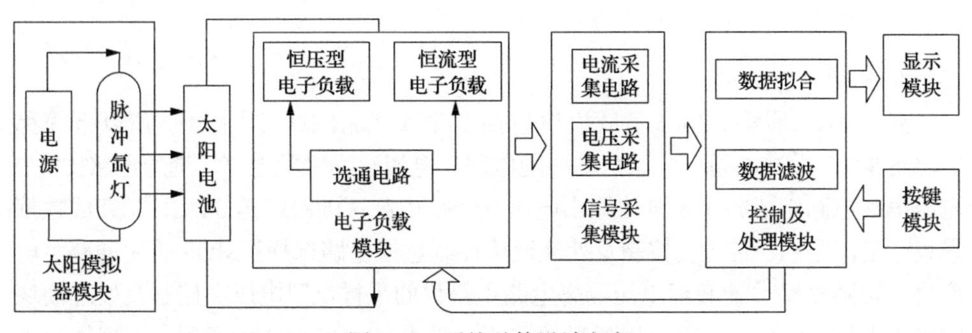

图 1-20　系统总体设计方案

工作原理如下：第一，太阳模拟器模块辐射的光照射到太阳电池上面，控制及处理模块接收按键模块的指令后，控制电子负载模块的选通电路，选择恒压型或恒流型电子负载；第二，流经负载的电压(电流)信号经信号采集模块中的电压(电流)采集电路变频采样；第三，信号输入控制及处理模块，经滤波以及拟合获得光生电流等11个参数；第四，结果输出到显示模块。

本系统中控制及处理模块和电子负载模块为关键硬件设计；变频采样及拟合提取程序为关键软件设计，下面对此进行详细阐述。

1.5.3.2　关键硬件设计

1. 控制及处理模块设计

如图1-21所示，控制及处理模块的电路主要由TMS320F2812芯片[27]、外扩RAM、外扩Flash以及D/A转换器组成。芯片内置的A/D转换器采集电池电压和电流数据。芯片通过XZCS6ANDT以及XZCS2接口来外扩RAM和Flash存储器。芯片的串行外设接口(SPI)分别与D/A转换器和内部事件管理器连接，芯片内嵌I/O(输入/输出)接口外接按键模块。

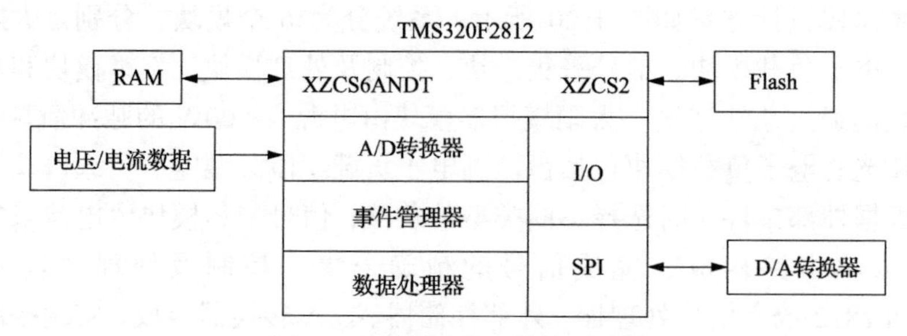

图1-21　控制及处理模块原理图

控制及处理模块的工作流程为收到I/O接口输入的外部指令后，信息传递给SPI，SPI启动事件管理器控制电子负载的选择；电子负载的两端电压信号和流入电子负载的电流信号的采集也由事件管理器管理。采集完成的信号，由数据处理器滤波后处理，获取电池特性参数。

2. 电子负载模块

如图1-22所示，电子负载模块包括2个V形槽MOS场效应管(以下简称VMOS管)、采样电阻、电压自动跟随电路、电流自动跟随电路、选通电路、2个电压隔离电路组成，实现电池输出电压(电流)由高逐渐跟随至0V(A)，完成数据采集。工作原理：首先，控制及处理模块控制选通电路选择VMOS管1通路，电流自动跟随电路[28]比较经电压隔离电路1获得的采样电阻电压和控制及处理模块的输入电压；然后，根据上述两者的差值，调节VMOS管1的开通，实现恒流下太阳电池电压和电流的采集。当太阳电池电流电压数据快到最大功率点附近的时候，测量系统变频采样，实现更高密度地读取信号。当采集完最大功率点的数据后，控制及处理模块断开恒流型电子负载，开启恒压型电子负载，电压自动跟随电路比较经电压隔离电路 2 获得的太阳电池输出电压与控制及处理模块的输入电压；根据上述两者的差值，调节 VMOS 管 2 的开通，实现恒压下太阳电池电压和电流的采集。采样电阻选用 0.1Ω、功率为 4W 的金属薄膜精密电阻。

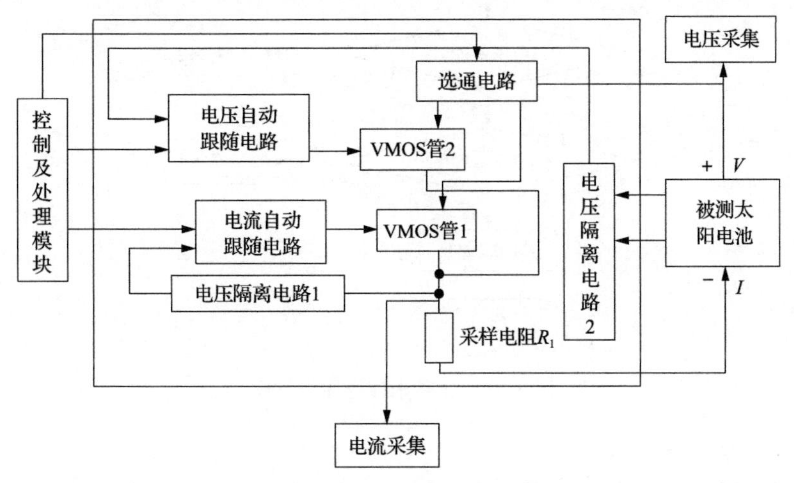

图 1-22　电子负载模块原理图

1.5.3.3　关键软件设计

1. 变频采样程序

根据太阳电池电流电压曲线非线性特征，变频采样的原理如下：当被测电压小于开路电压的 69%时，电压变化较大，电流变化缓慢，采样频率定为 F_1，F_1 为 0.7MHz；当被测电压位于开路电压的 69%～93%时，电压和电流变化剧烈，电流电压曲线变化较大，而且包含最大功率点，需要提高采样频率[29]，设定为 F_2，$F_2=F_1\times4$；当被测电压大于开路电压的 93%时，电压变化较慢，电流变化较大，采样频率设定为 F_3，$F_3=F_1\times2$。

变频采样程序设计图如图 1-23 所示。流程如下：首先系统设定采样频率为 F_3，开始采样电压和电流信号，根据已采样的信号提取出开路电压 V_{oc}，并计算出 $V_1=V_{oc}\times69\%$和 $V_2=V_{oc}\times93\%$；然后，比较采样电压与 V_2 的大小，当采样电压大于或等于 V_2 时，采样频率不变；当采样电压小于 V_2 时，再比较采样电压与 V_1 的大小，当采样电压大于或等于 V_1 时，采样频率设定为 F_2；否则采样频率选为 F_1。

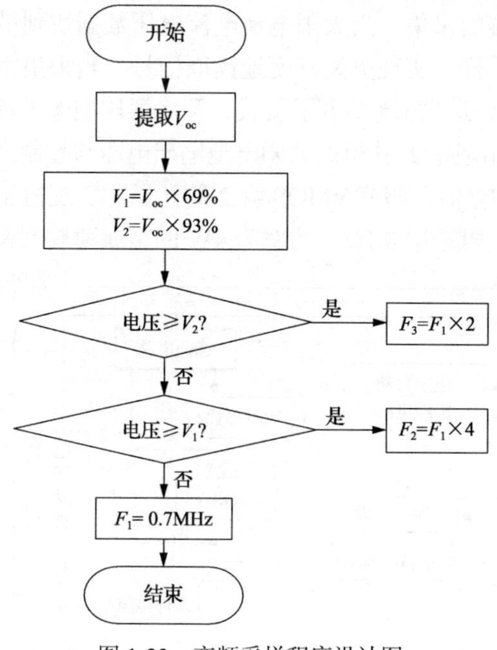

图 1-23　变频采样程序设计图

2. 拟合提取程序设计

采用解析算法[30]提取太阳电池光生电流等参数，该算法被集成进入数字信号处理 TMS320F2812 芯片。数据处理方法如下：首先，根据采集到的电流电压实验数据获得最大功率值 P_{max}，以及其对应的最佳工作电压 V_m 和最佳工作电流 I_m；然后，取数据中靠近 V=0 处的 5 个数据点，用最小二乘优化算法做直线拟合，得到拟合直线与电流坐标轴的交点值为短路电流 I_{sc}，以及 I_{sc} 斜率值的倒数 K_i；其次，取数据中靠近 I=0 处的 5 个数据点，做线性拟合，得到拟合直线与电压坐标轴的交点值为开路电压 V_{oc}，以及该点 V_{oc} 斜率 K_v；最后，将 P_{max}、V_m、I_m、I_{sc}、K_v、V_{oc}、K_i 的值，代入五个代数方程解析求出光生电流、反向饱和电流、二极管理想因子、串联电阻、并联电阻以及填充因子的值。数据处理流程如图 1-24 所示。

1.5.3.4　实验验证

测试系统实物装置图如图 1-25 所示，本节利用该系统对广州市兆天太阳能科技开发有限公司生产的 5.5V-2W 的单晶硅太阳电池进行了测量。电池处于温度 25℃，照度分别为 43700lx、33200lx、23100lx、17200lx 和 11000lx。获取的 11 个参数结果如表 1-1 所示，短路电流几乎和照度成正比，而开路电压逐渐趋近于饱和，这与已有结果[31]一致，间接证明了结果的正确性。为了进一步验证结果，把获取的参数代入解析模型，拟合电流电压测量数据，结果如图 1-26 所示。从图中可以看出，拟合曲线和实验数据吻合得较好。采用均方差公式计算测量数据与拟合数据的误差：

$$\beta=\left[\frac{1}{m}\sum_{i=1}^{m}(x_i-\overline{x})^2\right]^{1/2}$$

式中，m 是数据总个数；$\overline{x}$ 是所有数据的平均值；x_i 是第 i 个数据对应的数值。

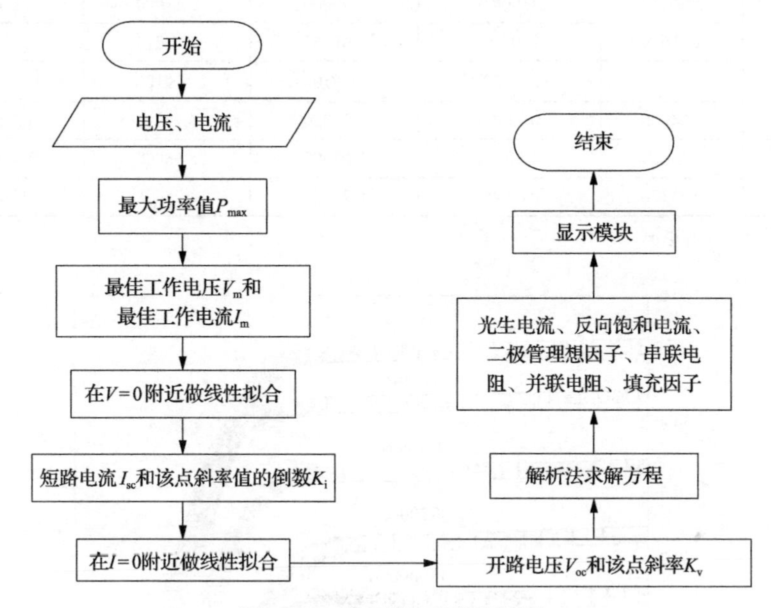

图 1-24　拟合提取程序设计图

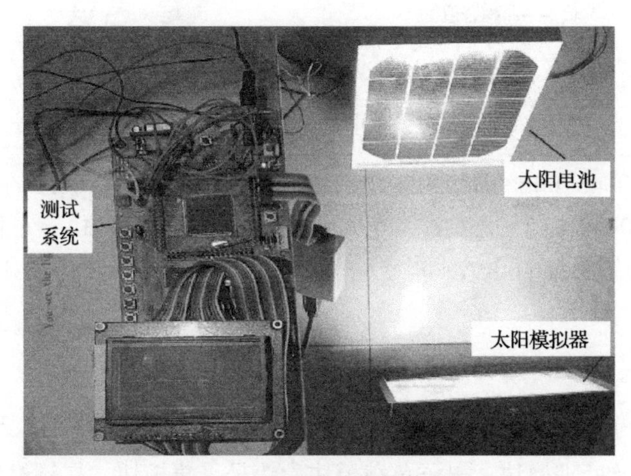

图 1-25　测试系统实物装置图

表 1-1　单晶硅太阳电池参数提取结果

测量值	11000lx	17200lx	23100lx	33200lx	43700lx
I_{sc}/A	0.14490	0.23571	0.33770	0.44218	0.52558
V_{oc}/V	4.61326	4.73757	5.28133	5.63265	5.65839
I_m/A	0.12959	0.21224	0.31491	0.40485	0.49202
V_m/V	3.78453	3.64641	4.19437	4.63709	4.24845
P_{max}/W	0.49047	0.77391	1.32081	1.87734	2.09034
R_s/Ω	3.50000	3.22960	1.99000	2.11000	1.96000
R_{sh}/Ω	292.629	230.354	280.762	301.212	306.600
I_0/A	9×10^{-19}	9.23×10^{-19}	5.5×10^{-19}	1.1×10^{-18}	1.5×10^{-18}
I_{ph}/A	0.14600	0.23900	0.34070	0.44312	0.52615
n	4.55000	4.60000	5.03000	5.56000	5.46000
FF	0.73370	0.69309	0.71526	0.75478	0.70186

注：I_0为反向饱和电流，n为二极管理想因子。

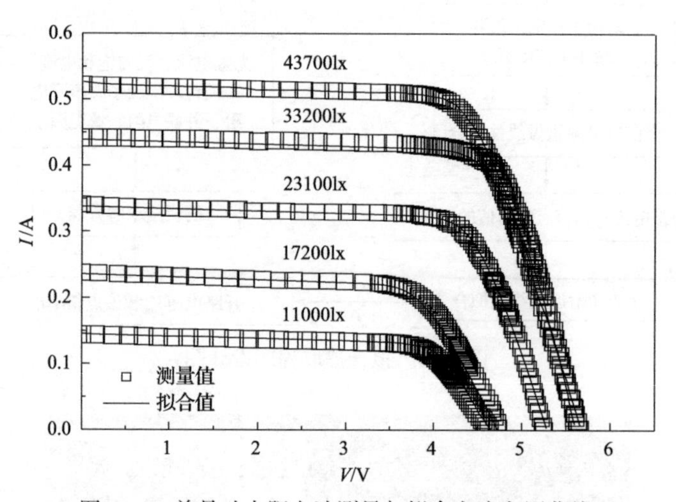

图 1-26　单晶硅太阳电池测量与拟合电流电压曲线

结果显示在 43700lx、33200lx、23100lx、17200lx 和 11000lx 的照度下，电流误差分别为 0.0045A、0.0056A、0.006A、0.0051A 和 0.0033A；总体来说，最大均方误差小于或等于 0.006A，非常小；由此表明，本系统获取的 11 个参数是正确的。

1.5.3.5　结论

为了准确以及快速地获取太阳电池的特性参数，本节研制了一套由太阳模拟器模块、控制及处理模块、电子负载模块、信号采集模块、按键模块和显示模块 6 个部分构成的测试系统。该系统的主要特点在于：采用程控恒压型(恒流型)电子负载以及变频采样技术，实现太阳电池电流与电压信号的高精度测量；集成太阳电池参数解析提取算法进入 DSP 芯片，实现便携式提取电池光生电流等参数。电流测量数据拟合的最大均方误差小于或等于 0.006A 的实验结果表明获取的 11 个参数是正确的。

1.6　太阳电池离网和并网发电

单体太阳电池的输出电压、电流和功率都很小，一般来说，输出电压只有 0.5V 左右，输出功率只有 1～2W，不能满足作为电源应用的要求。为提高输出功率，需将多个单体电池合理地连接起来，并封装成组件。在需要更大功率的场合，则需要将多个组件连接成方阵，以向负载提供数值更大的电流、电压输出。串并联构成的电池阵列发电的三种形式如图 1-27 所示。串并联构成的电池阵列发电的时候，又分为离网运行和并网[32,33]运行两大类。未与公共电网相连接的太阳能光伏发电系统称为离网太阳能光伏发电系统，又称为独立太阳能光伏发电系统，主要应用于远离公共电网的无电地区和一些特殊场所，如为公共电网难以覆盖的边远偏僻农村、牧区、海岛、高原、荒漠的农牧渔民提供照明、看电视、听广播等的基本生活用电，为通信中继站、沿海与内河航标、输油输气管道阴极保护、气象台站、公路道班以及边防哨所等特殊处所提供电源。除了上述特点，离网运行发电能减少输电损耗，一般只需满足本区域用电，无须远距离送电，故减少了输电损耗。

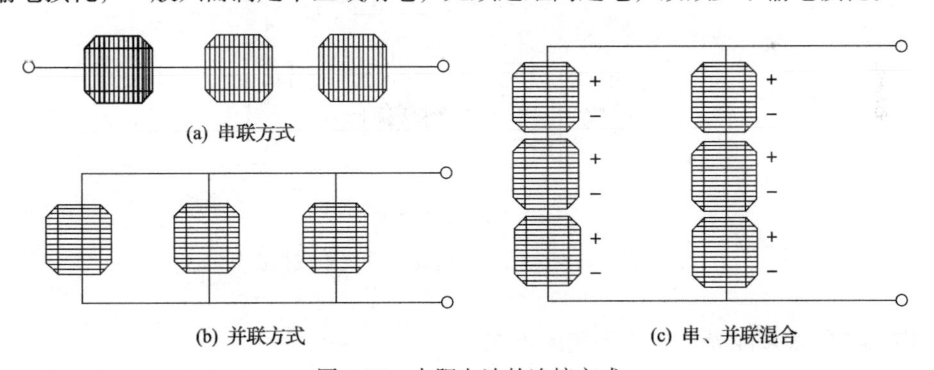

图 1-27　太阳电池的连接方式

与公共电网相连接的太阳能光伏发电系统称为并网太阳能光伏发电系统；它最显著的特点是对城市供电高峰时的平峰贡献。原因在于太阳能发电可以在城市电力高峰时，与交流电网并网，以补足峰值负荷的不足，起到“平峰”作用。而且太阳能发电的电力负荷曲线刚好与城市电力的需求相吻合。例如，太阳能发电输出功率最大的时间刚好是 12:00～15:00，且夏季用电量大的时候，太阳能发电量也比冬季高。并网太阳能光伏发电系统是太阳能光伏发电进入大规模商业化发电阶段、成为电力工业组成部分之一的重要方向，是当今世界太阳能光伏发电技术发展的主流趋势。

下面对离网运行和并网运行两大类太阳能光伏发电系统的组成进行说明。

1.6.1　离网太阳能光伏发电系统的组成

离网太阳能光伏发电系统根据用电负载的特点，可分为直流系统、交流系统和交直流混合系统等几种，其主要区别是系统中是否带有逆变器。一般来说，离网太阳能光伏发电系统主要由太阳电池方阵、控制器、蓄电池组、D/A 逆变器等部分组成。离网太阳能光伏发电系统的组成框图如图 1-28 所示。

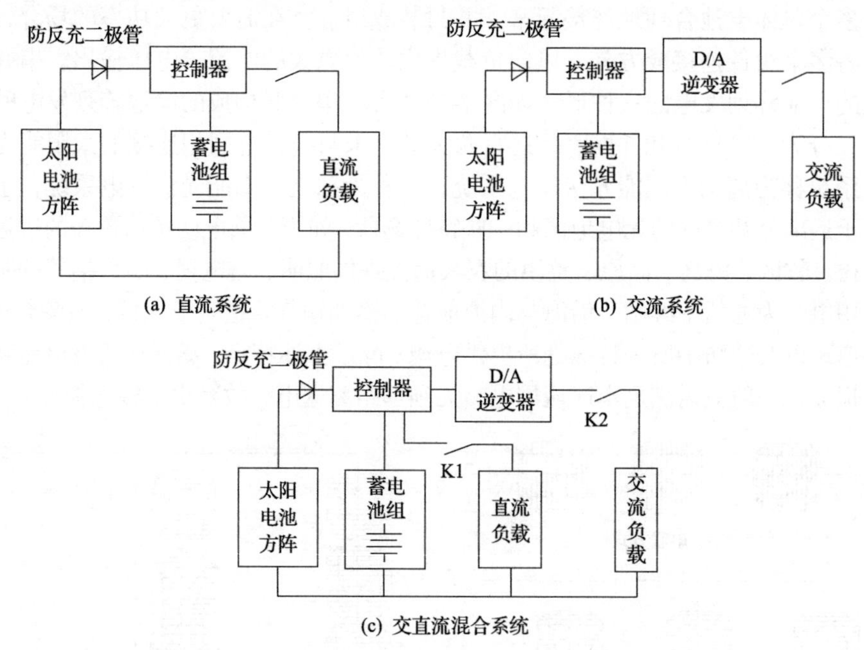

图 1-28　离网太阳能光伏发电系统组成框图

1.6.2　并网太阳能光伏发电系统的组成

并网太阳能光伏发电系统可分为集中式大型并网光伏系统(以下称为大型并网光伏电站)和分散式小型并网光伏系统(以下称为住宅并网光伏系统)两大类型。大型并网光伏电站的主要特点是所发电能被直接输送到电网上，由电网统一调配向用户供电。建设这种大型并网光伏电站，投资巨大、建设期长，需要复杂的控制和配电设备，并要占用大片土地，同时其发电成本目前要比市电贵数倍，因而发展不快。而住宅并网光伏系统，特别是与建筑结合的住宅屋顶并网光伏系统，由于具有许多优越性，建设容易、投资不大，而且许多国家又相继出台了一系列激励政策，因而在各发达国家备受青睐，发展迅速，成为主流。下面重点介绍住宅并网光伏系统。

住宅并网光伏系统的主要特点是所发的电能直接分配到住宅(用户)的用电负载上，多余或不足的电力通过连接电网来调节。根据并网光伏系统是否允许通过供电区变压器向主电网馈电，住宅并网光伏系统分为可逆流系统与不可逆流系统。可逆流系统在光伏系统产生剩余电力时将该电能送入电网，由于与电网的供电方向相反，所以称为逆流；在光伏系统电力不够时则由电网供电(图 1-29)。这种系统一般是为光伏系统的发电能力大于负载或发电时间与负荷用电时间不相匹配而设计的。住宅系统由于输出的电量受天气和季节的制约，而用电又有时间的区分，为保证电力平衡，一般均设计成可逆流系统。不可逆流系统则是指光伏系统的发电量始终小于或等于负荷的用电量，电量不够时由电网提供，即光伏系统与电网并联向负载供电。即使当光伏系统由于某种特殊原因产生剩余电能时，这种系统也只能通过某种手段加以处理或放弃。由于不会出现光伏系统向电网输电的情况，所以称为不可逆流系统(图 1-30)。

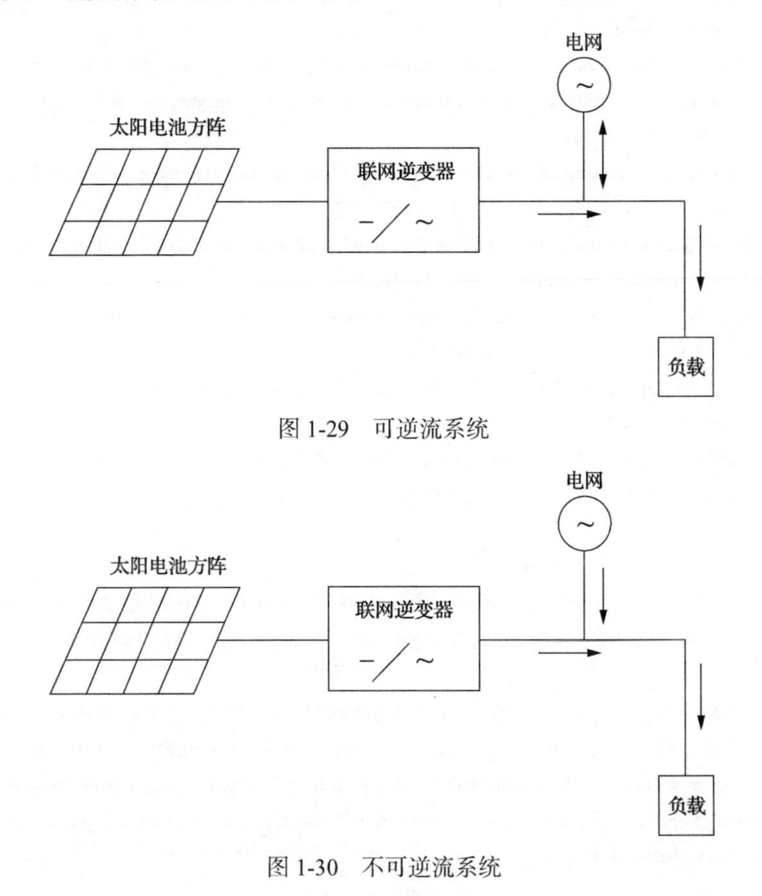

图 1-29　可逆流系统

图 1-30　不可逆流系统

参 考 文 献

[1] Wenham S R, Green M A,Watt M E, et al. Applied Photovoltaics. 2nd ed. London: Earthscan, 2007.

[2] 朱美芳, 熊绍珍. 太阳电池基础与应用(上/下册). 2 版. 北京: 科学出版社, 2018.

[3] Nelson J. 太阳能电池物理. 高扬译. 上海: 上海交通大学出版社, 2018.

[4] Nelson J. The Physics of Solar Cells. London: Imperial College Press, 2003.

[5] 冯垛生. 太阳能发电原理与应用. 北京: 人民邮电出版社, 2007.

[6] 杨德仁. 太阳电池材料(电池材料与应用系列). 北京: 化学工业出版社, 2007.

[7] 苏巴・拉迈亚・柯蒂加拉. 薄膜太阳能电池材料. 思达, 何雪玲译. 北京: 中国三峡出版社, 2017.

[8] 车孝轩. 太阳能光伏系统概论. 武汉: 武汉大学出版社, 2006.

[9] Oregan B, Grätezl M. A low-cost, high-efficiency solar cell based on dye sensitized colloidal TiO_2 films. Nature, 1991(353): 737-740.

[10] Lim L H I, Ye Z, Ye J, et al. A linear method to extract diode model parameters of solar panels from a single I-V curve. Renew Energy, 2015(76): 135-142.

[11] Gow J A, Manning C D. Development of a model for photovoltaic arrays suitable for use in simulation studies of solar energy conversion systems//1996 Sixth International Conference on Power Electronics and Variable Speed Drives, Nottingham, 1996.

[12] Kensuke N, Nobuhiro S, Yukiharu U, et al. Analysis of multicrystalline silicon solar cells by modified 3-diode equivalent circuit model taking leakage current through periphery into consideration. Solar Energy Materials and Solar Cells, 2007(91): 1222-1227.

[13] Bana S, Saini R P. A mathematical modeling framework to evaluate the performance of single diode and double diode based SPV systems. Energy Reports, 2016(2): 171-187.

[14] Khanna V, Das B, Bisht D, et al. A three diode model for industrial solar cells and estimation of solar cell parameters using PSO algorithm. Renewable Energy, 2015(78): 105-113.

[15] Kawamura H, Naka K, Ynekura N, et al. Simulation of *I-U* characteristics of a PV module with shaded PV cells. Solar Energy Materials and Solar Cells, 2003(75): 613-621.

[16] Humada A M, Hojabri M, Mekhilef S, et al. Solar cell parameters extraction based on single and double-diode models: A review. Renewable and Sustainable Energy Reviews, 2016(59): 494-509.

[17] 金解云, 邹继军. 一种新型硅光电池 *I-U* 特性测试系统. 可再生能源, 2012, 30(2): 99-102.

[18] 蔡建文, 李萍萍, 徐传明, 等. 太阳电池测试系统及其参数匹配优化研究. 光学精密工程, 2007, 15(4): 517-521.

[19] 时玉帅, 韩彦超, 李仁志. 太阳电池测试系统的研制. 现代科学仪器, 2010, 4(8): 72-75.

[20] 张克农, 赵云鹏, 蒋昕, 等. 自带光源的便携式太阳电池阵列测试系统. 可再生能源, 2005(4): 29-31.

[21] 王志明, 龚振邦, 魏光普. 薄膜与小组件太阳电池特性参数测试系统的研制. 光学精密工程, 2011, 19(3): 628-634.

[22] 刘洛, 曾祥斌, 李青, 等. 基于 FPGA 的手持式太阳电池测试仪. 仪表技术与传感器, 2010(8): 14-16.

[23] 翟载腾, 程晓舫, 杨臧健, 等. 太阳电池一般电流模型参数的解析解. 太阳能报, 2009, 30(8): 1078-1082.

[24] Khan F, Singh S N, Husain M .Determination of diode parameters of a silicon solar cell from variation of slopes of the *I-V* curve at open circuit and short circuit conditions with the intensity of illumination. Semiconductor Science and Technology, 2010(25): 015002 .

[25] 彭乐乐, 孙以泽, 林学龙, 等. 工程用太阳电池模型及参数确定法. 太阳能学报, 2012, 33(2): 283-286.

[26] 肖文波, 刘萌萌, 何兴道, 等. 提取太阳电池参数中解析方法和显函数方法的研究. 光电子激光, 2012, 23(9): 1681-1685.

[27] 任润柏, 周荔丹, 姚钢. TMS320F28x 源码解读. 北京: 电子工业出版社, 2010.

[28] 丁锐霞. 新型电子负载的研究. 北京: 北方工业大学, 2008.

[29] 周元志. 基于 DSP 变频调速系统的研究. 武汉: 武汉理工大学, 2004.

[30] 翟载腾, 程晓舫, 杨臧健, 等. 太阳电池一般电流模型参数的分析. 太阳能报, 2009, 30(8): 1078-1082.

[31] Xiao W B, He X D, Liu J T, et al. Experimental investigation on characteristics of low-concentrating solar cells. Modern Physics Letters B, 2011, 25(9): 679-684.

[32] 赵书安. 太阳能光伏发电及应用技术. 南京: 东南大学出版社, 2011.

[33] 李一龙. 智能微电网控制技术. 北京: 北京邮电大学出版社, 2017.

第2章 太阳电池所处环境、聚光及其缺陷对发电的影响

太阳电池的发电量随外界环境的变化而变化，影响光伏性能的主要有光强与温度。目前的研究认为对于晶体硅太阳电池：①短路电流与光强成正比；②开路电压随光强的增加而缓慢地增加；③最大出力 P_{max} 与光强呈比例增加。另外，填充因子(FF)几乎不受光强的影响，基本保持一定。电池的短路电流随温度的上升而增加，温度再上升时，开路电压减少，转换效率变小。温度上升导致太阳电池的发电量下降，因此，有时需要用通风的方法来降低太阳电池板的温度以便提高太阳电池的转换效率，使发电量增加[1]。此外，目前太阳电池的制造成本仍然较高，还无法与常规能源发电竞争。因此降低光伏发电的成本，对于提高光伏发电的竞争力、促进光伏发电的推广应用具有重要意义。通常采用新技术提高电池转换效率，降低光伏发电的成本，但降低的步伐比较缓慢。采取聚光方法，可以使太阳电池工作在几倍乃至几百倍的光强条件下，从而可以大大降低光伏发电的成本，具有良好的应用前景。但目前聚光光伏发电技术还很不成熟，从而限制了这一技术的广泛应用[2]。电池的制备过程需要采用丝网印刷、高温烧结、互联、层压封装等生产工艺，也会影响电池性能。这些工艺中的机械应力、热应力等都会造成电池片缺陷。缺陷严重影响了太阳电池的性能，降低了太阳电池的光电转换效率[3]。需要有效的缺陷检测手段，并探讨影响电池性能的因素。

因此，下面采用实验方法，研究光强和温度对单晶硅与非晶硅太阳电池输出特性的影响；详细地对比研究不同光强与温度下单晶硅与非晶硅太阳电池的输出特性，并分析其中的物理影响机制。首先，采用实验方法，研究聚光太阳电池的输出开路电压随电池与透镜的间距变化的规律；然后，结合理论分析，研究最大输出开路电压随照度的变化；最后，采用电致荧光技术，研究染料敏化太阳电池片中的缺陷特征，并研究电子复合机制。

2.1 光强和温度对单晶硅与非晶硅太阳电池输出特性影响的对比实验

当前，由于硅基太阳电池以其廉价、相对高的光电转换效率成为国际上关注的热点，因此研究与开发高质量的硅基太阳电池具有重要意义。但是由于太阳电

池的输出具有强烈的非线性，且这种非线性受到外部环境(包括光强、温度等)的影响，从而使得太阳电池的输出功率易发生变化，其实际使用效率受到限制。因此，光强与温度对太阳电池输出特性影响的研究成为一个重要课题[4-6]。目前，有人对硅基太阳电池温度特性进行研究[7,8]，发现开路电压和转换效率随温度的升高而下降，短路电流随温度的升高而增加，原因在于温度升高，硅带隙减小，光吸收增加。有人对硅基太阳电池的光强特性进行研究[9,10]，发现填充因子在低光强下增加，在高光强下下降，原因在于串联电阻的减小。

尽管目前针对光强与温度对太阳电池输出特性的影响的研究较多，但是仍然存在以下值得探讨的地方。第一是缺乏详细讨论光强与温度对硅基太阳电池的影响的研究，由于光强与温度耦合在一起影响电池输出，只能在固定光强下讨论温度对电池的影响，或者在固定温度下讨论光强对电池的影响，才可以明确影响机制；第二是缺乏对比不同硅基太阳电池受光强与温度的影响的研究，由于不同硅基材料的性能差异，光强与温度对它们的输出性能影响将不同。为此，本章采用实验方法，详细地研究不同光强与温度下单晶硅太阳电池与非晶硅太阳电池的输出特性，并分析其中的物理影响机制。

2.1.1　实验测量设备及测试内容

实验测量设备采用成都世纪中科仪器有限公司生产的 ZKY-SAC-Ⅲ太阳电池测量系统，系统包括太阳电池测试仪、氙灯电源、氙灯光源、控温设备和电池片。实验操作和显示由计算机软件完成。测量参数是单体单晶硅及非晶硅太阳电池的 *I-V* 特性曲线、短路电流 I_{sc}、开路电压 V_{oc}、最大功率点电流 I_m、最大功率点电压 V_m，以及填充因子 FF、转换效率 η。测试系统中太阳模拟器、样品和控温设备封闭在一个暗箱中，模拟太阳光垂直入射到样品表面，样品通过半导体制冷贴片变温，变温精度为±0.1℃。具体测量内容包括：样品温度为 25℃时，不同光强的电池输出特性；光强为 1095.87W/m^2 下，不同温度下的电池输出特性。

2.1.2　实验结果与讨论

2.1.2.1　光强对单晶硅太阳电池及非晶硅太阳电池的影响

从图 2-1 首先可以看出，无论是单晶硅太阳电池还是非晶硅太阳电池，随着光强的增大，短路电流都明显增大，而开路电压存在微小增加。其次，对比单晶硅太阳电池以及非晶硅太阳电池的 *I-V* 特性曲线，可以看出，相同的光强条件下，单晶硅太阳电池的短路电流、开路电压、最大功率点电流、最大功率点电压都要比非晶硅太阳电池大，原因在于单晶硅太阳电池的材料性能优于非晶硅太阳电池，所以其发电效能不同[11]。最后，对比图 2-1(a)与(b)，可以看出两种太阳电池的输出电流随电压的变化趋势明显不同，单晶硅太阳电池的输出电流开始时几乎不随电压变化，而后陡然下降为零，而非晶硅太阳电池的输出电流却是经过一段较长的距离后才下降到零，曲线较为平缓。

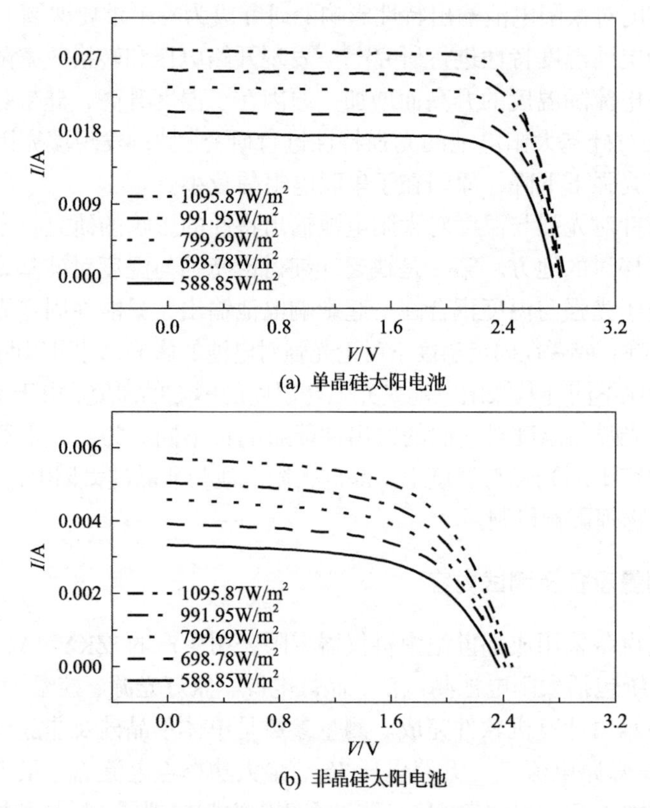

(a) 单晶硅太阳电池

(b) 非晶硅太阳电池

图 2-1　不同光强下单晶硅太阳电池及非晶硅太阳电池的 I-V 特性曲线

从图 2-2 首先可以看出，无论是单晶硅太阳电池还是非晶硅太阳电池，I_{sc} 与 I_m、V_{oc} 与 V_m 随光强的变化趋势基本都一致，且 I_{sc} 与 I_m、V_{oc} 与 V_m 随光强的增加而不断增加。这说明光强对单晶硅太阳电池及非晶硅太阳电池的输出电流与电压的影响是相同的，光强的增加，有利于太阳电池光生载流子的吸收及分离，提高了太阳电池的输出能力。其次，对比图 2-2(a)与(b)以及图 2-2(c)与(d)，可以看出电流随光强几乎线性增加，而电压却是缓慢增加且存在小幅振荡现象，原因在于电流与所接收的光强呈线性关系，而电压随光强呈对数增长且受热激发噪声影响。最后，注意到单晶硅(非晶硅)太阳电池的 I_{sc}、V_{oc}、I_m、V_m 在此光强范围内，最大值相对于最小值的变化分别约为 57.8%(72.7%)、1.85%(4.05%)、61.9%(74.1%)、1.77%(3.18%)。这说明光强对电流影响大，而对电压影响小，与图 2-1 结论一致，而且可知光强变化对非晶硅太阳电池的输出影响更大，原因在于非晶硅材料中的缺陷多，受外界影响明显[12]。

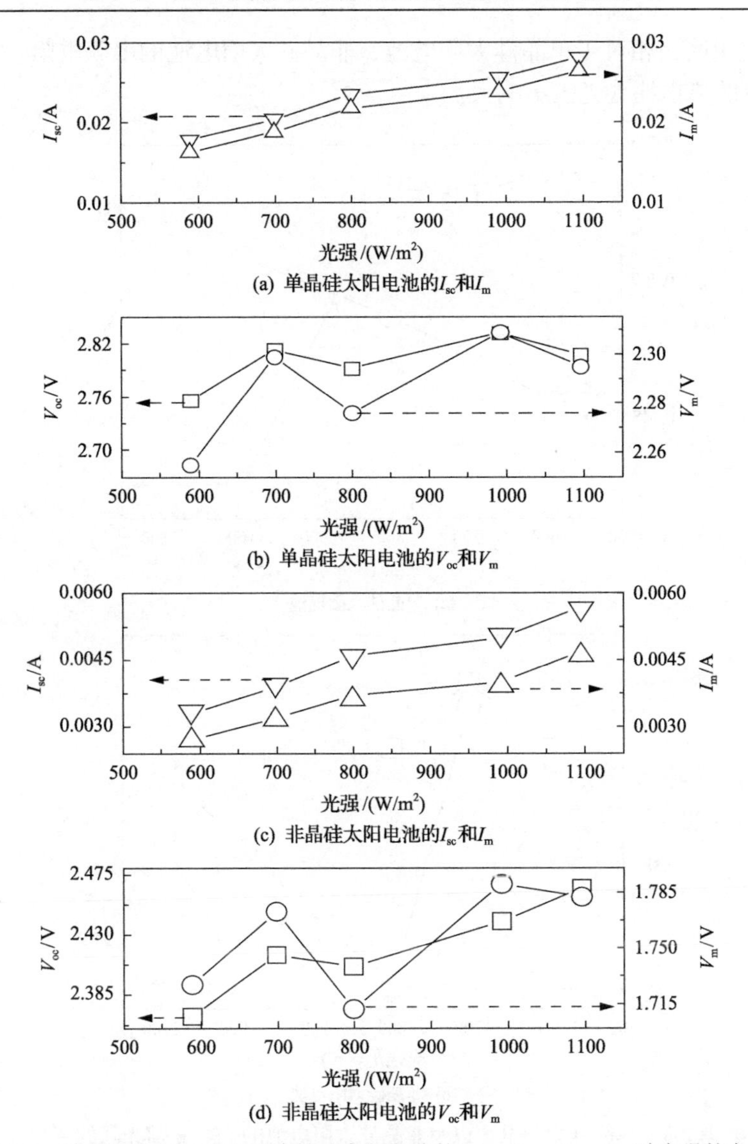

图 2-2　单晶硅太阳电池以及非晶硅太阳电池的 I_{sc}、V_{oc}、I_m、V_m 随光强的变化

从图 2-3 可以看出，首先，相同的光强条件下，单晶硅太阳电池的 FF、η 都优于非晶硅太阳电池；该结论与图 2-1 的结果相一致。其次，对于单晶硅太阳电池，FF 随光强的增加而增加，而 η 却随光强的增加而下降；对于非晶硅太阳电池，FF 与 η 随光强的变化基本一致，都是先上升后下降再上升的过程，由此可知 FF、η 和光强不具有简单的函数关系[13]。最后，注意到单晶硅(非晶硅)太阳电池的 FF 和 η 在此光强范围内，最大值相对于最小值的变化分别约为 2.52%(5.25%)和 12.1%(12.4%)。实际上，FF、η 主要取决于电池串联电阻、并联电阻以及相应的热损

耗[14]，这说明，相对于单晶硅太阳电池，非晶硅太阳电池的串联电阻、并联电阻以及相应的热损耗受光强影响大。

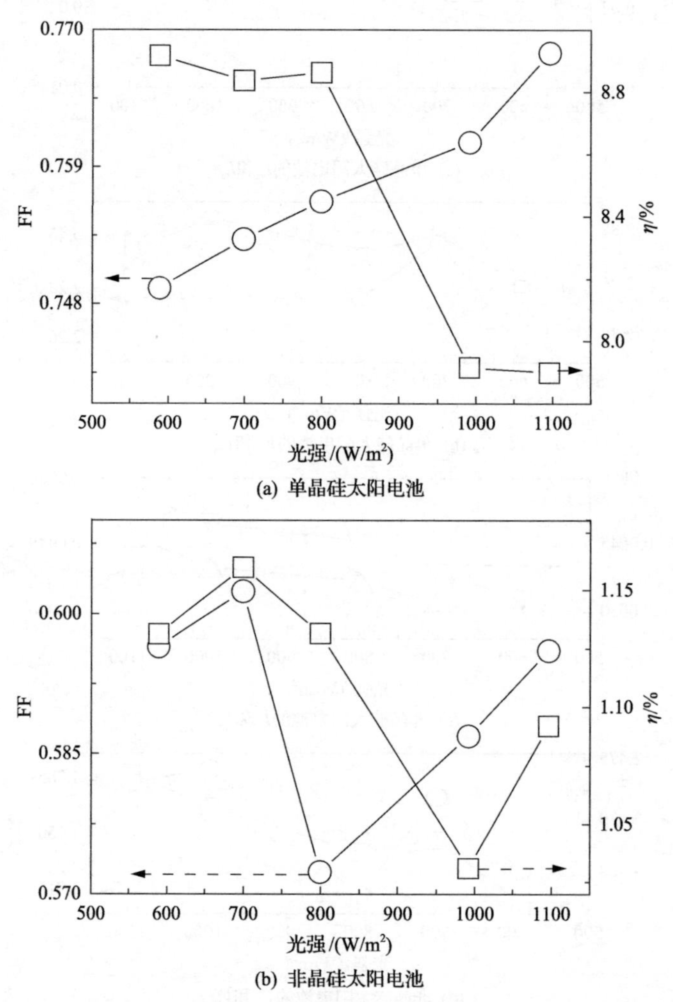

(a) 单晶硅太阳电池

(b) 非晶硅太阳电池

图 2-3　单晶硅太阳电池以及非晶硅太阳电池的 FF、η 随光强的变化

2.1.2.2　温度对单晶硅太阳电池及非晶硅太阳电池的影响

从图 2-4 可以看出，首先，相同温度条件下，单晶硅太阳电池的 I_{sc} 等参数都要比非晶硅太阳电池大，这说明单晶硅太阳电池的性能优于非晶硅太阳电池。而且发现两种太阳电池的输出电流随电压变化的趋势与图 2-1 一样。其次，无论是单晶硅太阳电池还是非晶硅太阳电池，随着温度的增大，I_{sc} 变化都不明显，而 V_{oc} 变化较大，这是由于电流主要与光强有关，而电压主要由受温度影响的器件禁带宽度决定[15]。

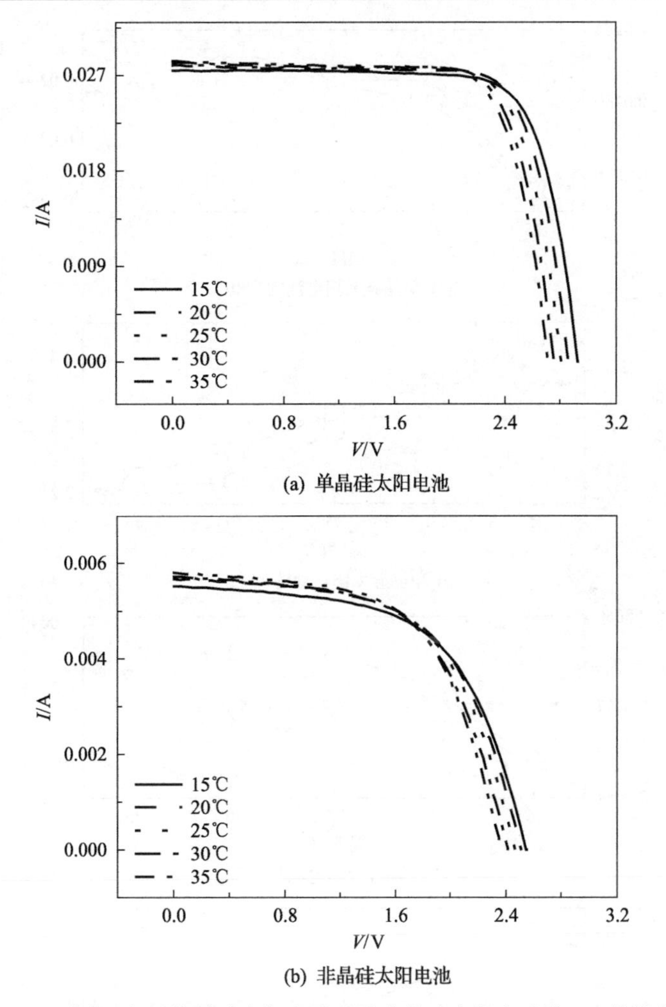

(a) 单晶硅太阳电池

(b) 非晶硅太阳电池

图 2-4　不同温度下单晶硅太阳电池以及非晶硅太阳电池的 I-V 特性曲线

从图 2-5 可以看出，首先，无论是单晶硅太阳电池还是非晶硅太阳电池，I_{sc} 与 I_m、V_{oc} 与 V_m 随温度的变化趋势基本一致，这说明温度对单晶硅太阳电池及非晶硅太阳电池的输出电流与电压的影响是相同的。其次，无论是单晶硅太阳电池还是非晶硅太阳电池，I_{sc} 与 I_m 都随温度的增加而整体呈上升趋势，但 V_{oc} 与 V_m 却整体在下降。原因在于随着温度的增高，禁带宽度变窄的同时会有更多电子可以从价带跃迁到导带上，所以电流升高；当禁带宽度变窄时，导带与价带间的载流子的复合概率增大，所以电压下降[16]。最后，注意到单晶硅(非晶硅)太阳电池的 I_{sc}、V_{oc}、I_m、V_m 在此温度范围内最大值相对于最小值的变化分别约为 2.91%(5.45%)、7.89%(7.55%)、3.95%(6.82%)、9.73%(7.95%)。由此看出温度对电压影响大，而对电流影响相对小，且大致可以看出温度变化对非晶硅太阳电池的影响更大。

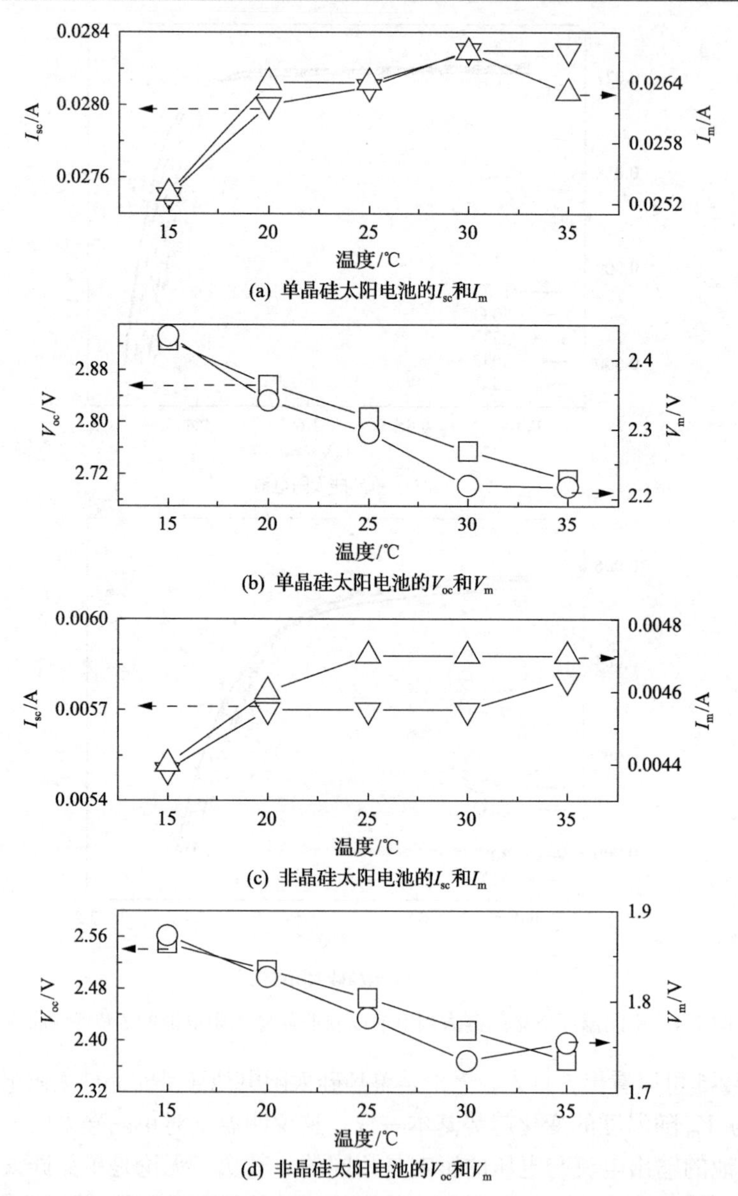

(a) 单晶硅太阳电池的I_{sc}和I_m

(b) 单晶硅太阳电池的V_{oc}和V_m

(c) 非晶硅太阳电池的I_{sc}和I_m

(d) 非晶硅太阳电池的V_{oc}和V_m

图 2-5　单晶硅太阳电池以及非晶硅太阳电池的 I_{sc}、V_{oc}、I_m、V_m 随温度的变化

从图 2-6 可以看出，首先，相同的温度条件下，单晶硅太阳电池的 FF、η 都优于非晶硅太阳电池。其次，无论是单晶硅太阳电池还是非晶硅太阳电池，FF 和 η 随温度的变化都基本一致，原因在于温升导致串联电阻增加[17]，且温升对 FF、η 具有相同的负温度系数[18]。最后，注意到在此温度范围内，单晶硅(非晶硅)太阳电池的 FF、η 的最大值相对于最小值的变化分别约为 1.65%(2.11%)、5.95%

(3.06%)。由此，可以看出温度对单晶硅太阳电池 FF 的影响小于 η，而对非晶硅太阳电池 FF 的影响大于 η，原因可能是开路电压等参数随温度的变化率不一致。

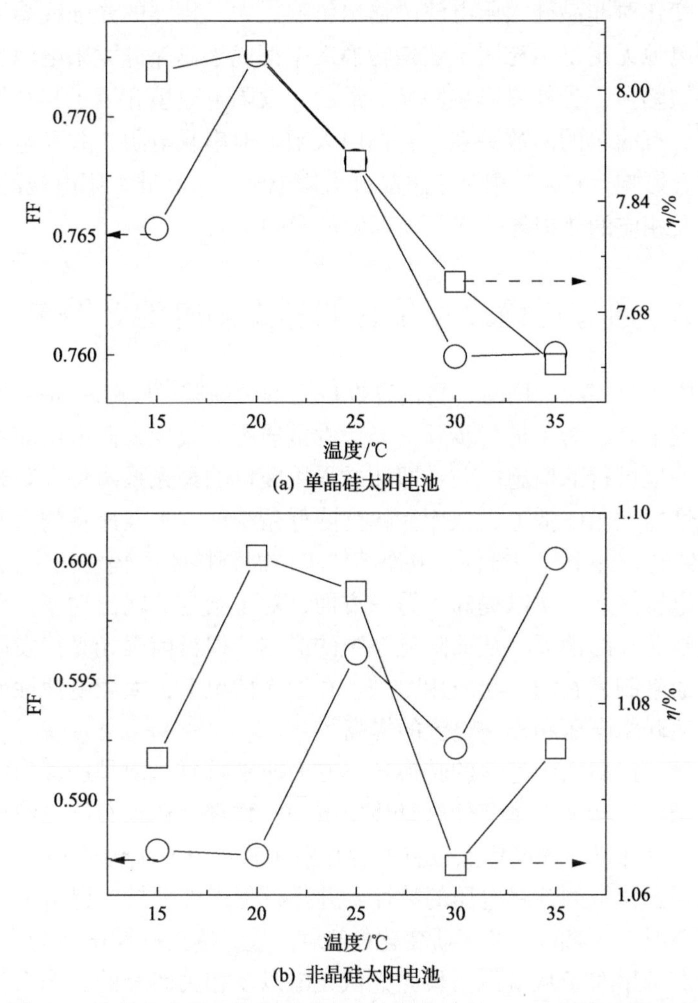

图 2-6　单晶硅太阳电池以及非晶硅太阳电池的 FF、η 随温度的变化

2.1.3　结论

本节采用实验方法研究了单晶硅太阳电池及非晶硅太阳电池的输出特性随光强与温度的变化规律，并对比讨论了它们的结果。首先，光强与温度对单晶硅(非晶硅)太阳电池输出电流与电压的影响规律是相同的，即短路电流与最大功率点电流、开路电压与最大功率点电压随光强与温度的变化趋势基本一致。其次，光强对单晶硅(非晶硅)太阳电池电流影响大，而对电压影响小；而温度对单晶硅(非

晶硅)太阳电池电压影响大，对电流影响相对小，原因在于电流主要与光强有关，而电压主要由受温度影响的器件禁带宽度决定。再次，相较于单晶硅太阳电池，光强或温度变化对非晶硅太阳电池的输出影响更大；相同的光强或温度条件下，单晶硅太阳电池无论是填充因子还是转换效率都优于非晶硅太阳电池，原因在于非晶硅材料缺陷多，受外界影响明显。最后，太阳电池填充因子与转换效率和光强与温度不具有简单的函数关系，它们由太阳电池串联电阻、并联电阻以及相应的热损耗耦合影响，并且，相对于单晶硅太阳电池，非晶硅太阳电池的串联电阻、并联电阻以及相应的热损耗受光强与温度的影响较大。

2.2 通过透镜焦点位置调制太阳电池开路电压

光伏发电作为能源利用时，目前存在以下两大缺陷[19]：第一是转换效率低，第二是制造成本高。为了进一步降低光伏发电成本，减少太阳电池芯片的消耗，聚光技术是一项可行的措施[20-23]，即通过采用廉价的聚光系统将太阳光汇聚到面积很小的高性能太阳电池上，从而大幅度降低系统的成本及昂贵的太阳电池材料的用量。在聚光条件下，一方面，电池芯片单位面积接收的辐射功率大幅度增加，太阳电池光电转换效率得以提高；另一方面，对于给定的输出功率，可以大幅度降低太阳电池芯片的消耗，从而降低系统的成本。但目前聚光光伏发电技术还很不成熟，从而限制了它的广泛应用[24-29]。在聚光情况下，太阳电池性能的提高主要得益于电池开路电压和光生电流的提高[23-31]。

尽管聚光在提高太阳电池的转换效率方面非常重要，但是透镜与电池间距的变化对于太阳电池转换效率有什么具体影响呢？物理上还没有给出清晰的图像。为此，本节实验研究了透镜焦点位置的变化对于常规硅光电池开路电压(V_{oc})的影响，以及光强变化下的开路电压的特性，并进行了理论分析，得出了 V_{oc} 在照射光强不变的情况下，随间距呈高斯变化的规律；最大输出开路电压为光聚焦到 PN 结耗尽区时。结果对于从事低倍聚光光伏发电以及相关研究的工作人员具有重要的指导意义。

2.2.1 实验装置及测量方法

测量输出开路电压 V_{oc} 随距离 d 变化的实验装置示意图如图 2-7 所示。型号为 2CR61 的硅光电池位于放大倍率为 10、数值孔径为 0.25 的聚焦透镜焦点附近，透镜焦距(f)为 6.5mm，光斑直径约为 10μm；硅光电池在强光下的开路电压为 0.45～0.6V，面积约为 3mm×4mm。测量时，一束 HeNe 平行光通过聚焦后照到硅光电池上，硅光电池与透镜共轴且固定在带有螺旋测微器的可移动平移台上；通过螺旋测微器可以改变太阳电池与透镜的间距(d)，也就是可以使得硅光电池处于聚焦光束焦点前后；移动硅光电池位置的时候保证光斑完全照射到其上，也即保证光强不变。每移动一次位置，记录下硅光电池离透镜的距离以及输出的开路电压（V_{oc}）。改变入射 HeNe 激光的强度，测量样品处于不同位置的输出开路电压。实验中尽量保证每次操作的条件相同，取重复测量十次的平均值作为实验资料。

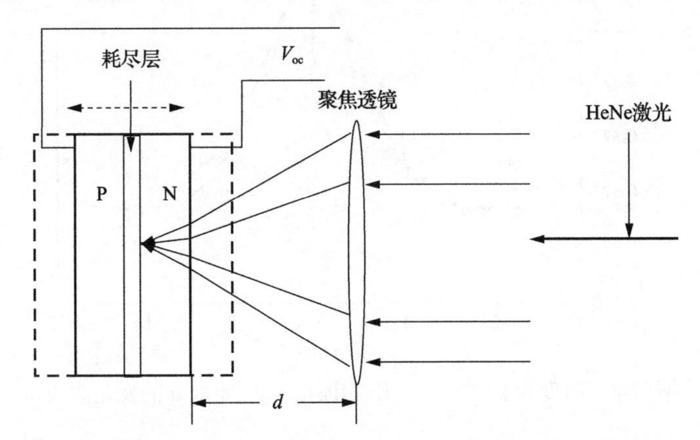

图 2-7　测量输出开路电压 V_{oc} 随距离 d 变化的实验装置示意图(不按比例)

2.2.2　实验结果及讨论

图 2-8 给出了激光照度在 94.7lx 时，得到的开路电压(V_{oc})随距离(d)变化的单次测量结果。可以看出，随着透镜与硅光电池距离的增大，开路电压逐渐上升，直到上升到某一极限，出现峰值后(图 2-8 中箭头所指)，距离继续增大时输出开路电压开始大幅度下降，直到不能再下降为止，而且发现最大值位置小于透镜焦距 6.5mm。测量过程中光的照度没有改变，只有硅光电池的位置变化了。换言之，透镜焦点位置的调制可以改变输出功率。由此结论可知，太阳电池聚光输出效率与聚光焦点有一定的关系。改变光的照度为 19.8lx、31.1lx、34.2lx、50.1lx、62.9lx、76.9lx 时也同样出现了峰值。图 2-9 给出了最大开路电压 V_{oc}^{Max} 随照度的变化，发现它们之间不是简单的线性关系，最大开路电压呈一坡度上升，并且逐渐趋于饱和。

硅光电池与外负载接通后的 I-V 关系为[31,32]

$$I = I_L - I_F = I_L - I_s(e^{\frac{nqV}{kT}} - 1) = q\overline{Q}A(L_p + L_n) - I_s(e^{\frac{nqV}{kT}} - 1) \tag{2-1}$$

式中，I_L 是光电流，与光强呈线性关系；I_F 是内部二极管电流；A 是 PN 结的面积；q 是电子电量；$\overline{Q}$ 是 PN 结扩散长度($L_p + L_n$，L_p 和 L_n 分别为空穴和电子的扩散长度)内的非平衡载流子的平均产生率，是光照射到电池的位置的函数；I_s 是反向饱和电流，与外加偏压无关，但强烈依赖于温度，室温下基本不变；n 是理想因子，为考虑光生载流子各种复合过程的因素，一般情况下 $1<n<2$。

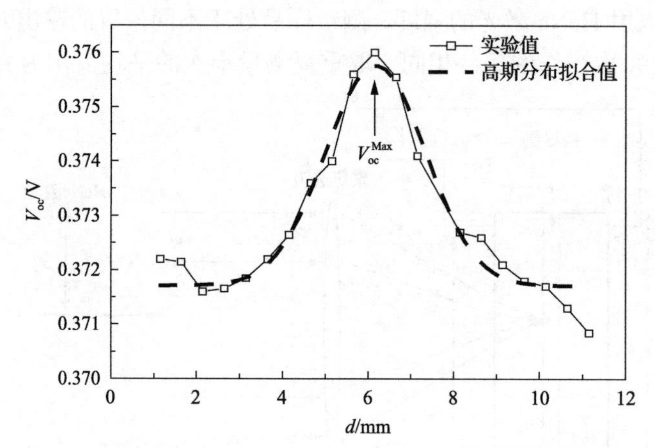

图 2-8　照度为 94.7lx 下，开路电压 V_{oc} 随距离 d 的变化曲线

当外电路开路的时候，输出电流 $I=0$，那么开路电压为

$$V_{oc}=\frac{nkT}{q}\ln\left(\frac{I_L}{I_s}+1\right) \tag{2-2}$$

当光强很弱的时候，即 $I_L \ll I_s$，式(2-2)可以泰勒展开为

$$\begin{aligned} V_{oc}&=\frac{nkT}{q}\left[I_L/I_s-1/2(I_L/I_s)^2+\cdots\right] \\ V_{oc}&\propto\frac{nkT}{q}\cdot\frac{I_L}{I_s} \end{aligned} \tag{2-3}$$

稳定光照下 PN 结中非平衡载流子(电子和空穴)的平均产生率 $\overline{Q}$ 随光照射到电池的位置 x 的变化满足高斯分布[32]：

$$\overline{Q}(d)\propto\exp\left[-\frac{(x-x_0)^2}{K}\right] \tag{2-4}$$

式中，x 是光照射到电池的位置；x_0 是与电池内间场大小和位置有关的常数；K 是与扩散有关的量。

结合式(2-3)和式(2-4)，则开路电压 V_{oc} 随光照射电池的位置 x 的变化满足

$$V_{oc}\propto\exp\left[-\frac{(x-x_0)^2}{K}\right] \tag{2-5}$$

实验结果发现它们之间确实呈如式(2-5)所示的关系，利用高斯分布拟合 V_{oc} 随 d 的变化，如图 2-8 所示，得到 $x_0 \approx 6.17\text{mm} < f = 6.5\text{mm}$，说明光聚焦照到电池的表面并不产生最大的开路电压，而是要聚焦得深入一些，这是由于硅光电池的耗尽区处于 PN 结的中间，这里内间场最大，为几百微米左右，考虑到硅的折射率约为 3，两者相乘正好约等于透镜焦距减去 x_0 的光程。实验与理论分析一致。根据式(2-2)，可知最大开路电压与光强是对数关系，这与文献[32]中的结论相符；利用对数拟合实验结果，如图 2-9 中拟合部分所示，结果符合。而且发现 $n \approx 1.34$，与理论分析值相符。

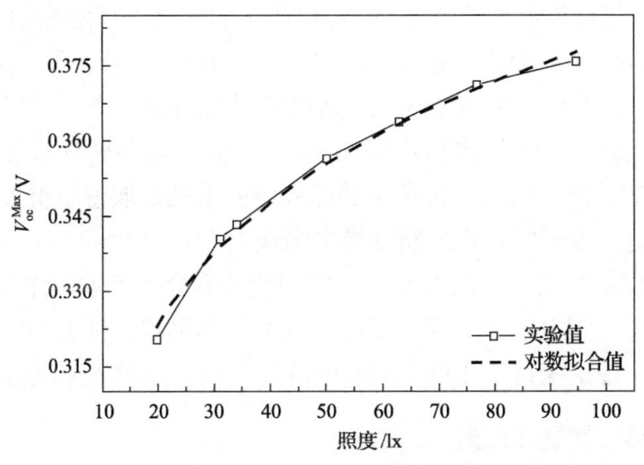

图 2-9　最大开路电压 V_{oc}^{Max} 随照度的变化

2.2.3　结论

本节通过调制硅光电池与聚焦透镜的间距，测量开路电压的特性，并进行了理论分析。实验结果发现随着间距的变化，硅光电池所产生的开路电压存在最大输出值；理论分析证实了它们之间呈高斯分布。而且发现当光聚焦到耗尽区时，开路电压输出最大，这与理论分析一致。此项研究对于当前聚光光伏系统的建设，以及提高光电转换效率具有一定的帮助。

2.3　染料敏化太阳电池的红外热场特征

太阳电池的制备过程需要采用丝网印刷、高温烧结、互联、层压封装等许多生产工艺。这些工艺中的机械应力、热应力等都会造成电池片缺陷。缺陷严重影响了太阳电池的性能，降低了太阳电池的光电转换效率。研究电池缺陷的手段有超声波共振扫描、光致发光检测和电致荧光等。超声波共振扫描具有无损、快速的特点，但灵敏度不高。光致发光检测可在线快速检测太阳电池的扩散工艺中的杂质粒子缺陷，但却无法反映工艺工程造成的虚焊等。而电致荧光依据太阳电池的电致红外图像检测原理，根据偏压下电池片发出的红外光亮度差异清楚地显示组件中的裂片(包括隐裂和显裂)、劣片等缺陷，更为重要的是通过电致荧光可以研究电池中电子的运动情况[33-35]。

染料敏化太阳电池(DSSC)是下一代太阳能转换技术的潜在候选，因此人们已经努力研究其光电现象[36-39]。然而，该电池的应用受到阻碍，因为它效率低下。主要原因是纳米晶-染料-电解质界面上的电荷复合，在这个界面上有两种可能的复合途径，注入的电子可与氧化染料分子复合或与电解质中的氧化还原物质反应[40,41]。因此，研究人员采用阻抗谱、阶跃时间瞬变、开路电压衰减和电致荧光等方法研究了 DSSC 的电子复合特性。结果表明，电荷复合的基本动力学受染料类型[42,43]、染料大小[44]、电解质中的氧化离子[45]、给体和受体分子之间形成的电荷转移状态[46]和活性层中局部无染料[47]的控制。虽然经过多年的深入研究 DSSC 取得了重大进展，但在其中建立一个合适的电子复合物理模型尚未实现[48-50]。

本节用电致荧光(EL)方法对 DSSC 中的两种复合途径进行详细的研究。实验研究了染料敏化太阳电池在室温、正向直流偏压和黑暗条件下的电流电压和电致荧光强度特性，理论探讨了 TiO_2-染料-电解质界面缺陷对太阳电池性能的影响。

2.3.1 实验样品、装置和测量

TiO_2 由四异丙醇钛水解得到的胶体分散液制备得到[51]。通过在透明导电玻璃(TCO，型号：TEC-15，LOF 公司)基板上进行丝网印刷获得 TiO_2 薄膜，然后在 510℃下在空气中烧结 30min。轮廓仪测定薄膜厚度约为 15μm。然后，将光电子极浸入 N719 染料的乙醇溶液中 12h。通过在 TCO 上喷涂 H_2PtCl_6 溶液，在 410℃下加热 20min 获得铂化的对电极。对电极放置在用热黏合膜密封的染色 TiO_2 膜顶部。电解液从对电极上的孔灌入，该孔后来被玻璃和热黏合膜密封。将银网格线以丝网印刷方式印刷于导电玻璃基板上，然后在 450℃下加热 30min。最后制备 DSSC 器件(样品 A)。同时，在上述操作方法中不添加染料溶液，也制备了另一样品(样品 B)。器件的有效面积为 5mm×5mm=25mm^2。

图 2-10 中给出的装置用于电致荧光检测。样品安装在一个 *X-Y-Z* 三维平移台上面，带有微调节器。如图 2-10 的插图所示，正向偏压的 DSSC 下，TiO_2 中注入的电子将与氧化碘化物(1)和染料分子(2)复合来发射电致荧光。实际上，对于样品 A 可能同时存在两个复合过程，而样品 B 可能只存在一个过程。对应的器件电流和电致荧光由检流计和红外相机记录。采集的荧光通过计算机分析得到相应的归一化平均电致荧光强度。实验测量了正向直流偏压的电流电压(*I-V*)、归

一化平均电致荧光强度-电压（ϕ_{EL}-V）和归一化平均电致荧光强度-电流（ϕ_{EL}-I）特性。

在实际实验中，选择了 LM1719A 作为直流偏压源，用 C65 型电流计测量电流。采用加拿大红外相机-InfraTec GmbH，其编号为 VC HR Research 780，波谱响应范围为 800～1100nm，以 640 像素×480 像素的合适分辨率进行数据采集，曝光时间控制在适当范围以达到更好的图像效果，同时为减少噪声应尽可能控制增益大小稳定，具有线性响应功能。所有实验均在室温和暗箱环境条件下完成。

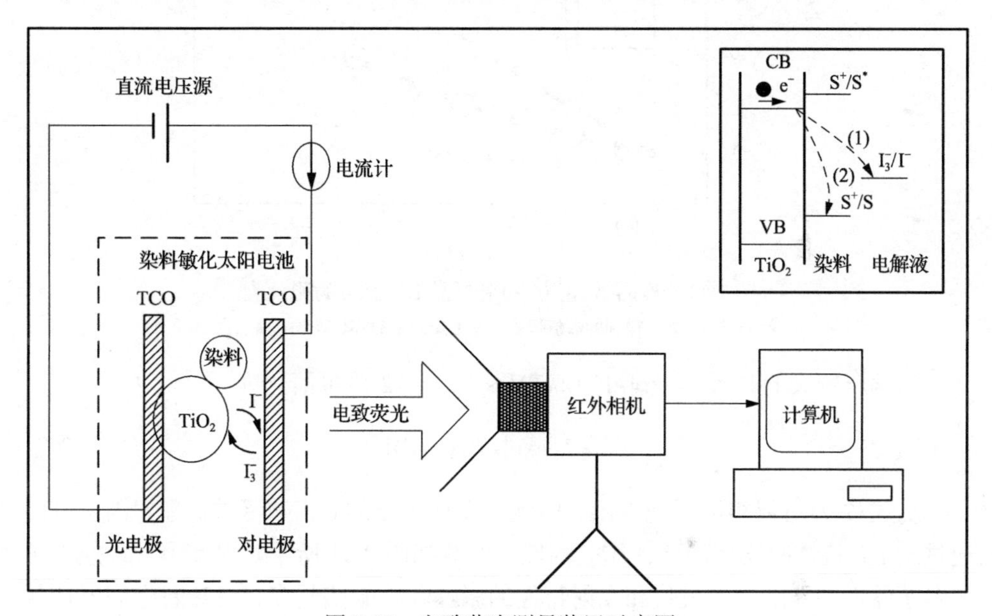

图 2-10　电致荧光测量装置示意图

插件（右上）是电荷复合的能级示意图。其中，CB 为导带；VB 为价带；S 为基态；S^*为激发态；S^+为氧化态

2.3.2　结果和讨论

图 2-11 显示了样品 A（正方形）和样品 B（圆形）在正向偏压下测得的暗 I-V 特性曲线，所有的 I-V 特性曲线几乎都是线性的。特别指出，在相同的电压下，样品 A 的电流明显大于样品 B 的电流，这可能是因为染料的加入会提高太阳电池的光电转换效率。

一般来说，DSSC 的电路主要由一个恒流源和类似二极管的元件组成，类似于传统太阳电池[52,53]。等效电路模型如图 2-11 的插图所示。因此，DSSC 的 I-V 特性由式（2-6）给出：

$$I = I_0\left\{\exp\left[eV/(nkT)\right]-1\right\} \tag{2-6}$$

式中，I_0、e、V、n、k 和 T 分别是反向饱和电流、基本电荷、电压、理想因子、玻尔兹曼常量和温度。

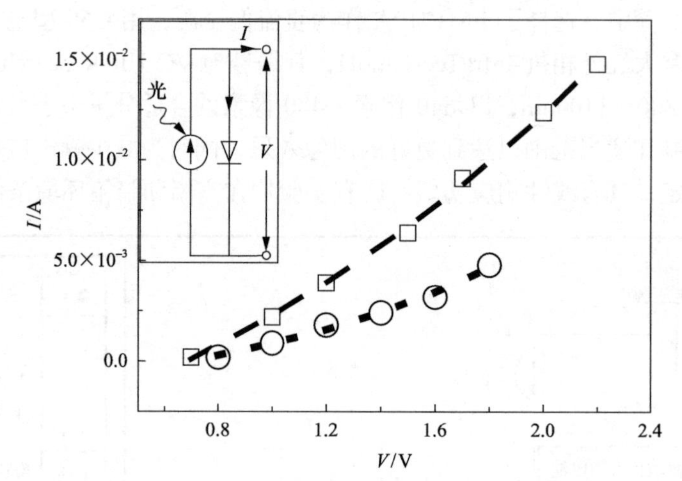

图 2-11 样品 A（正方形）和样品 B（圆形）的测量值

虚线是根据式（2-7）得到的数值拟合；左上插图是 DSSC 等效电路示意图

当偏压较大的时候，$\exp[eV/(nkT)]\gg 1$，式（2-6）可简化为

$$I \approx I_0 \exp[eV/(nkT)] \tag{2-7}$$

从式（2-7）可以很明显地看出，电流是正向偏压的 e 指数函数。理想因子可以通过暗 I-V 特性曲线来确定，相应的拟合曲线如图 2-11 所示。事实上，理想因子解释了器件中缺陷对光吸收和发射特性的影响[54]。缺陷越多，意味着空间电荷复合越多，复合电流越大，n 值越大。样品 A 和 B 理想因子的提取值分别为 $n_A = 2.11227 \pm 0.39893$ 和 $n_B = 1.0561 \pm 0.46312$。从上述拟合结果可以看出，n_A 几乎是 n_B 的两倍，这表明样品 A 的复合电流高于样品 B 的复合电流，这可能是由于 DSSC 中的染料在 TiO_2-染料-电解质界面处产生了更多的缺陷，从而主导了电子空穴复合。注意到样品 A 的理想因子大于 2，这说明除了体复合（n=1）外，当 $n>1$ 时，器件中其他复合机制占主导，特别是在纳米晶体-染料界面的电荷复合[55,56]。从良好的拟合可以看出，该模型对实验数据提供了合理的解释。

考虑背景信号后，样品 A（正方形）和样品 B（圆形）在正向偏压下的归一化平均电致荧光强度如图 2-12 所示。所有曲线都向上抬高，且在正向偏压下曲线的斜率增大。根据互易性定理[57-59]，归一化平均电致荧光强度和正向偏压的关系如下：

$$\phi_{EL} \approx Q_E \phi_{BB} \left\{\exp\left[eV/(kT)\right]-1\right\} \tag{2-8}$$

式中，Q_E 是太阳电池的外部光伏量子效率；ϕ_{BB} 是黑体辐射常数。

由于 $\exp[eV/(kT)] \gg 1$，式(2-8)也可以表示为

$$\phi_{\mathrm{EL}} \approx Q_{\mathrm{E}}\phi_{\mathrm{BB}} \exp[eV/(kT)] \tag{2-9}$$

由此，可以看出归一化电致荧光强度应随偏压呈 e 指数级增加。根据式(2-9)，拟合曲线见图 2-12。从拟合结果来看，两者吻合得较好。样品 A 和 B 的提取系数 $Q_{\mathrm{E}}\phi_{\mathrm{BB}}$ 分别为 0.00665±0.00064 和 0.00446±0.00025，相对误差约为 9.6%(样品 A)和 5.6%(样品 B)。由于整体误差不超过 10%，该模型可为实验数据提供合理的解释。此外，还发现样品 A 的提取系数大于样品 B 的提取系数，这意味着样品 A 的外部光伏量子效率大于样品 B，原因是 DSSC 中的染料会拓宽电池的吸收光谱，提高其光电转换效率。这一结论与图 2-11 中 *I-V* 特性曲线的结果一致。

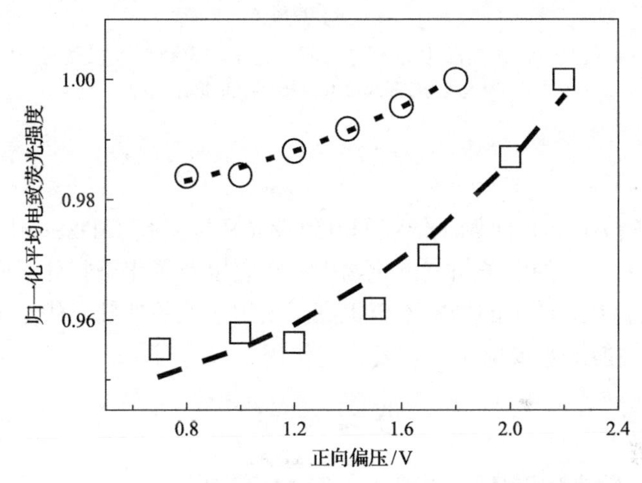

图 2-12 样品 A(正方形)和样品 B(圆形)的归一化平均电致荧光强度与正向偏压的关系
虚线是根据式(2-9)得到的数值拟合

图 2-13 是样品 A(正方形)和样品 B(圆形)相对于正向电流的归一化平均电致荧光强度。尽管这两条曲线呈现完全不同的趋势，但随着正向电流的增加，所有归一化平均电致荧光强度都显著增加。因此，结合式(2-7)和式(2-9)，归一化平均电致荧光强度与电流有如下关系：

$$\phi_{\mathrm{EL}} \propto I^n \tag{2-10}$$

从式(2-10)可以很明显地看出，归一化平均电致荧光强度与正向电流有幂律关系。需要注意的是，理想因子可以通过式(2-10)拟合出来。为了进一步证实这些结论，拟合曲线如图 2-13 所示。提取的样品 A 和 B 的理想因子分别为 $n_{\mathrm{A}} = 2.20927 \pm 0.19687$ 和 $n_{\mathrm{B}} = 1.06429 \pm 0.27973$，这些值与图 2-11 的拟合结果非常接近。

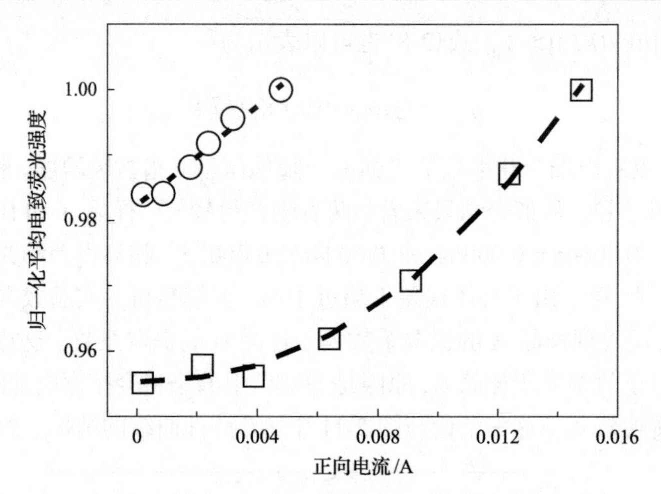

图 2-13　样品 A（正方形）和样品 B（圆形）的归一化平均电致荧光强度与正向电流的关系

虚线为按照式（2-10）得到的数值拟合

2.3.3　结论

本节采用暗 *I-V* 和正向偏压依赖的电致荧光特性研究了 DSSC 中的电子复合。结果表明，TiO_2 注入的电子与三碘化物中的空穴以及氧化染料分子同时发生电荷复合，并证实了 DSSC 中的染料不仅提高了太阳电池的外部光伏量子效率，还对限制光伏器件性能的重要电子空穴复合起作用。

参 考 文 献

[1] 朱美芳，熊绍珍. 太阳电池基础与应用（下册）. 2 版. 北京：科学出版社，2014.

[2] 田玮，王一平，韩立君，等. 聚光光伏系统的技术进展. 太阳能学报，2005（4）：597-604.

[3] Ostapenko S, Dallas W, Hess D, et al. Crack detection and analyses using resonance ultrasonic vibrations in crystalline silicon wafers. Photovoltaic Energy Conversion, 2006（1）：920-923.

[4] 徐永锋，李明，王六玲，等. 聚光光强对太阳电池阵列输出性能的影响. 物理学报，2009，58（11）：8067-8076.

[5] 韩新月，屈健，郭永杰. 温度和光强对聚光硅太阳电池特性的影响研究. 太阳能学报，2015，36（7）：1585-1590.

[6] Kim J H, Moon K J, Kim J M, et al. Effects of various light-intensity and temperature environments on the photovoltaic performance of dye-sensitized solar cells. Solar Energy, 2015（113）：251-257.

[7] Singh P, Singh S N, Lal M, et al. Temperature dependence of *I-V* characteristics and performance parameters of silicon solar cell. Solar Energy Materials and Solar Cells, 2008（92）：1611-1616.

[8] 肖丽仙，何永泰，彭跃红，等. 温度对太阳电池转换特性影响的理论及实验研究. 电测与仪表，2014，51（17）：62-66.

[9] Khan F, Singh S N, Husain M. Effect of illumination intensity on cell parameters of a silicon solar cell. Solar Energy Materials and Solar Cells, 2010, 94（9）：1473-1476.

[10] Chegaar M, Hamzaoui A, Namoda A, et al. Effect of illumination intensity on solar cells parameters. Energy Procedia, 2013（36）：722-729.

[11] Chaar E L, Zein E N. Review of photovoltaic technologies. Renewable and Sustainable Energy Reviews, 2011, 15(5): 2165-2175.

[12] Köhler F, Zimmermann T, Muthmann S, et al. Structural order and Staebler-Wronski effect in hydrogenated amorphous silicon films and solar cells. IEEE Journal of Photovoltaics, 2014(4): 4-9.

[13] 丁会磊, 程晓舫, 翟载腾. 太阳电池填充因子随日照强度变化的理论分析与计算. 中国工程科学, 2007, 9(6): 82-87.

[14] Xiao C Q, Yu X G, Yang D R, et al. Impact of solar irradiance intensity and temperature on the performance of compensated crystalline silicon solar cells. Solar Energy Materials and Solar Cells, 2014(128): 427-434.

[15] Zhou W, Yang H X, Fang Z H. A novel model for photovoltaic array performance prediction. Applied Energy, 2007(84): 1187-1198.

[16] EL-Adawimk M K, AL-Nuaim I A. The temperature functional dependence of VOC for a solar cell in relation to its efficiency new approach. Desalination, 2007(209): 91-96.

[17] Mosalam Shaltout M A, El-Nicklawy M M, HassanA F, et al. The temperature dependence of the spectral and efficiency behavior of Si solar cell under low concentrated solar radiation. Renewable Energy, 2000(21): 445-458.

[18] Chander S, Purohit A, Sharma A, et al. A study on photovoltaic parameters of mono-crystalline silicon solar cell with cell temperature. Energy Reports, 2015(1): 104-109.

[19] Shah A, Torres P, Tscharner R, et al. Photovoltaic technology: The case for thin-film solar cells. Science, 1999, 285(5428): 692-698.

[20] Goetzberger A, Luther J, Willeke G. Solar cells: Past, present, future. Solar Energy Materials and Solar Cells, 2002, 74(1-4): 1-11.

[21] Hein M, Dimroth F, Siefer G, et al. Characterisation of a 300× photovoltaic concentrator system with one-axis tracking. Solar Energy Materials and Solar Cells, 2003(75): 277-283.

[22] Yamaguchi M, Luque A. High efficiency and high concentration in photovoltaics. IEEE Transactions on Electron Devices, 1999, 46(10): 2139-2143.

[23] 陈诺夫, 白一鸣. 聚光光伏系统. 物理, 2007, 36(11): 862-868.

[24] Liu Z X, Masuda A, Nagai T, et al. A concentrator module of spherical Si solar cell. Solar Energy Materials and Solar Cells, 2007, 91: 1805-1810.

[25] Khelifi S, Ayat L, Belghachi A. Effects of temperature and series resistance on GaAs concentrator solar cell. European Physical Journal-Applied Physics, 2008(41): 115119.

[26] 刘颖, 戴景民, 郎治国, 等. 旋转抛物面聚光器焦面能流分布的有限元分析. 光学学报, 2007, 27(10): 1776-1778.

[27] 汪韬, 李晓婷, 李宝霞, 等. 新型菲涅尔线聚光太阳电池组件特性分析. 光子学报, 2003, 32(9): 1138-1141.

[28] 黄国华, 施玉川, 杨宏, 等. 常规太阳电池聚光特性实验. 太阳能学报, 2006, 27(1): 19-22.

[29] 吴玉庭, 朱宏晔, 任建勋, 等. 聚光条件下太阳电池的热电特性分析. 太阳能学报, 2004, 25(3): 337-340.

[30] Luque A. Solar Cells and Optics for Photovoltaic Concentration. London: IOP Publishing Ltd, 1989.

[31] 施敏. 现代半导体器件物理. 北京: 科学出版社, 2001.

[32] 刘恩科, 朱秉升, 罗晋生, 等. 半导体物理学. 北京: 国防工业出版社, 2004.

[33] Trupke T, Bardos R A, Abbott M D, et al. Progress with luminescence imaging for the characterization of silicon wafers and solar cells//22nd European Photovoltaic Solar Energy Conference, Milan, 2007: 22-31.

[34] Bothe K, Pohl P, Schmidt J, et al. Electroluminescence imaging as an in-line characterization tool for solar cell production//Record of the 21st European Photovoltaic Solar Energy Conference, Milan, 2006: 597-660.

[35] Würfel P, Trupke T, Puzzer T. Diffusion lengths of silicon solar cells from luminescence images. Journal of Applied Physics, 2007(101): 123110.

[36] O'Regan B, Grätzel M. A low-cost, high-efficiency solar cell based on dye-sensitized colloidal TiO_2 films. Nature, 1991, 353: 737-740.

[37] Grätzel M. Dye-sensitized solar cells. Journal of Photochemistry and Photobiology C. Photochemistry Reviews, 2003, 4(2): 145-153.

[38] Law M, Greene L E, Johnson J C, et al. Nanowire dye-sensitized solar cells. Nature Materials, 2005(4): 455-459.

[39] Hagfeldt A, Boschloo G, Sun L, et al. Dye-sensitized solar cells. Chemical Reviews, 2010, 110(11): 6595-6663.

[40] Huang S Y, Schlichthorl G, Nozik A, et al. Charge recombination in dye-sensitized nanocrystalline TiO_2 solar cells. Journal of Physical Chemistry B, 1997(101): 2576-2582.

[41] Bisquert J, Fabregat-Santiago F, Mora-Seró I, et al. Electron lifetime in dye-sensitized solar cells. Journal of Physical Chemistry C, 2009, 113(40): 17278-17290.

[42] Snaith H J, Grätzel M. Electron and hole transport through mesoporous TiO_2 infiltrated with Spiro-MeOTAD. Advanced Materials, 2007, 19(21): 3643-3647.

[43] Fabregat-Santiago F, Bisquert J, Cevey L, et al. Electron transport and recombination in solid-state dye solar cell with Spiro-OMeTAD as hole conductor. Journal of the American Chemical Society, 2009, 131(2): 558-562.

[44] Snaith H J, Schmidt-Mende L. Advances in liquid-electrolyte and solid-state dye-sensitized solar cells. Advanced Materials, 2007(19): 3187-3200.

[45] Trupke T, Baumgärtner S, Würfel P, et al. Time-resolved electroluminescence of dye sensitized solar cells. Journal of Physical Chemistry C, 2000(104): 308-312.

[46] Veldman D, Meskers S C J, Janssen R J, et al. The energy of charge-transfer states in electron donor-acceptor blends: Insight into the energy losses in organic solar cells. Advanced Functional Materials, 2009(19): 1939-1948.

[47] Bokalič M, Krašovec U O, Topič M, et al. Electroluminescence as a spatial characterization technique for dye-sensitised solar cells. Progress in Photovoltaics: Research and Applications, 2013, 21(5): 1176-1180.

[48] Bisquert J, Zaban A, Salvador P, et al. Analysis of the mechanisms of electron recombination in nanoporous TiO_2 dye-sensitized solar cells. Nonequilibrium Steady-State Statistics and Interfacial Electron Transfer via Surface States, 2002(106): 8774-8782.

[49] Peter L M. Characterization and modeling of dye-sensitized solar cells. Journal of Physical Chemistry C, 2007(111): 6601-6612.

[50] Listorti A, O'Regan B, Durrant J R, et al. Electron transfer dynamics in dye-sensitized solar cells. Chemistry of Materials, 2011(23): 3381-3399.

[51] Liu W Q, Kou D X, Cai M L, et al. The intrinsic relation between the dynamic response and surface passivation in dye-sensitized solar cells based on different electrolytes. Journal of Physical Chemistry C, 2010(114): 9965-9969.

[52] Han L Y, Koide N, Chiba Y, et al. Modeling of an equivalent circuit for dye-sensitized solar cells. Applied Physics Letters, 2004(84): 2433-2435.

[53] Han L Y, Koide N, Chiba Y, et al. Modeling of an equivalent circuit for dye-sensitized solar cells: Improvement of efficiency of dye-sensitized solar cells by reducing internal resistance. Comptes Rendus Chimie, 2006(9): 645-651.

[54] Fuyuki T, Kondo H, Kaji Y, et al. Analytic findings in the electroluminescence characterization of crystalline silicon solar cells. Journal of Applied Physics, 2007(101): 023711.

[55] Murayama M, Mori T. Evaluation of treatment effects for high-performance dye-sensitized solar cells using equivalent circuit analysis. Thin Solid Films, 2006, 1-2(509): 123-126.

[56] Miha F, Berginc M, Smole F, et al. Analysis of electron recombination in dye-sensitized solar cell. Current Applied Physics, 2012, 1(12): 238-246.

[57] Rau U. Reciprocity relation between photovoltaic quantum efficiency and electroluminescent emission of solar cells. Physical Review B, 2007(76): 085303.

[58] Hoyer U, Pinna L, Swonke T, et al. Comparison of electroluminescence intensity and photocurrent of polymer based solar cells. Advanced Energy Materials, 2011(1): 1097-1100.

[59] Seeland M, Rösch R, Hoppe H, et al. Quantitative analysis of electroluminescence images from polymer solar cells. Journal of Applied Physics, 2012(111): 024505.

第 3 章　遮阴对太阳电池发电的影响规律

光伏发电易受到建筑、乌云、树木等遮阴的影响，光伏输出功率下降，且在局部遮阴影响下，太阳电池会局部发热，形成“热斑效应”，对整个发电系统造成危害[1-3]。因此，人们关注遮阴条件下太阳电池性能的研究[4-6]。局部阴影下光伏系统的问题归属于太阳电池失配问题，局部阴影分为两类：太阳电池片阴影和光伏阵列阴影。目前，对于遮阴条件下光伏系统的研究主要从以下两个方面进行。

(1) 理论研究，局部阴影条件下光伏发电的数学建模，通过仿真系统模拟仿真局部阴影条件下光伏的输出特性，并利用最大功率点跟踪(MPPT)算法，提高遮阴条件下光伏的输出功率。

(2) 实验研究，通过实验研究分析不同遮挡模式下(包括遮挡的比率、旁路二极管连接方式不同等)光伏系统的输出性能。

理论研究方面，国内刘邦银等[7]利用太阳电池的反向特性，建立局部阴影条件下光伏组件的数学模型，讨论在光伏组件中输出功率与并联的二极管数量的关系，并得出最佳的旁路二极管数量，模型以反向雪崩击穿的太阳电池元的双二极管电路模型为基础，验证实验对象是 72 个单体太阳电池串联构成的组件。田琦等[8]利用单二极管模型和太阳电池的反向特性，仿真讨论了反向特性参数对太阳电池输出特性的影响，并利用含有反向模型的单二极管太阳电池模型仿真讨论了旁路二极管不同连接方式对太阳电池输出性能的影响。王冰清等[9]利用单二极管雪崩效应太阳电池模型，通过 MATLAB 仿真遮阴条件下串联、并联太阳电池的输出特性，并仿真研究了旁路二极管和阻塞二极管对遮阴条件下太阳电池输出特性的影响。翟载腾等[10]以两个串联组件为基础，通过无穷大并联电阻，建立了基于分段函数的两个串联光伏组件(每个组件含有旁路二极管)遮阴模型。戚军等[11]研究了阴影条件下光伏阵列的仿真算法，该算法模型是建立在无阴影条件下的苏建徽模型[12]上的，通过串并联电流电压性质(串联中采取电流均分法离散，并联中采取电压均分法离散)，建立仿真阵列模型。该仿真阵列模型中，在串联组件中采取电流离散法是对的，但是在此基础上再采用并联电压离散法却无法执行。李国良等[13]以空间电池为研究对象，借用反向击穿双二极管模型分析阴影对空间组件太阳电池的研究。吴小进等[14]以翟载腾模型为基础，分别建立了阴影条件下串并联光伏组件数学模型，并利用最大功率点导数为零和开路电压推导出阴影条件下局域最大功率点电压范围。肖景良等[15]研究得出：不同的阴影分布对阵列最大输出功率影响很大，阴影越多，最佳分布与最差分布所能获得的最大输出功率的差别越明显。最大输出功率的下降幅度与阴影数不呈线性比例关系。不同串并联结构导致的最佳阴影分布呈现出不同特点。有阴影的光伏组件非均匀集中地分布在多条串联支路中时，最大输出功率下降幅度较大，而且输出特性曲线上极值点较多。国外 Patel 和 Agarwal[16]利用 MATLAB 中的 M 文件，模拟仿真阵列中旁路二极管和阻塞二极管在不同连接方式、动态光照和不同遮挡模式下的光伏阵列输出性能。仿真结果表明：旁路二极管和阻塞二极管在阴影条件下可以提高阵列的输出性能；增加并联支路，可以提高阵列的输出性能。Ishaque 等[17]利用双二极管在 MATLAB/Simulink 环境下建立仿真系统。Deline 等[18]提出了一种对于光伏遮阴的近似解析，相对于数值模拟，该方法减少了运行时间，而且不会随着阵列的增大而增加运行时间。该方法研究了子模块不同遮阴率下输出功率与未遮阴之前输出功率的比值之间的关系。

实验研究方面，张臻等[19]结合刘邦银的数学模型，以 54 片多晶硅太阳电池组件(156mm×156mm)为研究对象进行实验。实验内容：在有无旁路二极管的条件下，分析比较单片太阳电池片小比例遮挡(1%～10%)、单片太阳电池片大比例遮挡(10%～100%)等六种遮挡模式下，太阳电池的 I-V、P-V 性能输出与遮挡率的关系以及最大功率与遮挡率的关系等。实验结果表明，有旁路二极管的条件下，组件单片遮挡率为 0%～50%时，最大功率 P_{m} 和最大功率点电流 I_{m} 均有下降趋势，并且 P_{m} 呈线性递减趋势；遮挡率为 50%～100%时，P_{m} 下降趋势不明显；无旁路二极管条件下，组件单片遮挡率为 70%～80%时，P_{m} 的下降速率随遮挡率的增加而线性增大；遮挡率大于 80%时，P_{m} 的下降速率随遮挡率的增加变化不明显。卞海红等[20]发现局部遮阴存在“门槛效应”，即在相同的太阳电池中，相同遮阴情况下，并联数越多的阵列，功率损失越小。胡义华等[21]发现多块电池板受到阴影影响时，串联方式比并联方式的功率输出下降严重。国外，Dolara 等[22]通过实验研究单晶硅组件、多晶硅组件在不同遮挡模式下的输出功率及功率损失，以及太阳电池功率输出受到旁路二极管、电池连接方式和遮阴模式的影响。研究对象为 60 个单体太阳电池构成的太阳电池组件。遮挡模式：①单个电池垂直遮挡 25%、50%、75%、100%；②单个电池水平遮挡 25%、50%、75%、100%；③整体组件垂直(一排单体组件)遮挡 25%、50%、75%、100%；④整体组件水平(一排单体组件)遮挡 25%、50%、75%、100%。从文献[22]的结论可以看出：遮挡模式①和②尽管对于单体遮挡方式不同，但不会影响组件的功率输出；遮挡模式①和③结果相似，原因是受到了旁路二极管的影响；遮挡模式④受到旁路二极管的影响，功率下降。

通过上述国内外理论与实验的研究进展可以看出，遮阴下光伏发电特性的研究很有必要，有许多没有解决的问题。为此，本章首先实验探索光强与遮阴面积同步变化时的电池输出特性；理论上分析电池产生上述变化的原因，以及影响电池效率的关键因素。其次，实验研究三种遮挡模式对单(多)晶硅太阳电池片输出电流、电压性能的影响规律，并通过理论分析了原因：第一种为遮挡(为正方形)在不同位置的影响，第二种为遮挡(为长方形)在不同摆放方向的影响，第三种为相同面积不同形状的部分遮挡结果。最后，对比研究光伏系统的两种局部遮阴模型，即幂律模型与四参数模型，得出在非均匀光照下电池的工作状态受旁路二极管的影响规律，以及四参数模型与幂律模型特点。

3.1 遮挡率与光强同时改变对太阳电池片性能的影响

3.1.1 引言

有人研究了光强变化对电池性能的影响[23,24]，有人研究了遮挡面积变化对太阳电池性能的影响[25]，但实际上，它们是耦合在一起影响太阳电池性能的。由于缺乏这一方面的研究，人们对于光伏发电在光强与遮阴两者影响下的性能仍然不清楚。

为此，本章通过实验与理论研究遮挡比例与光强动态变化下，太阳电池的输出特性。引进一个动态因子，分析并讨论短路电流 I_{sc}、最大功率电流 I_m、开路电压 V_{oc}、最大功率电压 V_m、转换效率 η 和填充因子 FF 与动态因子的关系，并从理论上解释了原因。

3.1.2 实验设计

为了研究入射光强(S)与遮挡面积(A)共同作用下太阳电池的输出性能，本节设计了不同尺寸的正方形黑色卡片放在单晶硅太阳电池中心处，依次改变光强进行测量。实验仪器采用成都世纪中科仪器有限公司生产的太阳电池测试系统(SAC-Ⅲ+G)，测试系统中太阳模拟器、样品和控温设备封闭在一个暗箱中；模拟太阳光垂直入射到样品表面，光强通过衰减片调节。实验样品是面积为 30mm×25mm 的单晶硅太阳电池，在 25℃恒温条件下进行实验。实验样品、遮阴示意图如图 3-1 所示。

3.1.3 实验结果与分析

图 3-2 是电池在光强 S 为 936.23W/m^2 和 931.71W/m^2 下，遮挡面积 A 为 0cm×0cm 和 1.58cm×1.58cm 时的 I-V 和 P-V 的实验曲线。从图 3-2(a)可看出，光强与

遮阴都会影响短路电流和开路电压，但是相对于开路电压，光强与遮阴对短路电流的影响更加剧烈。从图 3-2(b)可以看出，输出功率随输出电压的变化呈现单峰值，且可以看出最大输出功率的位置受光强与遮阴的影响，出现移动。

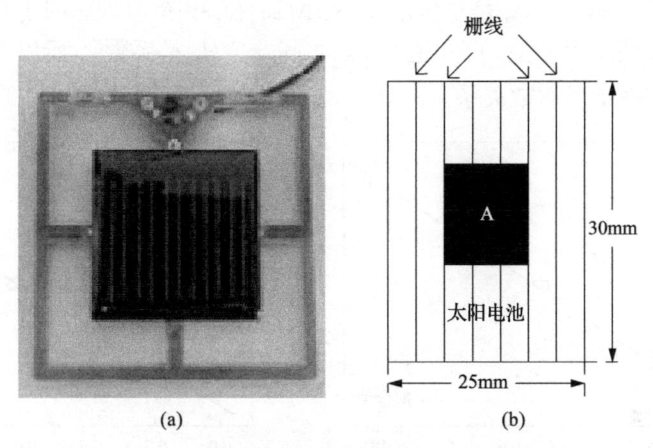

图 3-1　实验样品和遮阴示意图(不按比例)

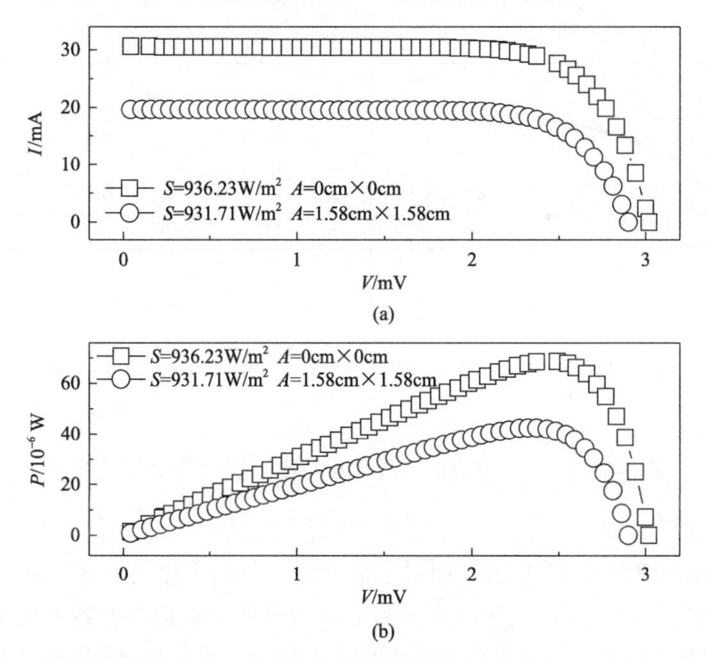

图 3-2　电池在不同光强和遮挡面积下的 I-V 和 P-V 曲线

为了进一步研究变光强和遮挡面积下太阳电池的性能，定义有效太阳电池片工作因子，为 $w=(1-A/A_0)\times S/S_0$，其中 A_0 为太阳电池片面积，S_0 为未遮挡条件下照射在太阳电池片上的光强。

图 3-3 是 I_{sc}、I_m、V_{oc} 和 V_m 随有效太阳电池片工作因子的变化。从图 3-3 首先可以看出，I_{sc}、I_m 与有效太阳电池片工作因子几乎呈线性关系，而 V_{oc} 和 V_m 开始时线性上升，然后趋于饱和。原因在于电流与有效太阳电池片工作因子呈线性关系[26,27]，也即 $I = k_1 \times w$（k_1 是系数），而文献[28]和[29]指出理想因子和反向饱和电流与光强和遮挡面积无关，可知道 $V = k_2 \ln(w+1)$（k_2 是系数），所以电压与有效太阳电池片工作因子呈对数关系。

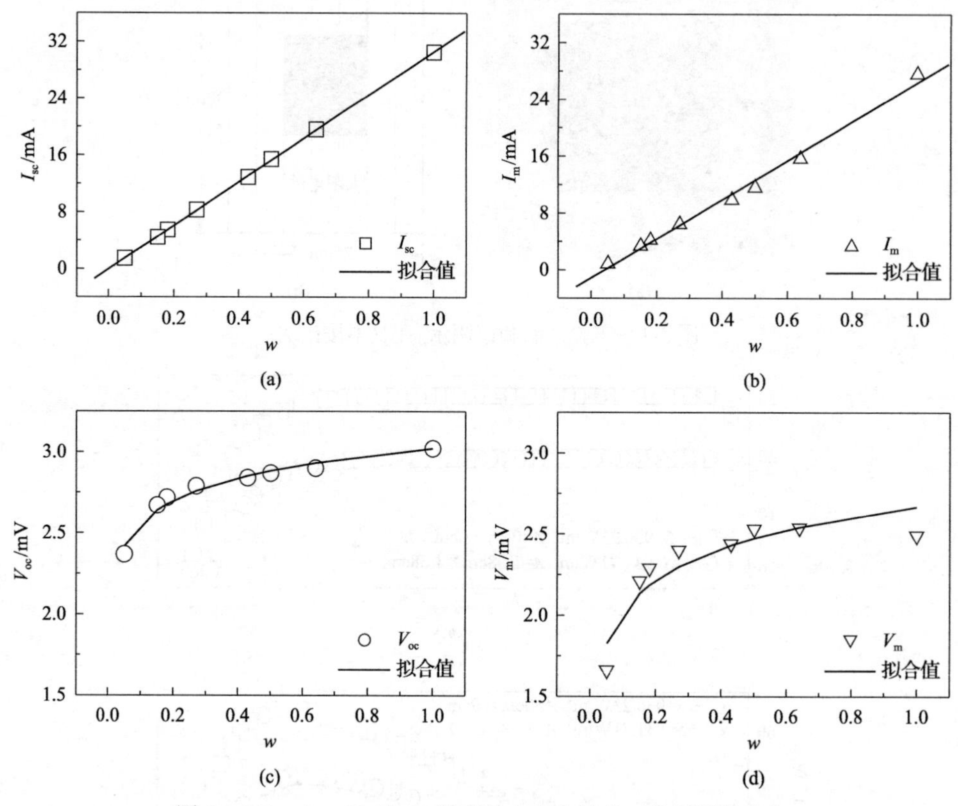

图 3-3　I_{sc}、I_m、V_{oc} 和 V_m 随有效太阳电池片工作因子的变化

其次，注意到当 w 从 0.05 增加到 1.0 时，I_{sc} 从约 1.5mA 增大到 30.5mA，I_m 从约 0.855mA 增大到 27.3mA，相对于最大值，分别变化了约 95%和 97%，与有效太阳电池片工作因子的变化基本一致。这也证明了电流与有效太阳电池片工作因子呈线性关系。V_{oc} 从约 2.37mV 增大到 3.02mV，相对于最大值变化了 22%，V_m 从约 1.66mV 增大到 2.49mV，相对于最大值变化了 33%。相对于电流，变光强和遮挡面积作用下电压变化很慢。最后，对短路电流进行线性拟合，斜率为 $0.03059 \pm 1.53306 \times 10^{-4}$；对最大功率点电流进行拟合，斜率为 $0.02753 \pm 1.05 \times 10^{-3}$；对开路电压进行拟合，斜率为 0.20193 ± 0.01806；对最大功率点电压进行拟合，斜率为

0.2807±0.02544。以上相对误差很小，而且可以看出，相对于最大功率点电流，有效太阳电池片工作因子对短路电流的影响更大，而有效太阳能电池片工作因子对于开路电压的影响较小，对最大功率点电压的影响较大。

图 3-4 是 η 和 FF 随有效太阳电池片工作因子的变化。首先可以看出，η 几乎与有效太阳电池片工作因子呈线性关系，而 FF 开始时线性上升，然后趋于饱和。原因在于随着有效太阳电池片工作因子的增加，电池片复合减少，串联电阻下降[20-23]。此外，注意到 η 从 0.2%增加到 8.2%，相对于最大值增加率约 97%，与电流的变化基本一致；而 FF 从 40～75，相对于最大值增加率约 47%。说明有效太阳电池片工作因子主要还是通过改变电池的电流提高性能，而不是电压与填充因子。最后，η 与有效太阳电池片工作因子线性拟合的斜率为 8.35028±0.36125，相对误差为 4.3%，这是很小的。注意到，FF 首先随有效太阳电池片工作因子的增加而线性增加，然后饱和，原因是 FF 主要由开路电压决定[30]。因此，FF 与有效太阳电池片工作因子间呈对数关系。FF 与有效太阳电池片工作因子对数拟合后的斜率为 9.98795±1.97921，从图 3-4 可以看出拟合得很好。

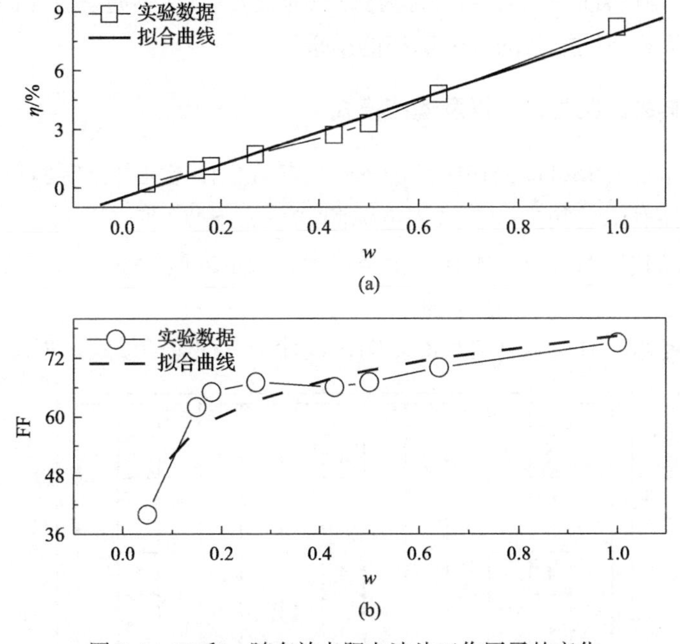

图 3-4　FF 和 η 随有效太阳电池片工作因子的变化

3.1.4　结论

本节引入一个动态因子 w 来表征光强与遮挡面积同时变化下的电池性能。结果发现，I_{sc}、I_m与 w 几乎呈线性关系，而 V_{oc} 和 V_m 开始时随 w 线性上升，然后趋于饱和。原因在于电流与 w 呈线性关系，而电压与 w 呈对数关系。而且可以看出，相对于最大功率点电流，有效太阳电池片工作因子对短路电流的影响更大，而有效太阳电池片工作因子对于开路电压的影响小于对最大功率点电压的影响。η 几乎与有效太阳电池片工作因子呈线性关系，而 FF 开始时随有效太阳电池片工作因子的增大线性上升，然后趋于饱和，原因是随着有效太阳电池片工作因子增加，电池片内部的电子和空穴复合减少，串联电阻下降。

3.2 各种遮挡模式下太阳电池片性能研究

研究人员进行了遮挡面积对电池性能的影响研究[31]、中央和边缘阴影对电池性能的影响研究[32]，以及电池组的串并联结构对电池性能的影响研究[33]。但是仍然缺乏部分遮挡的形状以及位置等对电池性能的影响研究。为此，本节研究了三种遮挡模式对单(多)晶硅太阳电池输出电流、电压的影响规律：第一种为遮挡(为正方形)在不同位置的影响，第二种为遮挡(为长方形)在不同摆放方向的影响，第三种为相同面积不同形状的部分遮挡的结果。

3.2.1 实验样品、实验设备以及遮挡模式

实验样品是 QSSolar 公司生产的单(多)晶硅太阳电池片。实验仪器采用成都世纪中科仪器有限公司生产的太阳电池测试系统(SAC-Ⅲ+G)，测试系统中太阳模拟器、样品和控温设备封闭在一个暗箱中，模拟太阳光垂直入射到样品表面，样品温度通过半导体制冷贴片控制。

为了研究遮阴对太阳电池片的影响，设计了三种遮挡模式，如图 3-5 所示，

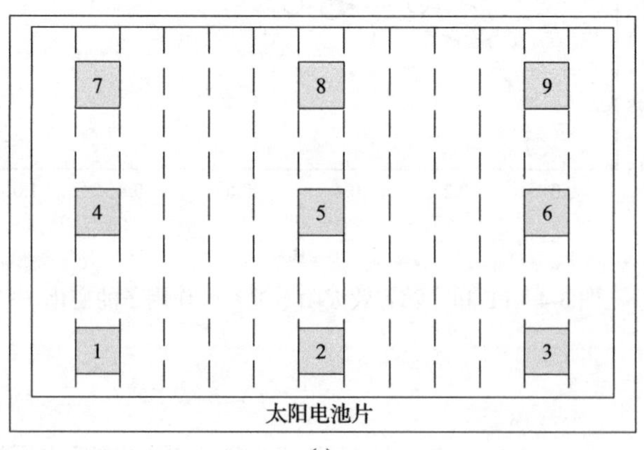

(a)

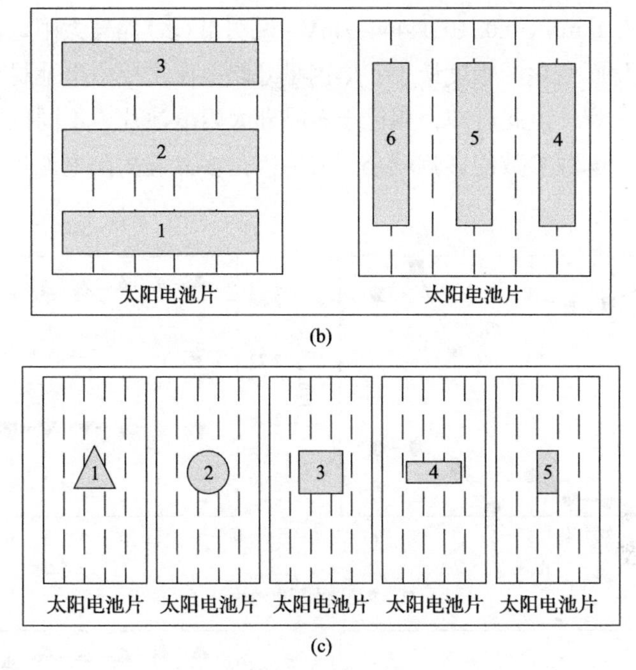

图 3-5　太阳电池片遮挡示意图(不按比例)

第一种模式设计了 9 个不同的遮挡位置，其中遮挡物都是面积为 1cm×1cm 的黑色正方形卡片；第二种模式设计了 6 个不同摆放方向的遮挡，其中遮挡物都是面积为 2cm×1cm 的黑色长方形卡片；第三种模式设计了 5 个面积为 $2cm^2$ 的不同形状的遮挡卡片，形状分别为等腰三角形、圆、正方形以及横竖放置的长方形。所有实验都在温度为 25℃±0.1℃和光强为 $1000.00W/m^2 \pm 20W/m^2$ 的条件下测量，在上述条件下无遮挡单(多)晶硅太阳电池的短路电流、开路电压、最大功率点电流、最大功率点电压分别约为 30.5(30.1)mA、3.02(2.99)mV、27.6(29.3)mA 和 2.49(2.48)mV。

3.2.2　实验结果与分析

3.2.2.1　黑色正方形 9 个位置的遮挡

黑色正方形 9 个位置的遮挡下，单晶硅太阳电池片以及多晶硅太阳电池片的电性参数(I_{sc}、I_m、V_{oc}和 V_m)与遮挡位置的关系如图 3-6 所示。从图 3-6 首先可以看出，单(多)晶硅太阳电池片的 I_{sc}、I_m、V_{oc} 和 V_m 都随遮挡位置的变化而变化，这是器件本身的不均匀性导致的[29]。而且，注意到单(多)晶硅太阳电池片的 I_{sc}、I_m、V_{oc}、V_m 的标准偏差分别为 0.579032(0.705337)mA、0.486769(0.499444)mA、

0.013333(0.01424)mV、0.02(0.044441)mV，说明单(多)晶硅太阳电池开路电压随遮挡位置的变化而变化的幅度最小，原因是开路电压主要由电池材料的带隙、温度与光强决定[34,35]。由此可知，相比于多晶硅太阳电池片，不同位置的遮挡对单晶硅太阳电池片电性参数的影响较小，其原因是多晶硅太阳电池片存在更大的不均匀性。

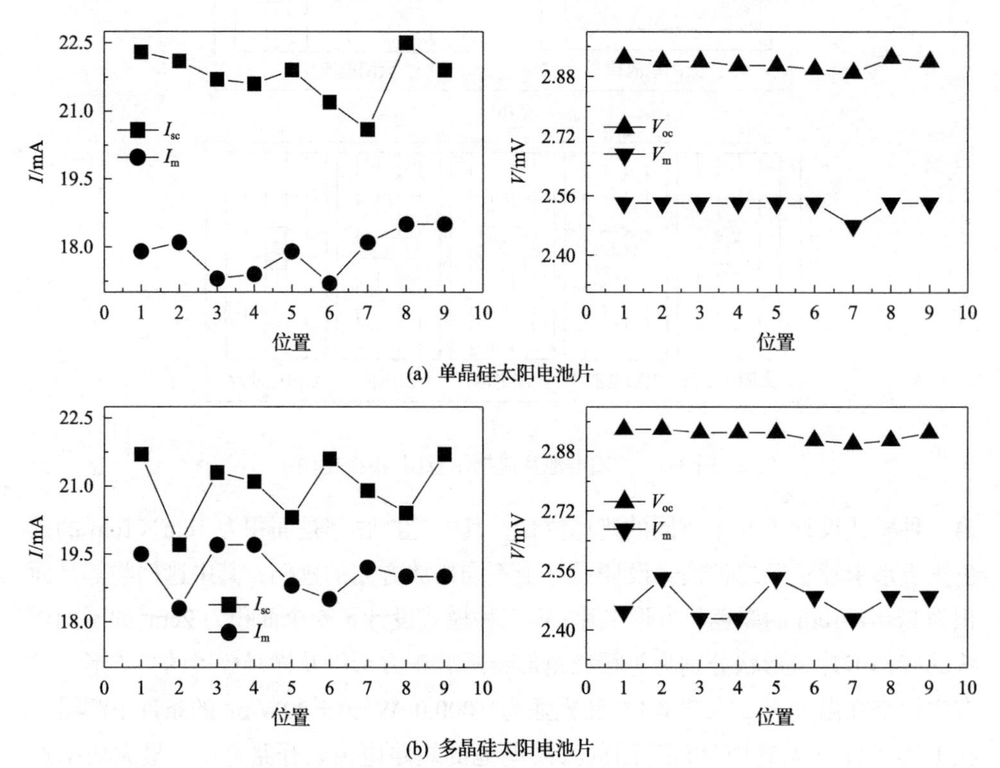

图 3-6 第一种遮挡模式下，单晶硅太阳电池片以及多晶硅太阳电池片电性参数(I_{sc}、I_m、V_{oc}和V_m)与遮挡位置关系图

3.2.2.2 黑色长方形 6 个不同位置的遮挡

图 3-7 是第二种遮挡模式下，单晶硅太阳电池片以及多晶硅的太阳电池片的电性参数(I_{sc}、I_m、V_{oc}和V_m)与遮挡位置的关系图。从图 3-7 同样可以看出，单(多)晶硅太阳电池的I_{sc}、I_m、V_{oc}和V_m都随遮挡位置变化而变化；而且，单(多)晶硅太阳电池的I_{sc}、I_m、V_{oc}和V_m的标准偏差分别为 5.105865(5.505853)mA、6.1555(6.146448)mA、0.01633(0.026646)mV、0.054772(0.121888)mV，再次证明了单(多)晶硅太阳电池开路电压的变化幅度最小。

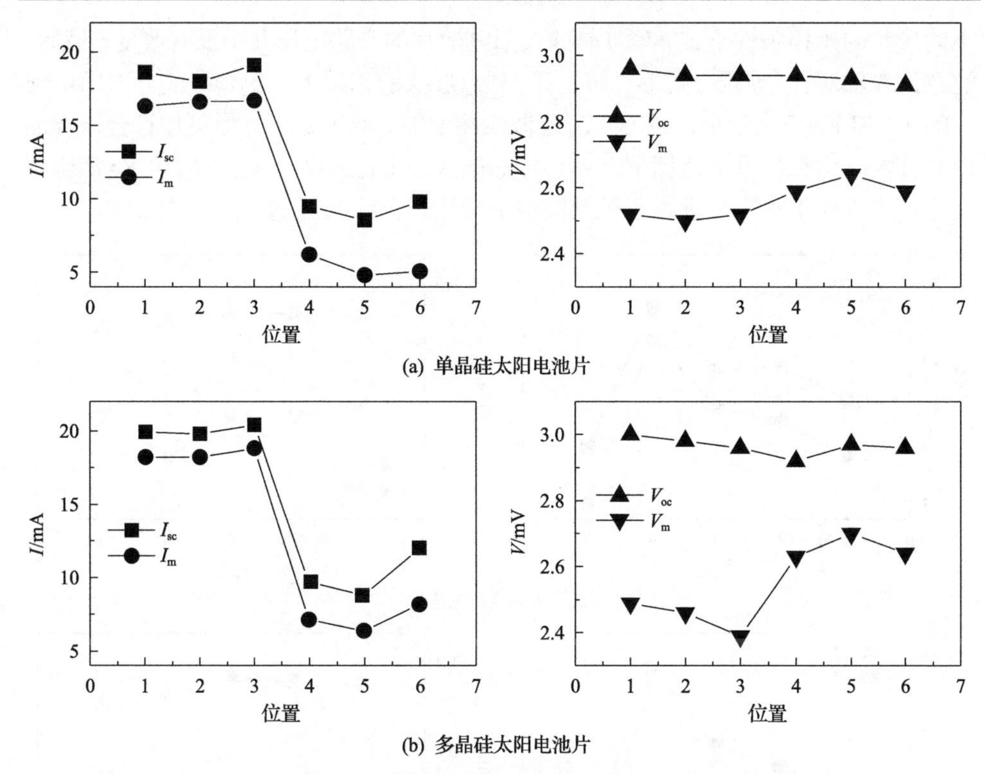

图 3-7　第二种遮挡模式下，单晶硅太阳电池片以及多晶硅太阳电池片电性参数(I_{sc}、I_m、V_{oc}和 V_m)与遮挡位置关系图

从图 3-7 可以看出，相较于 V_{oc} 和 V_m，I_{sc} 和 I_m 的变化十分剧烈，且存在一个突变的平台(位置 3 到 4 的区间)，原因在于 1～3 号黑色长方形遮挡垂直于子栅线，而 4～6 号黑色长方形遮挡平行于子栅线。实际上，在太阳电池片制造过程中，通过子栅线将电池的内部电流收集，并传送到母栅线上。在此，可以认为子栅线将太阳电池片分割成若干子电池，而这些子电池通过母栅线并联，垂直于子栅线的遮挡将每个子电池部分遮挡，而平行于子栅线的遮挡，将一个或者多个子电池全部遮挡。根据电流平衡条件，由此可以得出，相对于垂直于子栅线的遮挡，平行于子栅线的遮挡对于太阳电池片输出电流的影响更大。

3.2.2.3　相同遮挡面积不同形状的影响

图 3-8 是第三种遮挡模式下，单晶硅太阳电池片以及多晶硅太阳电池片的电性参数(I_{sc}、I_m、V_{oc}和 V_m)与遮挡位置的关系图。从图 3-8 可以看出：首先，相同面积不同形状的遮挡模式对太阳电池片电性参数的影响有差异；其次，单(多)晶硅太阳电池 I_{sc}、I_m、V_{oc} 和 V_m 的标准偏差分别为 3.432929(4.304997)mA、4.145301(4.411136)mA、0.024083(0.035355)mV、0.070143(0.112116)mV，也可以得出在

不同形状的遮挡条件下，单(多)晶硅太阳电池片的开路电压几乎没有改变；最后，注意到在轴对称(等腰三角形、圆、正方形)形状的遮挡下，单(多)晶硅太阳电池片的 V_{oc} 和 V_m 变化较小，而 I_{sc}、I_m 近似线性增加，原因是正方形更加符合该样品的对称性；而在长方形遮挡下，单(多)晶硅太阳电池片 I_{sc}、V_{oc}、I_m 和 V_m 都剧烈变化，原因在于长方形垂直于子栅线与平行于子栅线的区别。

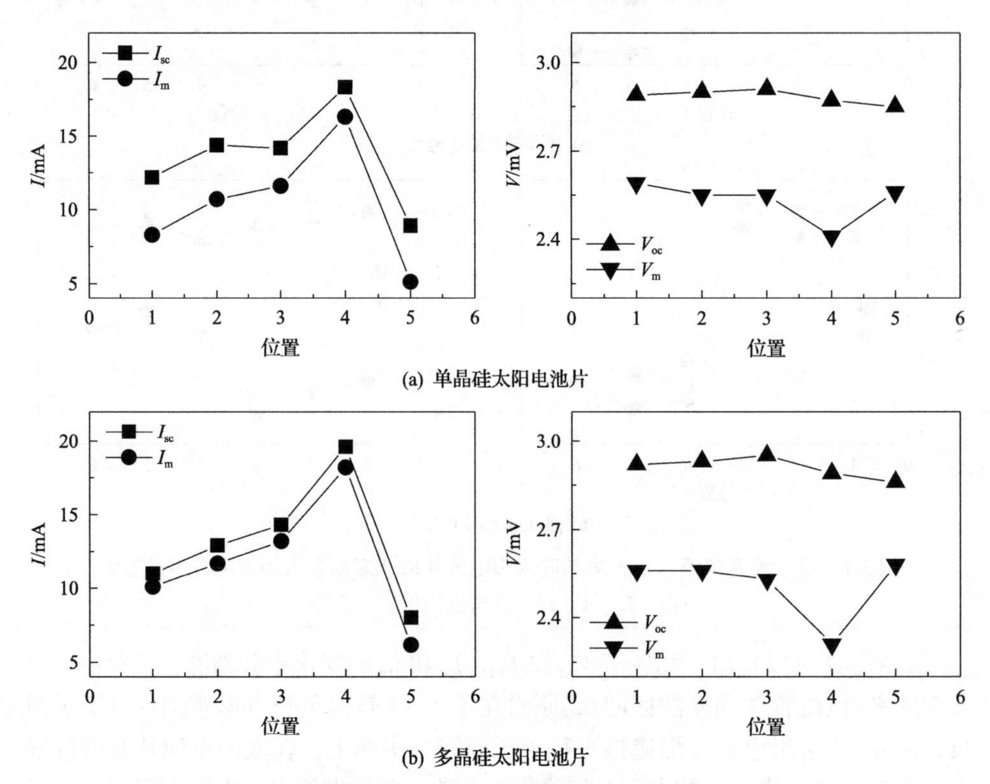

图 3-8 第三种遮挡模式下，单晶硅太阳电池片以及多晶硅太阳电池片电性参数(I_{sc}、I_m、V_{oc} 和 V_m)与遮挡位置的关系图

3.2.3 小结

本节通过实验研究遮挡模式对单(多)晶硅太阳电池片输出性能的影响规律。实验结果首先表明，部分遮挡对单(多)晶硅太阳电池片的短路电流、开路电压、最大功率点电流与最大功率点电压都有影响，但对开路电压影响最小，原因是开路电压主要由电池材料的带隙、温度与光强决定；而且相比于多晶硅太阳电池片，部分遮挡对单晶硅太阳电池片电性参数的影响较小，其原因是多晶硅太阳电池片存在更大的不均匀性。相对于垂直于子栅线的遮挡，平行于子栅线的遮挡对太阳电池片输出性能的影响较大，原因在于垂直于子栅线的遮挡是将电池片中子电池

部分遮挡，而平行于子栅线的遮挡将一个或者多个子电池全部遮挡。最后，相同面积不同形状的部分遮挡结果说明，与样品相匹配的轴对称遮挡更能降低对太阳电池片输出性能的影响。

3.3　遮阴下光伏发电数学模型的对比

有实验研究表明，阴影的遮挡比例以及旁路二极管保护的电池数量会影响发电性能[36]。有理论研究表明，遮阴下光伏发电特性分析模型与实验结果的吻合程度取决于模型的不同假设基础[37]。

为此，本节基于遮阴条件下太阳电池的等效电路原理[38]，借助 MATLAB/Simulink[39,40]仿真研究了光伏系统的两种局部遮阴模型，即幂律模型与四参数模型，对两类模型在非均匀光照下的特性进行了全面分析。

3.3.1　遮阴条件下的光伏发电模型

光伏发电的核心是电池，电池是利用 PN 结的光生伏特效应将光能转化为电能的半导体器件，其基本结构由恒流源、内部二极管、并联电阻和串联电阻组成。描述太阳电池电流输出特性的是超越方程，所以分析电池发电性能的时候只能化简。为此，本节对比研究了光伏系统的两种局部遮阴模型，即幂律模型与四参数模型。

3.3.1.1　幂律模型

根据光生电流远大于内部二极管反向饱和电流的假设，以及电池并联电阻为无穷大的假设[41-44]，电池电流输出特性可简化为

$$\frac{I}{I_{\mathrm{sc}}}=1-\left(\frac{V}{V_{\mathrm{oc}}}\right)^{\frac{\ln\left(1-\frac{I_{\mathrm{m}}}{I_{\mathrm{sc}}}\right)}{\ln\frac{V_{\mathrm{m}}}{V_{\mathrm{oc}}}}} \tag{3-1}$$

式中，I 是负载上的电流；V 是负载上的电压；I_{sc}、V_{oc}、I_{m}、V_{m} 是电池的短路电流、开路电压、最大功率点电流及最大功率点电压。

由式(3-1)可知，当电池的 I_{sc}、V_{oc}、I_{m}、V_{m} 参数确定后，就可以计算任意光强下的输出特性曲线。通常情况下，电池输出电流与光强呈线性关系且随温度的升高而增大，而输出电压与光强呈对数关系且随温度的升高而减小[45]。因此，可根据厂商提供的标准测试条件下的短路电流、开路电压、最大功率点电流及最大功率点电压四个测量数据以及相应的温度系数，获得任意光强下的 I_{sc}、V_{oc}、I_{m}、V_{m}[46-49]。

当遮阴现象发生时，为了防止热斑效应破坏电池，一般的方法是在电池的两端并联一个旁路二极管。当与旁路二极管并联的电池被遮挡时，如果产生的负压大于旁路二极管的导通电压，旁路二极管将导通，从而使得被阴影遮挡的电池短路，避免了电池过热而烧毁。图 3-9 为带有旁路二极管的三块太阳电池串联的等效电路图。

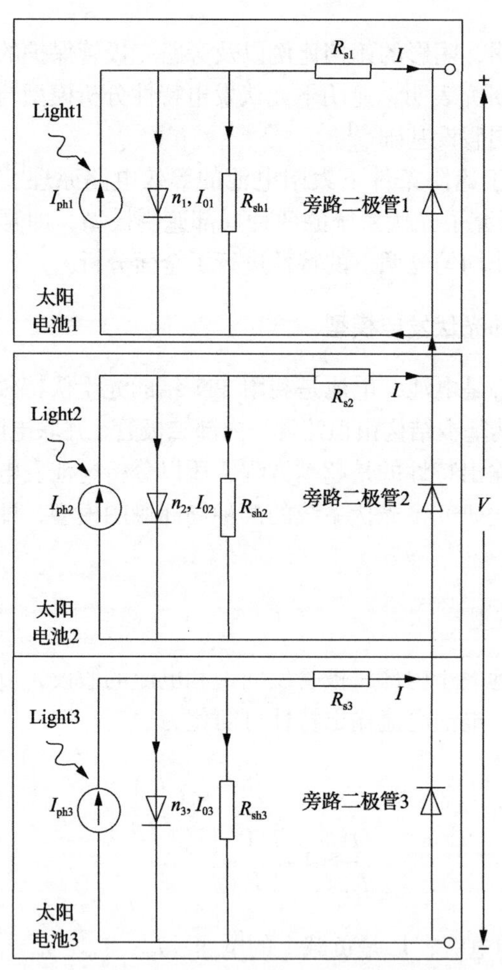

图 3-9　带有旁路二极管的三块太阳电池串联的等效电路图

图 3-9 中，Light1、Light2、Light3 分别为三块太阳电池受到的光强；I、V 分别是负载上的电流及电压；I_{ph1}、I_{ph2}、I_{ph3} 分别为三块太阳电池的光生电流；n_1、n_2、n_3 分别是三块太阳电池内部二极管的理想因子；I_{01}、I_{02}、I_{03} 分别是三块太阳电池内部二极管的反向饱和电流；R_{s1}、R_{s2}、R_{s3} 分别是三块太阳电池的内部串联电阻；R_{sh1}、R_{sh2}、R_{sh3} 分别是三块太阳电池的内部并联电阻；三块太阳电池分别

并联了三个旁路二极管，分别是旁路二极管 1、旁路二极管 2、旁路二极管 3。

根据图 3-9 中每一块太阳电池的电流变化，分析得出每一块太阳电池并联的旁路二极管是否导通，并由此得到每块太阳电池在不同光强下的输出电压。当光强均匀时，三块太阳电池的工作电流相同，它们的旁路二极管都处于阻断状态。但在非均匀光强下，三块太阳电池的工作电流就会不同，有的太阳电池受旁路二极管的影响会不工作，分析如下：假设第一块太阳电池受到的 Light1 为 S_1，短路电流为 I_{sc1}；第二块太阳电池受到的 Light2 为 S_2，短路电流为 I_{sc2}；第三块太阳电池受到的 Light3 为 S_3，短路电流为 I_{sc3}。如果 $S_1 < S_2 < S_3$，那么有 $I_{sc1} < I_{sc2} < I_{sc3}$。

当三个串联的太阳电池中的电流 $I < I_{sc1}$ 时，三个串联太阳电池共同对外输出，根据式(3-1)得输出电压 V 为

$$V = V_{oc3}\left(1-\frac{I}{I_{sc3}}\right)^{\frac{\ln\frac{V_{m3}}{V_{oc3}}}{\ln\left(1-\frac{I_{m3}}{I_{sc3}}\right)}} + V_{oc2}\left(1-\frac{I}{I_{sc2}}\right)^{\frac{\ln\frac{V_{m2}}{V_{oc2}}}{\ln\left(1-\frac{I_{m2}}{I_{sc2}}\right)}} + V_{oc1}\left(1-\frac{I}{I_{sc1}}\right)^{\frac{\ln\frac{V_{m1}}{V_{oc1}}}{\ln\left(1-\frac{I_{m1}}{I_{sc1}}\right)}} \tag{3-2}$$

式中，I_{sci}、V_{oci}、I_{mi} 和 V_{mi} $(i=1, 2, 3)$ 是第 i 块电池的短路电流、开路电压、最大功率点电流和最大功率点电压。

当三个串联太阳电池中的电流 $I_{sc1} < I < I_{sc2}$ 时，只有太阳电池 2 与 3 串联对外输出，原因在于太阳电池 1 的旁路二极管导通，导致太阳电池 1 失效，未对外输出，得输出电压 V 为

$$V = V_{oc3}\left(1-\frac{I}{I_{sc3}}\right)^{\frac{\ln\frac{V_{m3}}{V_{oc3}}}{\ln\left(1-\frac{I_{m3}}{I_{sc3}}\right)}} + V_{oc2}\left(1-\frac{I}{I_{sc2}}\right)^{\frac{\ln\frac{V_{m2}}{V_{oc2}}}{\ln\left(1-\frac{I_{m2}}{I_{sc2}}\right)}} \tag{3-3}$$

当 $I_{sc2} < I < I_{sc3}$ 时，只有太阳电池 3 对外输出，原因在于太阳电池 1 与太阳电池 2 的旁路二极管导通，导致太阳电池 1 和 2 失效，未对外输出，得输出电压 V 为

$$V = V_{oc3}\left(1-\frac{I}{I_{sc3}}\right)^{\frac{\ln\frac{V_{m3}}{V_{oc3}}}{\ln\left(1-\frac{I_{m3}}{I_{sc3}}\right)}} \tag{3-4}$$

分析遮阴情况下的电池特性如下：首先计算得到遮阴下不同光强的每块太阳电池的短路电流、开路电压、最大功率点电流和最大功率点电压；其次，扫描太阳电池组件输出电流，比较输出电流与三块太阳电池短路电流的关系，得到串联

太阳电池在不同输出电流情况下的输出电压；最后，将得到的仿真数据与实验数据进行对比，获得全局拟合误差。

3.3.1.2　四参数模型[50,51]

当假设太阳电池的并联电阻无穷大时，太阳电池电流的输出特性可简化为[52]

$$I = I_{\mathrm{ph}} - I_0\left[\exp\frac{e\left(V + IR_{\mathrm{s}}\right)}{nkT} - 1\right] \tag{3-5}$$

式中，I_{ph}是光生电流；I_0是电池内部二极管的反向饱和电流；e是电子电荷常数；R_{s}是电池的内部串联电阻；n是电池内部二极管的理想因子；T是测试时电池的温度。

由式(3-5)可知，当电池 I_{ph}、I_0、R_{s}、n 等参数确定后，就可以重现任意光强下的输出特性曲线。由于光强和电池温度是影响光生电流的两大因素，电池温度是影响内部二极管反向饱和电流的主要因素，串联电阻主要由 I-V 特性曲线在开路电压处的斜率决定，内部二极管的理想因子是一个几乎不变的常数，取 1，因此，基于标准测试条件下厂家提供的参数，可以确定在某一光强和某一温度下的光生电流、二极管的反向饱和电流以及串联电阻[53]。

依据上述类似的分析，得到带有旁路二极管的三块串联太阳电池的输出性能如下：第一块太阳电池受到的光强为 S_1，光生电流为 I_{ph1}；第二块太阳电池受到的光强为 S_2，光生电流为 I_{ph2}；第三块太阳电池受到的光强为 S_3，光生电流为 I_{ph3}。如果 $S_1 < S_2 < S_3$，那么有 $I_{\mathrm{ph1}} < I_{\mathrm{ph2}} < I_{\mathrm{ph3}}$。

当 $I < I_{\mathrm{ph1}}$ 时，三个串联太阳电池共同对外输出，根据式(3-5)得输出电压 V 为

$$V = \ln\left(\frac{I_{\mathrm{ph1}} - I}{I_0} + 1\right) \times \frac{nkT}{q} + \ln\left(\frac{I_{\mathrm{ph2}} - I}{I_0} + 1\right) \times \frac{nkT}{q} + \ln\left(\frac{I_{\mathrm{ph3}} - I}{I_0} + 1\right) \times \frac{nkT}{q} - 3IR_{\mathrm{s}} \tag{3-6}$$

当 $I_{\mathrm{ph1}} < I < I_{\mathrm{ph2}}$ 时，只有电池 2 与 3 串联对外输出，原因在于太阳电池 1 的旁路二极管导通，导致太阳电池 1 失效，未对外输出，输出电压 V 为

$$V = \ln\left(\frac{I_{\mathrm{ph2}} - I}{I_0} + 1\right) \times \frac{nkT}{q} + \ln\left(\frac{I_{\mathrm{ph3}} - I}{I_0} + 1\right) \times \frac{nkT}{q} - 2IR_{\mathrm{s}} \tag{3-7}$$

当 $I_{\mathrm{ph2}} < I < I_{\mathrm{ph3}}$ 时，只有太阳电池 3 对外输出，原因在于太阳电池 1 与太阳电池 2 的旁路二极管导通，导致太阳电池 1 和 2 失效，未对外输出，输出电压 V 为

$$V = \ln\left(\frac{I_{\text{ph3}} - I}{I_0} + 1\right) \times \frac{nkT}{q} - IR_{\text{s}} \tag{3-8}$$

分析遮阴情况下的电池特性如下：首先计算得到遮阴下不同光强时每块电池的光生电流；其次，扫描电池组件输出电流，比较输出电流与三块电池光生电流的关系，得到串联电池在不同输出电流情况下的输出电压；最后，将得到的仿真数据与实验数据全局拟合，获得误差。

3.3.2　实验结果与讨论

为评价所提模型的有效性，选用输出功率为 230W 的多晶硅光伏组件(组件可以看成由三块串联太阳电池构成)作为实验材料，实验数据为文献[54]和[55]中组件在部分遮阴条件下的 *I-V* 输出特性。遮阴方案分为两种：方案 1 是三块串联太阳电池中一块太阳电池遮阴 50%，其他两块未遮阴；方案 2 是三块太阳电池中一块太阳电池遮阴 50%，一块遮阴 25%，一块未遮阴。230W 多晶硅光伏组件在标准测试条件下的参数如表 3-1 所示。

表 3-1　230W 多晶硅光伏组件在标准测试条件下的参数

I_{sc}/A	I_{m}/A	V_{oc}/V	V_{m}/V
8.26	7.72	37	29.8

图 3-10 是方案 1 下的两个理论计算结果与实验 *I-V* 特性曲线的对比图。从图 3-10 中，首先可以看出，任何一种遮阴光伏模型都与实验数据总体符合较好，但都有误差。原因在于两种模型都是在简化下获得的。其次，可以看出在较低的偏

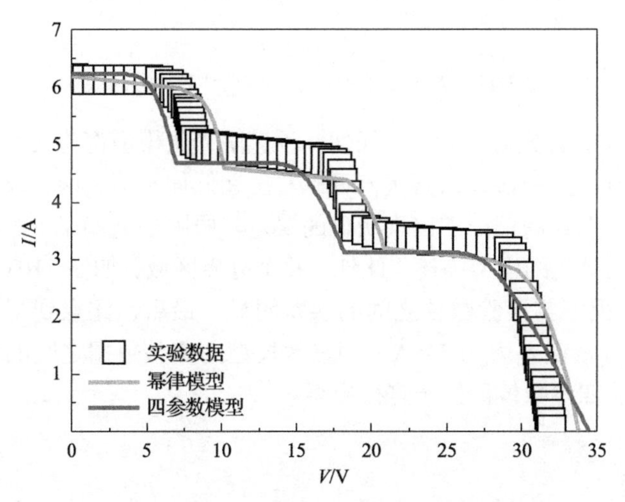

图 3-10　方案 1 下的理论与实验 *I-V* 特性曲线

压下(12V 以下)，两种模型都与实验数据符合得较好；而在高偏压下出现明显的误差。原因在于低偏压时，电池内部二极管的两端电压未达到它的导通电压，流过二极管的电流极小，可以忽略，电池可以看成一个恒流源加上负载。随着电压的增大，太阳电池非线性效应显著增强，从而导致发电模型不适用[56]。再次，注意到 12～20V、31～35V 时，模型与实验之间的数据误差明显，原因在于非均匀光强下，三块电池的工作状态受旁路二极管的影响不能通过简单分析得到，旁路二极管是否处于阻断状态是一个渐变的过程，而不是简单的突变过程。最后，幂律模型与实验数据之间的均方根误差为 0.643A，四参数模型与实验数据之间的均方根误差为 0.477A，这说明四参数模型优于幂律模型，原因可能在于四参数模型考虑了光生电流、反向饱和电流、理想因子、串联电阻的影响。

为了进一步考虑遮阴的影响，对方案 2 的输出特性进行分析，模型计算结果与实验数据见图 3-11。

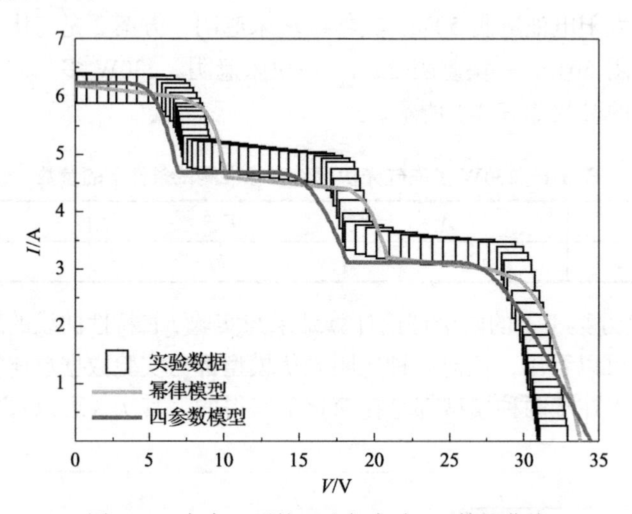

图 3-11　方案 2 下的理论与实验 *I-V* 特性曲线

从图 3-11 中，首先可以看出，任何一种遮阴光伏模型都与实验数据总体符合得较好，但也有明显的误差；其次，可以看出在低偏压下，两种模型都与实验数据符合得较好，而在高偏压下出现明显的误差。原因是高偏压下电池的非线性效应明显，无法用简化的模型描述。此外，几个分界区域，如 5～10V、15～20V 以及 33V 左右，模型与实验数据之间的误差明显。最后，注意到幂律模型与实验数据之间的均方根误差为 0.548A，四参数模型与实验数据之间的均方根误差为 0.515A，这说明四参数模型优于幂律模型。

3.3.3　结论

为了分析光伏系统在局部遮阴情况下的输出特性，本节对比研究了光伏系统的两种局部遮阴模型，即幂律模型与四参数模型。结果发现：首先，任何一种遮阴模型都与实验数据总体符合得较好，但都有明显的误差，原因在于两种模型都是在简化条件下获得的。其次，可以看出在低的偏压下，两种模型都与实验数据符合得较好，而在高偏压下出现明显的误差，原因在于低偏压的时候，电池内部二极管两端电压未达到它的导通电压，流过二极管的电流极小，可以忽略；电池可以看成一个恒流源加上负载。随着电压的增大，太阳电池非线性效应显著增强，从而导致发电模型不适用。再次，注意到非均匀光照下，电池的工作状态受旁路二极管的影响不能由简单分析得到；旁路二极管是否处于阻断状态是一个渐变的过程，而不是简单的突变过程。最后，从均方根误差分析可知，四参数模型优于幂律模型，原因可能在于四参数模型考虑了光生电流、反向饱和电流、理想因子、串联电阻的影响。

参 考 文 献

[1] Parida B, Iniyan S, Goic R. A review of solar photovoltaic technologies. Renewable and Sustainable Energy Reviews, 2011(15): 1625-1636.

[2] Wang Y J, Hsu P C. An investigation on partial shading of PV modules with different connection configurations of PV cells. Energy, 2011(36): 3069-3078.

[3] Zhou T P, Sun W. Study on maximum power point tracking of photovoltaic array in irregular shadow. International Journal of Electrical Power & Energy Systems, 2015(66): 227-234.

[4] Manna D L, Vigni V L, Sanseverinon E R, et al. Reconfigurable electrical interconnection strategies for photovoltaic arrays: A review.Renewable and Sustainable Energy Reviews, 2014(33): 412-426.

[5] Sánchez Reinoso C R, Milone D H, Buitrago R H. Efficiency study of different photovoltaic plant connection schemes under dynamic shading. International Journal of Hydrogen Energy, 2010, 11(35): 5835-5843.

[6] Sánchez Reinoso C R, Milone D H, Buitrago R H. Simulation of photovoltaic centrals with dynamic shading. Applied Energy, 2013(103): 278-289.

[7] 刘邦银, 段善旭, 康永. 局部阴影条件下光伏模组特性的建模与分析. 太阳能学报, 2008, 29(2): 188-193.

[8] 田琦, 赵争鸣, 邓夷, 等. 太阳电池反向模型仿真分析及实验研究. 中国电机工程学报, 2011, 31(8): 121-129.

[9] 王冰清, 童亦斌, 曾国宏. 部分阴影下光伏阵列功率输出多峰特性研究. 低压电器, 2013(1): 32-36.

[10] 翟载腾, 程晓舫, 丁金磊, 等. 被部分遮挡的串联光伏组件输出特性. 中国科技大学技术学报, 2009, 39(5): 398-402.

[11] 戚军, 张晓峰, 张有兵, 等. 考虑阴影影响的光伏阵列仿真算法研究. 中国电机工程学报, 2012, 32(8): 131-139.

[12] 茆美琴, 余世杰, 苏建徽. 带有 MPPT 功能的光伏阵列 Matlab 通用仿真模型. 系统仿真学报, 2005(5): 1248-1251.

[13] 李国良, 李明, 王六玲, 等. 阴影遮挡下空间太阳电池串联组件输出特性分析. 光学学报, 2011, 31(6): 01250011-01250017.

[14] 吴小进, 魏学业, 于蓉蓉, 等. 复杂光照环境下光伏阵列输出特性研究. 中国电机工程学报, 2011, 31(6): 162-168.

[15] 肖景良, 徐政, 林崇, 等. 局部阴影条件下光伏阵列的优化设计. 中国电机工程学报, 2009, 29(11): 119-125.

[16] Patel H, Agarwal V. MATLAB-based modeling to study the effects of partial shading on PV array characteristics. IEEE Transactions on Energy Conversion, 2008, 23(9): 302-312.

[17] Ishaque K, Salam Z, Syafaruddin. A comprehensive MATLAB Simulink PV system simulator with partial shading capability based on two-diode model. Solar Energy, 2011(11): 2217-2227.

[18] Deline C, Dobos A, Janzou S, et al. A simplified model of uniform shading in large photovoltaic arrays. Solar Energy, 2013(96): 274-282.

[19] 张臻, 沈辉, 李达. 局部阴影遮挡的太阳电池组件输出特性实验研究. 太阳能学报, 2012, 33(1): 5-13.

[20] 卞海红, 徐青山, 高山. 考虑随机阴影影响的光伏阵列失配运行特性. 电工技术学报, 2010, 25(6): 104-110.

[21] 胡义华, 陈昊, 徐瑞东, 等. 太阳电池板在阴影影响下输出特性. 电工技术学报, 2011, 26(1): 123-134.

[22] Dolara A, Lazaroiu G C, Leva S, et al. Experimental investigation of partial shading scenarios on PV(photovoltaic) modules. Energy, 2013(55): 466-476.

[23] Ghoneim A A, Kandi K M, Al-Hasan A Y, et al. Analysis of performance parameters of amorphous photovoltaic modules under different environmental conditions. Energy Science and Technology, 2011, 1(2): 43-50.

[24] Khan F, Singh S N, Husain M. Effect of illumination intensity on cell parameters of a silicon solar cell. Solar Energy Materials and Solar Cells, 2010(94): 1473-1476.

[25] Silvestre S, Boronat A, Chouder A. Study of bypass diodes configuration on PV modules. Applied Energy, 2009(86): 1632-1640.

[26] Dezso R T. Sera, PV panel model based on datasheet values//2007 IEEE International Symposium on Industrial Electronics, Vigo, 2007.

[27] Sze S M, Kwok K N. Physics of Semiconductor Devices. Hoboken: John Wiley & Sons, 2007.

[28] de Soto W, Klein S A, Beckman W A. Improvement and validation of a model for photovoltaic array performance. Solar Energy, 2006(80): 78-88.

[29] 翟载腾. 任意条件下光伏阵列的输出性能预测. 合肥: 中国科技大学, 2008.

[30] Wenham S R, Green M A, Watt M E, et al. Applied Photovoltaics. 2nd ed. London: Earthscan, 2007.

[31] Quaschning V, Hanitsch R. Influence of shading on electrical parameters of solar cells//Twenty Fifth IEEE Photovoltaic Specialists Conference, Washington, 1996.

[32] Sabry M, Ghitas A E. Effect of edge shading on the performance of silicon solar cell. Vacuum, 2006(80): 444-450.

[33] Lu F, Guo S Y, Walsh T M, et al. Improved PV module performance under partial shading conditions. Energy Procedia, 2013(33): 248-255.

[34] Ding K, Zhang J W, Bian X G, et al. A simplified model for photovoltaic modules based on improved translation equations. Solar Energy, 2014(101): 40-52.

[35] Celik A N, Acikgoz N. Modelling and experimental verification of the operating current of mono-crystalline photovoltaic modules using four- and five-parameter models. Applied Energy, 2007, 1(84): 1-15.

[36] Martínez-Moreno F, Muñoz J, Lorenzo E. Experimental model to estimate shading losses on PV arrays. Solar Energy Materials and Solar Cells, 2010, 94(12): 2298-2303.

[37] Jena D, Ramana V V. Modeling of photovoltaic system for uniform and non-uniform irradiance: A critical review. Renewable and Sustainable Energy Reviews, 2015(52): 400-417.

[38] Salmi T, Bouzguenda M, Gastli A, et al. MATLAB/Simulink based modelling of solar photovoltaic cell. International Journal of Renewable Energy Research, 2012, 2(2): 213-218.

[39] 薛定宇. 基于 MATLAB/Simulink 的系统仿真技术与应用. 北京: 清华大学出版社, 2011.

[40] 张德丰. MATLAB/Simulink 建模与仿真实例精讲. 北京: 机械工业出版社, 2010.

[41] Karmalkar S, Saleem H. The power law *J-V* model of an illuminated solar cell. Solar Energy Materials and Solar Cells, 2011, 95(4): 1076-1084.

[42] Das A K, Karmalkar S. Analytical derivation of the closed-form power law *J-V* model of an illuminated solar cell from the physics based implicit model. IEEE Transactions on Electron Devices, 2011, 58(4): 1176-1181.

[43] Karmalkar S, Haneefa S. A physically based explicit *J-V* model of a solar cell for simple design calculations. IEEE Electron Device Letters, 2008, 29(5): 449-451.

[44] 翟载腾, 程晓舫, 杨臧健, 等. 太阳电池一般电流模型参数的解析解. 太阳能学报, 2009, 30(8): 1078-1082.

[45] Xiao W B, He X D, Liu J T, et al. Experimental investigation on characteristics of low-concentrating solar cells. Modern Physics Letters B, 2011, 25(9): 679-684.

[46] Singer S, Rozenshtein B, Surazi S. Characterization of PV array output using a small number of measured parameters. Solar Energy, 1984, 32(5): 603-607.

[47] 廖志凌, 阮新波. 任意光强和温度下的硅太阳电池非线性工程简化数学模型. 太阳能学报, 2009, 30(4): 430-435.

[48] 贾利锋, 史志鸿, 高金辉. 一种可靠的光伏组件主参数估算方法. 电力系统保护与控制, 2013, 41(8): 119-122.

[49] 肖文波, 胡方雨, 戴锦. 全工况下光伏组件输出特性的预测建模与研究. 光子学报, 2014, 43(11): 1125002.

[50] González-Longatt F M. Model of photovoltaic module in Matlab. II Cibelec 2005, 2005: 1-5.

[51] Gow J A, Manning C D. Development of a photovoltaic array model for use in power-electronics simulation studies. IEE Proceedings-Electric Power Applications, 1999, 146(2): 193-200.

[52] Fong K C, McIntosh K R, Blakers A W. Accurate series resistance measurement of solar cells. Progress in Photovoltaics: Research and Applications, 2013, 21(4): 490-499.

[53] Tian H, Mancilla-David F, Ellis K, et al. Determination of the optimal configuration for a photovoltaic array depending on the shading condition . Solar Energy, 2013, 95: 1-12.

[54] Bai J, Cao Y, Hao Y, et al. Characteristic output of PV systems under partial shading or mismatch conditions. Solar Energy, 2015(112): 41-54.

[55] 白建波, 曹阳, 郝玉哲, 等. 光伏并网电站仿真与决策优化软件设计. 太阳能学报, 2014, 35(10): 2022-2029.

[56] 肖文波, 胡方雨, 戴锦, 等. 太阳电池工程数学模型精确度对比分析研究. 太阳能学报, 2016, 37(3): 703-708.

第4章　光伏发电预测技术

由于太阳能是清洁可再生能源，近年来，光伏发电受到世界各国研究者的青睐。但是，由于光强和环境等其他因素的影响，光伏发电系统具有间歇性和波动性等特点。因此，为了最大限度地控制其并网对电网的不利影响，高精度地预测发电具有极其重要的意义[1]。

通常光伏发电预测模型有如下两类。一类是统计方法，根据历史统计数据找出天气状况与光伏发电量之间的人工智能模型，然后根据天气预报数据预测光伏电站输出。统计方法的特点是需要大量的光伏电站历史运行数据以及天气数据等进行训练以保证预报结果的精确度，且该类方法未对电池物理本质进行描述而是仅模拟外部天气变化对电池输出的影响，所以，预测速度不高且无法及时准确掌握当内部组件因素变化(如器件退化)时发电量的改变[2-5]。另一类是物理方法，通过描述太阳电池宏观 *I-V* 输出特性的物理模型中参数与外界环境的关系，将有效辐照度转化为光伏电站的输出功率。物理方法预测的优点是不需要历史运行数据，光伏电站建成之后就可以直接预测 *I-V* 输出特性，预测速度快[6-8]。通常建立光伏发电物理预测模型时有以下两类途径：一类是基于温度(光强)与电池光生电流、二极管反向饱和电流、理想因子、串联电阻和并联电阻之间的复杂关系来预测，预测精度较高，但是计算复杂且应用困难[9-12]；另一类是基于温度(光强)与电池短路电流、开路电压、最大功率点电流及最大功率点电压之间的简化关系来预测，预测精度尽管不太高(最大功率点预测值与实验值的相对误差最优为 4.5%[13])，但可满足工程应用要求[14-16]。

因此，人们关注光伏发电预测方法。无论是统计方法还是物理方法，都已有如何进一步实现高精度且快速预测方面的研究。为此，本章对以下四个方面进行探讨研究。第一方面，基于光生电流远大于二极管反向饱和电流、并联电阻为无穷大以及二极管反向饱和电流与光强无关的假设条件，理论上建立了全工况光伏组件输出特性预测模型，并利用 MATLAB/Simulink 搭建仿真系统，对单(多)晶硅光伏组件的实验与预测进行对比研究。第二方面，通过两种不同温度下的短路电流、开路电压以及最大功率点电流和最大功率点电压电性参量，建立任意温度和光强下的光伏发电预测模型，并对电池温度在 0～40℃和光强在 532.62～1000.02W/m^{2}的测量值与预测值进行对比研究。第三方面，建立基于神经网络的三种太阳电池输出功率预测模型，研究隐含层神经元数目对单晶、多晶和非晶硅太阳电池输出功率预测的影响。第四方面，基于神经网络，研究大气温度、相对湿度以及风速对光伏发电量预测的影响规律，并讨论了它们之间的相关性。研究以南昌地区的光伏发电量数据为代表。

4.1　全工况下光伏组件输出特性的预测建模

随着大规模光伏发电系统容量的增加，为了避免光伏发电输出功率固有的间歇性和波动性等缺点对电网的瞬间冲击，人们开始关注发电预测技术。典型的预测技术是基于描述光伏组件电流电压输出特性的五参量(即光生电流、反向饱和电流、理想因子、并联电阻和串联电阻)模型，利用厂商提供的标准测试条件(standard test condition, STC)(即光强 S_{STC}=1000W/m^2，温度 T_{STC} =25℃，AM 1.5)下组件的四个测量数据(即短路电流 $I_{sc\text{-}STC}$、开路电压 $V_{oc\text{-}STC}$、最大功率点电流 $I_{m\text{-}STC}$ 和最大功率点电压 $V_{m\text{-}STC}$)以及相应四个温度系数(即短路电流的温度系数 a_1、开路电压的温度系数 b_1、最大功率点电流的温度系数 a_2 和最大功率点电压的温度系数 b_2)，预测全工况(即任意光强 S 和温度 T)下组件的发电情况[17,18]。但五参量模型中参量与光强等的关系十分复杂[19]。有研究基于假设条件(即并联电阻为无穷大[20]，或者忽略光强对理想因子的影响[10])简化上述预测关系，结果表明精确度不足，平均预测误差在 20.0%以下[21]。为了进一步提高预测精度，有研究增加预测模型中的参量，如采用双二极管模型预测[22]，尽管该方法预测结果更精确，尤其是在低照度条件下，但增加了预测的复杂度。此外还有通过大量组件发电的实验数据，利用拟合模型进行预测[23]。显然大量实验结果下的预测更加精确，但存在时间成本高昂且不利于电站建设前的发电量估算等缺点。

为此，这里基于光生电流远大于二极管反向饱和电流、并联电阻为无穷大以及二极管反向饱和电流与光强无关的假设条件，建立了全工况光伏组件输出特性预测模型，并利用 MATLAB/Simulink 搭建了仿真系统。对单(多)晶硅光伏组件的实验数据与预测结果进行对比，表明预测模型可以准确预测组件在任意光强与温度下的输出特性，预测误差在 6%以下。此外，本节还研究了光强与温度对组件输出特性预测的影响规律，以及实际环境中光强与温度实时改变时的预测规律。

4.1.1　光伏组件输出特性预测模型的建立以及误差判断标准

4.1.1.1　光伏组件输出特性预测模型的建立

光伏组件由性能接近的单体太阳电池串并联构成，其基本结构可以看成由恒流源、二极管、并联电阻和串联电阻组成，描述光伏组件电流电压输出特性的模型为[24]

$$I = I_{\text{ph}} - I_0 \left[\exp\left(\frac{V + IR_{\text{s}}}{nV_{\text{th}}} \right) - 1 \right] - \frac{V + IR_{\text{s}}}{R_{\text{sh}}} \tag{4-1}$$

式中，I 是组件输出电流；I_{ph} 是光生电流；I_0 是二极管反向饱和电流；V 是组件输出电压；R_{s} 是等效串联电阻；n 是二极管理想因子；V_{th} 是热电压常数；R_{sh} 是等效并联电阻。

在光生电流远大于二极管反向饱和电流的假设条件下[25,26]，式(4-1)化简为

$$\frac{I}{I_{\text{sc}}} = 1 - (1-\gamma)\frac{V}{V_{\text{oc}}} - \gamma\left(\frac{V}{V_{\text{oc}}}\right)^{\alpha} \tag{4-2}$$

式中，γ 是衡量输出特性曲线中短路电流点处平整度的因子；α 是衡量输出特性曲线中开路电压点处斜率的因子。

由式(4-1)和式(4-2)在短路电流点处的导数相等[27]可得

$$\gamma = 1 - \frac{V_{\text{oc}}}{I_{\text{sc}} R_{\text{sh}}} \tag{4-3}$$

当假设主要由复合电流影响的并联电阻为无穷大时[28,29]，即可得 $\gamma = 1$，则式(4-2)简化为

$$\frac{I}{I_{\text{sc}}} = 1 - \left(\frac{V}{V_{\text{oc}}}\right)^{\alpha} \tag{4-4}$$

将最大功率点电压与最大功率点电流$(V_{\text{m}}, I_{\text{m}})$代入式(4-4)后求得 α，则光伏组件电流电压输出特性简化模型为

$$\frac{I}{I_{\text{sc}}} = 1 - \left(\frac{V}{V_{\text{oc}}}\right)^{\frac{\ln\left(1-\frac{I_{\text{m}}}{I_{\text{sc}}}\right)}{\ln\left(\frac{V_{\text{m}}}{V_{\text{oc}}}\right)}} \tag{4-5}$$

由式(4-5)可知，在全工况下 I_{sc}、V_{oc}、I_{m}、V_{m} 参数确定后，就可以计算任意光强和温度下组件的输出特性曲线。

4.1.1.2 全工况下光伏组件 I_{sc}、V_{oc}、I_{m}、V_{m} 参数的确定

通常情况下，组件输出电流与光强呈线性关系且随温度的升高而增大，而输出电压与光强呈对数关系且随温度的增加而减小[30]。因此，首先根据厂商提供的STC下的四个测量数据以及相应的温度系数，得到全工况下的 I_{sc}、I_{m}[31]；其次基

于 STC 下开路电压公式以及二极管反向饱和电流与光强无关的条件[9]，推算出全工况下的 V_{oc}、V_m：

$$I_{sc} = I_{sc\text{-}STC}\frac{S}{S_{STC}}\left(1+a_1\Delta T\right) \tag{4-6}$$

$$I_m = I_{m\text{-}STC}\frac{S}{S_{STC}}\left(1+a_2\Delta T\right) \tag{4-7}$$

$$V_{oc} = \frac{1}{\dfrac{1}{V_{oc\text{-}STC}}\ln\left[\dfrac{1+\left(\dfrac{I_{sc\text{-}STC}-I_{m\text{-}STC}}{I_{sc\text{-}STC}}\right)^{\frac{V_{oc\text{-}STC}}{V_{oc\text{-}STC}-V_{m\text{-}STC}}}}{\left(\dfrac{I_{sc\text{-}STC}-I_{m\text{-}STC}}{I_{sc\text{-}STC}}\right)^{\frac{V_{oc\text{-}STC}}{V_{oc\text{-}STC}-V_{m\text{-}STC}}}}\right]}\ln\left[\frac{S}{\left(\dfrac{I_{sc\text{-}STC}-I_{m\text{-}STC}}{I_{sc\text{-}STC}}\right)^{\frac{V_{oc\text{-}STC}}{V_{oc\text{-}STC}-V_{m\text{-}STC}}}S_{STC}}+1\right]\left(1+b_1\Delta T\right) \tag{4-8}$$

$$V_m = \frac{1}{\dfrac{1}{V_{oc\text{-}STC}}\ln\left[\dfrac{1+\left(\dfrac{I_{sc\text{-}STC}-I_{m\text{-}STC}}{I_{sc\text{-}STC}}\right)^{\frac{V_{oc\text{-}STC}}{V_{oc\text{-}STC}-V_{m\text{-}STC}}}}{\left(\dfrac{I_{sc\text{-}STC}-I_{m\text{-}STC}}{I_{sc\text{-}STC}}\right)^{\frac{V_{oc\text{-}STC}}{V_{oc\text{-}STC}-V_{m\text{-}STC}}}}\right]}\ln\left[\frac{I_{sc\text{-}STC}\dfrac{S}{S_{STC}}+\left(\dfrac{I_{sc\text{-}STC}-I_{m\text{-}STC}}{I_{sc\text{-}STC}}\right)^{\frac{V_{oc\text{-}STC}}{V_{oc\text{-}STC}-V_{m\text{-}STC}}}I_{sc\text{-}STC}-I_{m\text{-}STC}\dfrac{S}{S_{STC}}}{\left(\dfrac{I_{sc\text{-}STC}-I_{m\text{-}STC}}{I_{sc\text{-}STC}}\right)^{\frac{V_{oc\text{-}STC}}{V_{oc\text{-}STC}-V_{m\text{-}STC}}}I_{sc\text{-}STC}}\right]\left(1+b_2\Delta T\right) \tag{4-9}$$

式中，S 是实际光强；ΔT 为电池实际温度与 STC 下温度的差值。

由以上建立的模型可以看出，将厂商提供的 STC 下的四个测量数据以及相应的温度系数代入式(4-6)～式(4-9)就可以获得全工况下的 I_{sc}、V_{oc}、I_m、V_m 值；再把上述结果代入式(4-5)，可以预测任意光强和温度下的光伏组件输出特性。

4.1.2　仿真系统的搭建与结果分析

4.1.2.1　仿真系统的搭建

基于上述模型，本节采用 MATLAB/Simulink 工具，建立光伏组件输出特性预测系统，如图 4-1 所示。其中图 4-1(a)为仿真模块，图中 T、S、V_p、I、V 分别为温度、光强、工作电压、输出电流以及输出电压；图 4-1(b)为输入对话框。在仿真模块中封装了 $I_{sc\text{-}STC}$、$V_{oc\text{-}STC}$、$I_{m\text{-}STC}$、$V_{m\text{-}STC}$、a_1、b_1、a_2、b_2 等数据。用户可通过点击图 4-1(a)所示的图标，得出图 4-1(b)的交互界面，方便地设置参数。

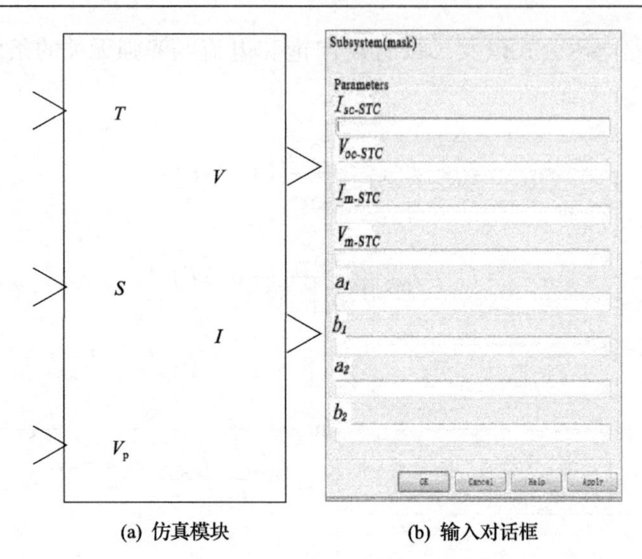

(a) 仿真模块　(b) 输入对话框

图 4-1　预测光伏组件输出特性的仿真系统

4.1.2.2　结果分析

为了验证模型，本节对 Upsolar 公司提供的 UP-M200M-B(UP-M280P)型单(多)晶硅光伏组件的输出特性进行了仿真与实验对比研究，组件参量如表 4-1 所示。

表 4-1　组件参量

变量	模型	
	UP-M200M-B	UP-M280P
$I_{sc\text{-}STC}$/A	5.6	8.35
$V_{oc\text{-}STC}$/V	45.9	44.8
$I_{m\text{-}STC}$/A	5.41	7.95
$V_{m\text{-}STC}$/V	37.0	35.2
I_{sc}的温度系数/(%/℃)	0.05	0.05
V_{oc}的温度系数/(%/℃)	–0.32	–0.32
I_m的温度系数/(%/℃)	–0.02	–0.02
V_m的温度系数/(%/℃)	–0.42	–0.42

图 4-2 是不同光强和温度下单(多)晶硅光伏组件的预测结果与实验数据对比。从图 4-2 可以看出，当温度和光强变化时，预测曲线与实验数据总体吻合得较好。但是由图 4-2(a)和(c)可以看出，不同光照的预测曲线与实验数据之间的偏差是不

一样的；光强为 S_{STC} 时，误差最小；随着光强减弱，偏差增大，且发现在同一光强下，预测曲线与实验数据之间的偏差随着电压的增大而增加，尤其是从最大功率点处到接近开路电压时。由图 4-2(b) 和 (d) 可以看出，不同温度的预测曲线与实验数据之间的偏差也是不一样的，且发现仅在 T_{STC} 下预测曲线与实验数据之间的偏差最小。以上现象的原因可能是，预测模型忽略了并联电阻对组件的影响，所以预测曲线与实验数据之间存在误差，且预测曲线基于 STC 下的数据，所以 STC 下的输出特性的预测最准确，以上结论与已有研究一致[32]。进一步，由于预测模型在确定全工况下组件的 V_{oc}、V_m 的时候，忽略了光强对二极管反向饱和电流的影响，从而导致同一光强下最大功率点电压至开路电压时预测值偏小。

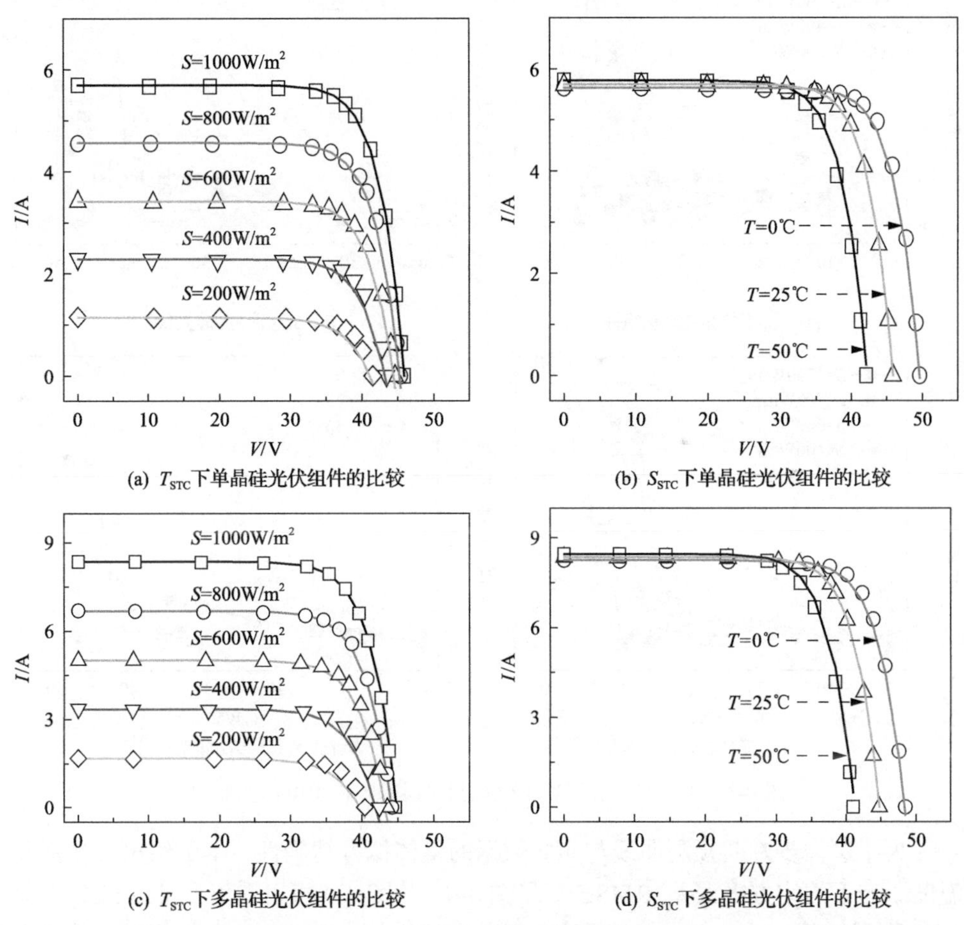

图 4-2　不同光强和温度下单(多)晶硅光伏组件的预测结果(实线)与实验数据(方框符号等)对比

图 4-3 是不同光强和温度下电流相对误差随输出电压的变化。从图 4-3 可以看出，在光强和温度变化时，仅在 STC 下的电流绝对误差最小，且发现电流相

对误差随电压的增加而几乎逐步增大。原因是随着电压的增大，并联电阻受光强和温度的影响显著增加，从而导致忽略它们时建立的模型的预测误差增加[33]。对比图 4-3(a)与(c)以及图 4-3(b)与(d)的结果,发现在相同的光强和温度条件下，多晶硅光伏组件的平均电流相对误差都要比单晶硅光伏组件大。原因可能是多晶硅光伏组件存在的缺陷比较多,因此其非线性特征受光强和温度的影响比较剧烈,从而影响预测的准确性。这也说明复杂光伏器件的输出特性的预测较难。值得注意的是，各个条件下的电流相对误差都在 6%以下。

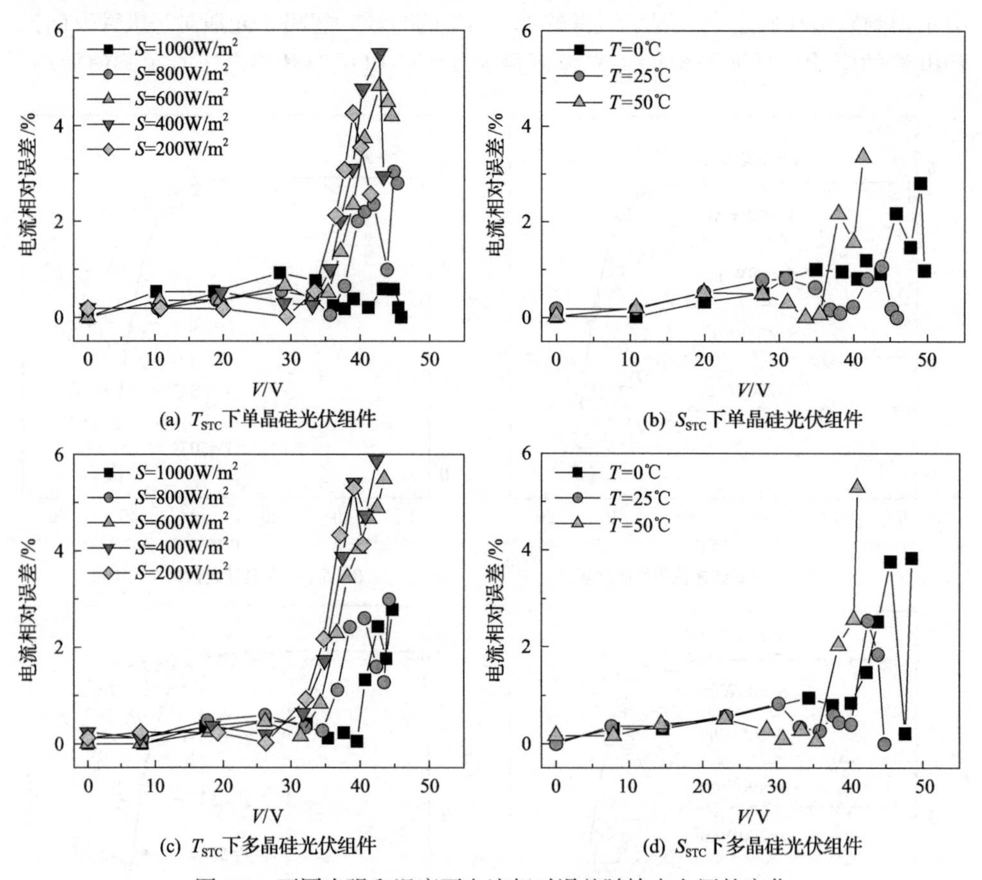

图 4-3 不同光强和温度下电流相对误差随输出电压的变化

为了进一步判断预测曲线与实验数据的整体拟合精确性，本节给出了光强和温度影响下的均方根误差(RMSE)，见图 4-4。从图 4-4 可以看出，仅在 STC 下单(多)晶硅光伏组件的 RMSE 值最小,且单晶硅光伏组件的 RMSE 值都比多晶硅光伏组件小。注意到，当光强变化 1W/m^2 时，单晶硅光伏组件的 RMSE 值平均变化了大约 0.0003985A；而当温度变化 1℃时，RMSE 值平均变化了大约 0.0016A，这说明相较于光强的变化，温度的变化对组件输出特性影响更大。同样的结论也出现在多晶硅光伏组件中。

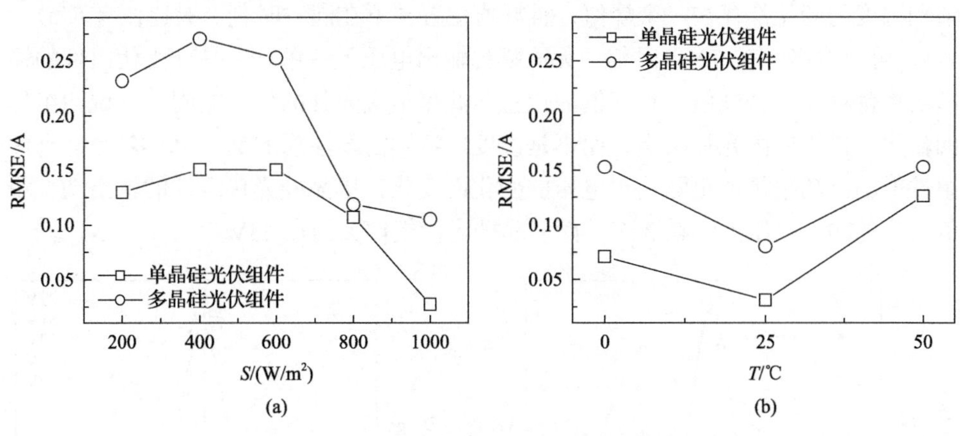

图 4-4　均方根误差随光强和温度的变化

4.1.3　实际环境中光伏组件输出特性预测结果与分析

实际环境中光强和温度都会实时改变，因此本节基于上述预测模型仿真研究了单(多)晶硅光伏组件输出功率(P)随时间的变化以及输出总功率(P_{tot})随输出电压的变化。通常认为一天中环境温度变化为正弦分布，环境光强变化为高斯分布。环境温度变化的正弦分布如式(4-10)所示[34]：

$$T_{air}=\frac{T_{max}-T_{min}}{2}\sin\left(\frac{\pi}{12}t-\frac{2}{3}\pi\right)+\frac{T_{max}+T_{min}}{2} \tag{4-10}$$

式中，T_{air}是环境温度；T_{max}是一天中的最高温度，这里假设为 20℃；T_{min}是一天中的最低温度，这里假设为 12℃；t 为时间，$0 \leqslant t \leqslant 24$。

考虑环境温度之后，组件实际表面温度可表示为[6]

$$T'=T_{air}+\beta H \tag{4-11}$$

式中，T' 是组件实际表面温度；H 是外界光强；β 是常数，一般取 0.03℃ · m²/W。

忽略遮阴情况，一天当中环境光强可以认为是组件接收的光强，定义为[35]

$$H=H_{max}\exp\frac{-\left(t-t_c\right)^2}{2\sigma^2} \tag{4-12}$$

式中，H 是组件接收的光强；H_{max} 是最大光强，等于 1000W/m²；t_c 是时间常数，等于 12；σ 是常数，等于 0.5。

图 4-5 是一天中光强、温度以及组件输出功率的变化。从图 4-5(a)可知，光强和温度的变化都存在一个峰值，且峰值位置并不在同一时刻。对比图 4-5(a)～(c)，可以看出，在 12 点时刻，无论哪种输出电压下，单(多)晶硅光伏组件的输出功率都存在一个峰值，且峰值的位置与此刻最大光强的位置相同。这说明组件的输出特性主要由光强决定，而不是温度。特别需要注意的是，单(多)晶硅光伏组件的输出功率峰值也随输出电压的变化而变化，单晶硅光伏组件的输出功率峰值对应的输出电压大约在 35V，而多晶硅光伏组件大约在 33V。

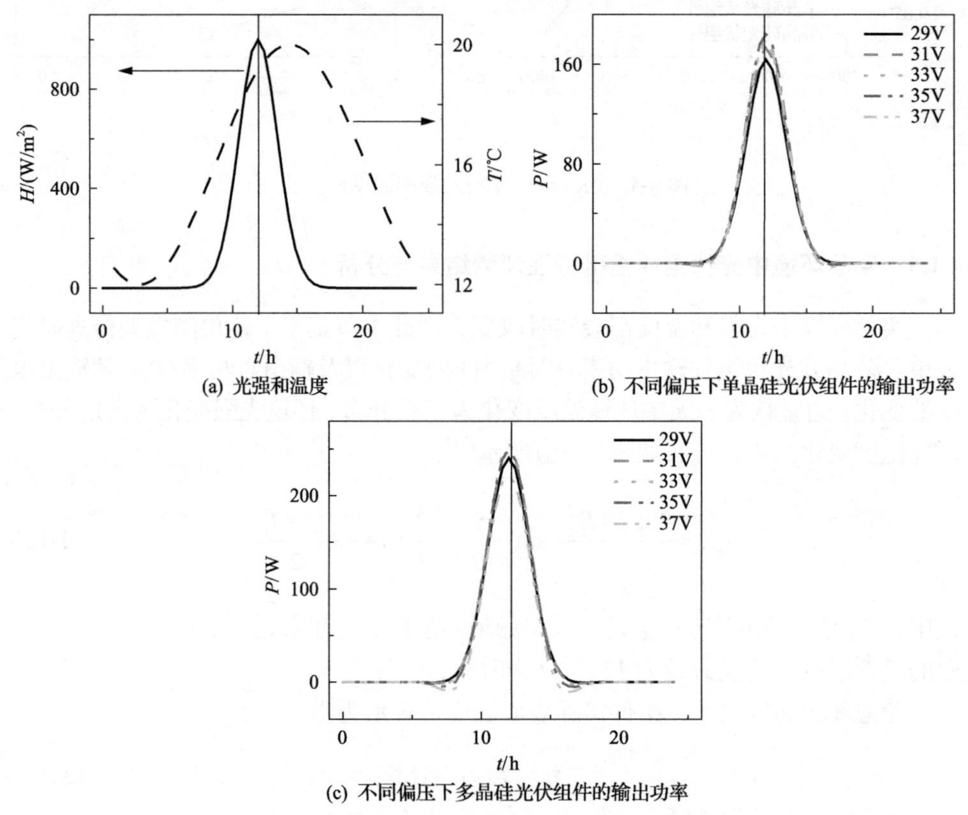

图 4-5　一天中组件上光强、温度以及输出功率的变化

图 4-6 是单晶硅光伏组件与多晶硅光伏组件在不同输出电压下的输出总功率。从图中可知，在不同的输出电压下，组件输出总功率是不同的，原因是输出电压的改变，影响了组件的工作效率；且发现单晶硅光伏组件在输出电压为 35V 时，存在一个最大的输出总功率；而对于多晶硅光伏组件最大输出总功率却是在 33V，这个结论与图 4-5 讨论结果一致。所以，为了提高光伏组件的输出效率，需要根据外界条件调整组件的输出电压，以便实现最大功率输出。

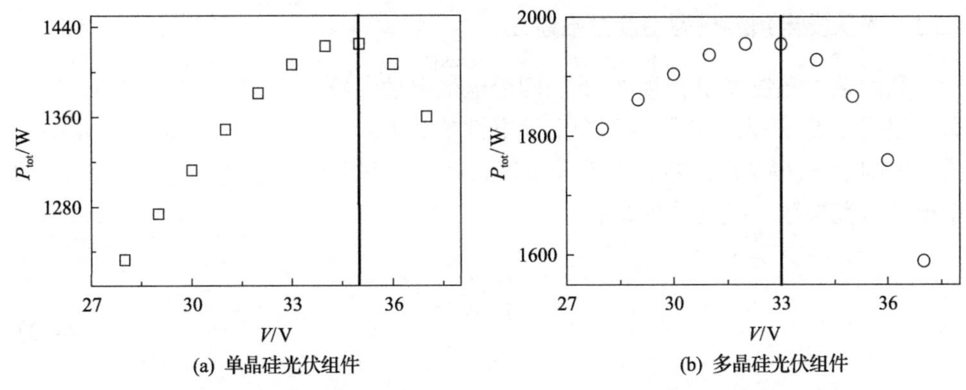

图4-6　单晶硅光伏组件与多晶硅光伏组件在不同输出电压下的输出总功率

4.1.4　结论

本节基于光生电流远大于二极管反向饱和电流、并联电阻为无穷大以及二极管反向饱和电流与光强无关的假设，从理论上建立了全工况光伏组件输出特性预测模型，并利用MATLAB/Simulink搭建了仿真系统。对单(多)晶硅光伏组件的实验数据与预测曲线进行对比，表明模型可以准确预测组件在任意光强与温度下的输出特性，预测误差在6%以下。研究结果还发现，相对于光强的变化，温度的变化对组件输出特性的影响更大，且多晶硅光伏组件预测难于单晶硅光伏组件。对实际环境中光强和温度实时改变时的预测表明，组件输出主要由光强决定，而不是温度，且发现需要根据外界环境调整组件的输出电压，以实现最大功率输出。本研究对于光伏发电系统设计人员来说具有一定的参考价值。

4.2　基于两种不同温度下电池电性参量建立光伏发电预测模型

上述研究对Upsolar公司提供的UP-M200M-B(UP-M280P)型单(多)晶硅光伏组件的输出特性进行了仿真与实验对比研究，且对单(多)晶硅光伏组件的实验数据与预测曲线进行对比，表明模型可以准确预测组件在任意光强与温度下的输出特性，预测误差在6%以下。

为了进一步提高光伏发电预测精度，本节提出一种基于两种不同温度下电池电性参量，建立光伏发电预测模型的思想，对电池温度在0～40℃和光强在532.62～1000.02W/m^{2}的测量值与预测值进行对比研究，验证该工程的预测精度，具有一定参考价值。

4.2.1 光伏发电预测模型温度系数建立

利用某一光强 S_1 和温度 T_1 下的四个电池电性参数 I_{sc1}、V_{oc1}、I_{m1}、V_{m1}，以及另一组光强 S_2 和温度 T_2 下的四个电池电性参数 I_{sc2}、V_{oc2}、I_{m2}、V_{m2}，通过式(4-6)～式(4-9)求解获得温度系数，可推导出任意光强 S 和温度 T 下 I_{sc}、V_{oc}、I_m、V_m 四个电池电性参数。温度系数如下：

$$a_1 = \frac{\dfrac{I_{sc2} S_1}{I_{sc1} S_2} - 1}{T_2 - T_1} \tag{4-13}$$

$$a_2 = \frac{\dfrac{I_{m2} S_1}{I_{m1} S_2} - 1}{T_2 - T_1} \tag{4-14}$$

$$b_1 = \left[\frac{\dfrac{V_{oc2}}{V_{oc1}} \ln \dfrac{1 + \left(\dfrac{I_{sc1} - I_{m1}}{I_{sc1}}\right)^{\frac{V_{oc1}}{V_{oc1} - V_{m1}}}}{\left(\dfrac{I_{sc1} - I_{m1}}{I_{sc1}}\right)^{\frac{V_{oc1}}{V_{oc1} - V_{m1}}}}}{\ln \dfrac{S_2}{\left(\dfrac{I_{sc1} - I_{m1}}{I_{sc1}}\right)^{\frac{V_{oc1}}{V_{oc1} - V_{m1}}} \cdot S_1} + 1} - 1 \right] \Bigg/ (T_2 - T_1) \tag{4-15}$$

$$b_2 = \left[\frac{\dfrac{V_{m2}}{V_{oc1}} \ln \dfrac{1 + \left(\dfrac{I_{sc1} - I_{m1}}{I_{sc1}}\right)^{\frac{V_{oc1}}{V_{oc1} - V_{m1}}}}{\left(\dfrac{I_{sc1} - I_{m1}}{I_{sc1}}\right)^{\frac{V_{oc1}}{V_{oc1} - V_{m1}}}}}{\ln \dfrac{I_{sc1} \dfrac{S_2}{S_1} + \left(\dfrac{I_{sc1} - I_{m1}}{I_{sc1}}\right)^{\frac{V_{oc1}}{V_{oc1} - V_{m1}}} \cdot I_{sc1} - I_{m1} \dfrac{S_2}{S_1}}{\left(\dfrac{I_{sc1} - I_{m1}}{I_{sc1}}\right)^{\frac{V_{oc1}}{V_{oc1} - V_{m1}}} \cdot I_{sc1}}} - 1 \right] \Bigg/ (T_2 - T_1) \tag{4-16}$$

由以上建立的模型可以看出，首先将两种温度下测量得到的短路电流、开路电压和最大功率点电流及最大功率点电压代入式(4-13)～式(4-16)，可以获得相应参量的温度系数；然后，把温度系数以及任意温度和光强代入式(4-6)～式(4-9)，就可以获得任意温度和光强下的短路电流、开路电压以及最大功率点电流和最大功率点电压；最后，将上述结果代入式(4-5)就可以预测光伏发电情况。

4.2.2　实验数据测量与预测过程

本节采用成都世纪中科仪器有限公司生产的太阳电池测试系统(SAC-Ⅲ+G)，测量单体单、多晶硅太阳电池的 *I-V* 特性曲线。测试系统中太阳模拟器、样品和控温设备封闭在一个暗箱中；模拟太阳光垂直入射到样品表面，光强通过衰减片调节，样品温度通过半导体制冷贴片调节，变温精度为±0.1℃。具体测量信息包括：光强为 1000.02W/m^2，温度 T=0～40℃的 *I-V* 特性曲线；温度为 25℃，光强 S=532.62～1000.02W/m^2 的 *I-V* 特性曲线。

通过 MATLAB/Simulink 仿真实现的预测过程如下：首先，依据四个电池电性参数的温度系数与温度几乎呈线性的特点[36]，选取 T_1=25℃和 T_2=15℃中的 I_{sc1}、V_{oc1}、I_{m1}、V_{m1}、I_{sc2}、V_{oc2}、I_{m2}、V_{m2} 电性参量值(光强为 1000.02W/m^2)，求出温度系数 a_1、a_2、b_1、b_2；其次，结合 T_1=25℃下四个电池电性参数 I_{sc1}、V_{oc1}、I_{m1}、V_{m1} 值，预测任意光强及温度下的短路电流、开路电压以及最大功率点电流和最大功率点电压值；最后，将上述结果代入式(4-5)获得相应情况下的太阳电池输出特性。为了判断预测效果，把预测结果与实验值进行全局拟合求出绝对平均误差(MAE)和最大功率点的相对误差(PRE)。

4.2.3　预测结果分析

图 4-7 为单(多)晶硅太阳电池分别在不同光强和温度下的实验值和预测曲线的对比。从图中可以得出，两者符合得很好。通过图 4-7(a)和(c)，发现在低光强下，预测结果与实验值偏差较大，这可能的原因是预测开路电压和最大功率点电压时，忽略了光强对二极管反向饱和电流及并联电阻的影响。通过图 4-7(b)和(d)，

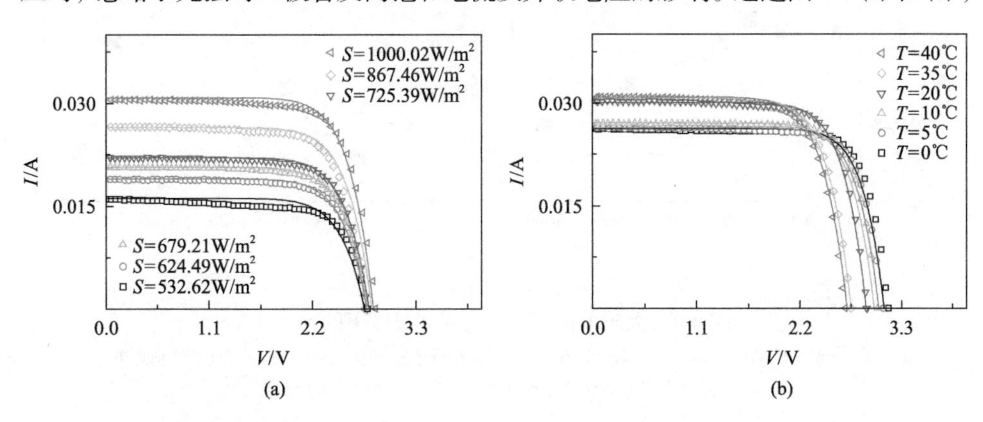

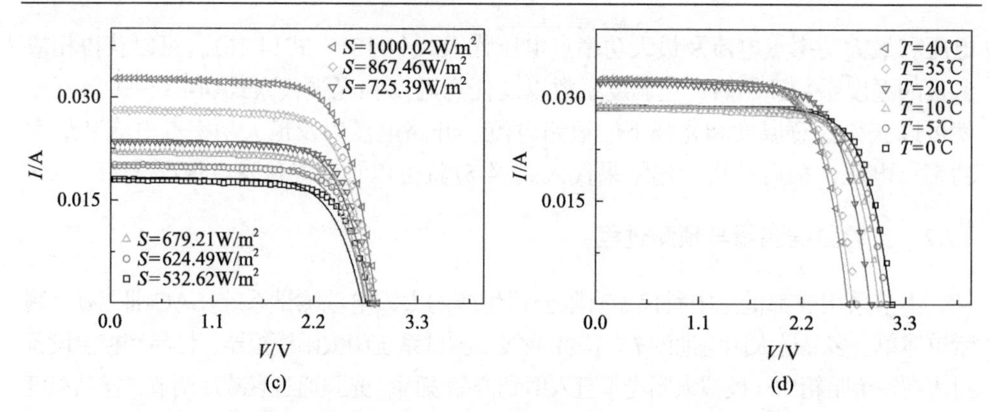

图 4-7 单(多)晶硅太阳电池在不同光强和温度下的实验值与预测曲线对比

图(a)和(c)分别是单晶硅、多晶硅太阳电池在 T=25℃时的实验值与预测曲线对比；图(b)与(d)分别是单晶硅、多晶硅太阳电池在 S=1000.02W/m^2 时的实验值与预测曲线对比

发现在低温度时，预测结果与实验值的偏差也较大，这可能是由于求解温度系数的过程中利用了电性参数与温度呈近似线性的关系。

图 4-8 为太阳电池在不同条件下的 MAE 值。从图中可知，太阳电池最大的

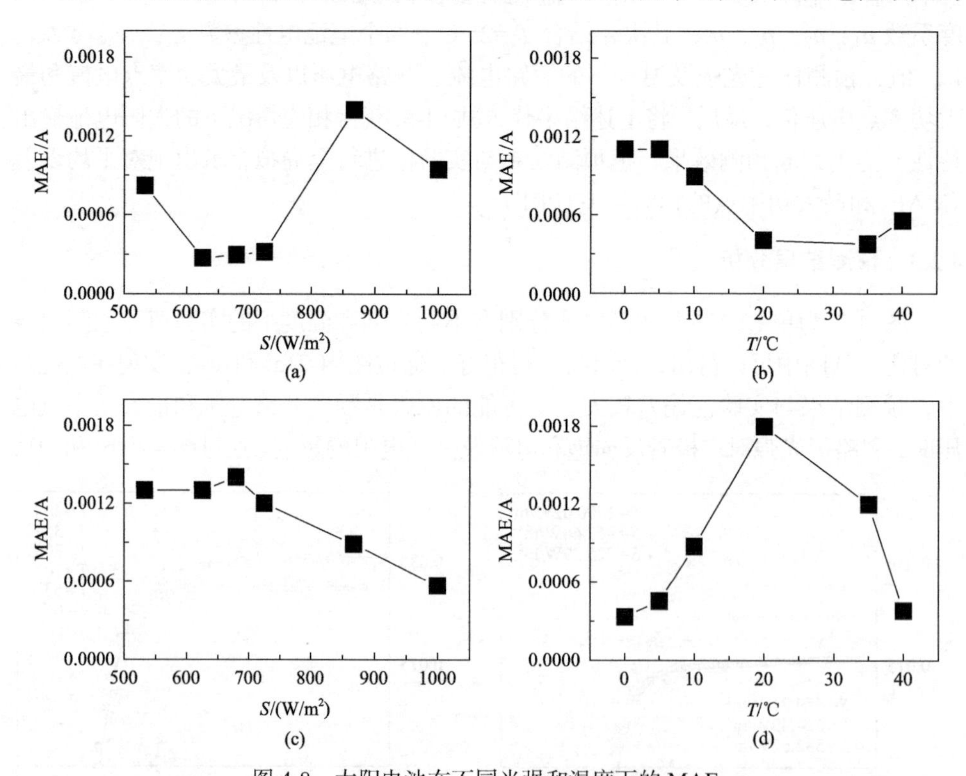

图 4-8 太阳电池在不同光强和温度下的 MAE

图(a)与(c)分别是单晶硅、多晶硅太阳电池在 T=25℃时不同光强下的 MAE；图(b)和(d)分别是单晶硅、多晶硅太阳电池在 S=1000.02W/m^2 时不同温度下的 MAE

MAE 为 0.0015A，说明模型能准确预测太阳电池的输出特性。对比图 4-8(a)和(c)可以看出，单晶硅太阳电池的 MAE 平均值要小于多晶硅太阳电池，说明多晶硅太阳电池的性能预测要难于单晶硅太阳电池，原因可能是多晶硅太阳电池存在的缺陷比较多，因此其非线性特征受光强和温度的影响比较剧烈，从而影响预测的准确性。对比图 4-8(b)和(d)可以看出，温度变化时，多晶硅太阳电池 MAE 变化要大于单晶硅太阳电池，说明温度的变化对多晶硅太阳电池输出特性的影响较大。

为了进一步研究预测模型对最大功率点的跟踪情况，图 4-9 为太阳电池在不同光强和温度下的 PRE，从图中可以看出，最大功率点的实验值和预测值的相对误差在 4%以下，说明模型能够较精确地预测太阳电池在各温度和光强下的最大功率。对比图 4-9(a)和(c)可以看出，单(多)晶硅太阳电池在高光强下的预测结果较精确；在低光强时单晶硅太阳电池最大功率的预测比多晶硅太阳电池精确。对比图 4-9(b)和(d)可以看出，温度变化时多晶硅太阳电池的 PRE 波动要大于单晶硅太阳电池。

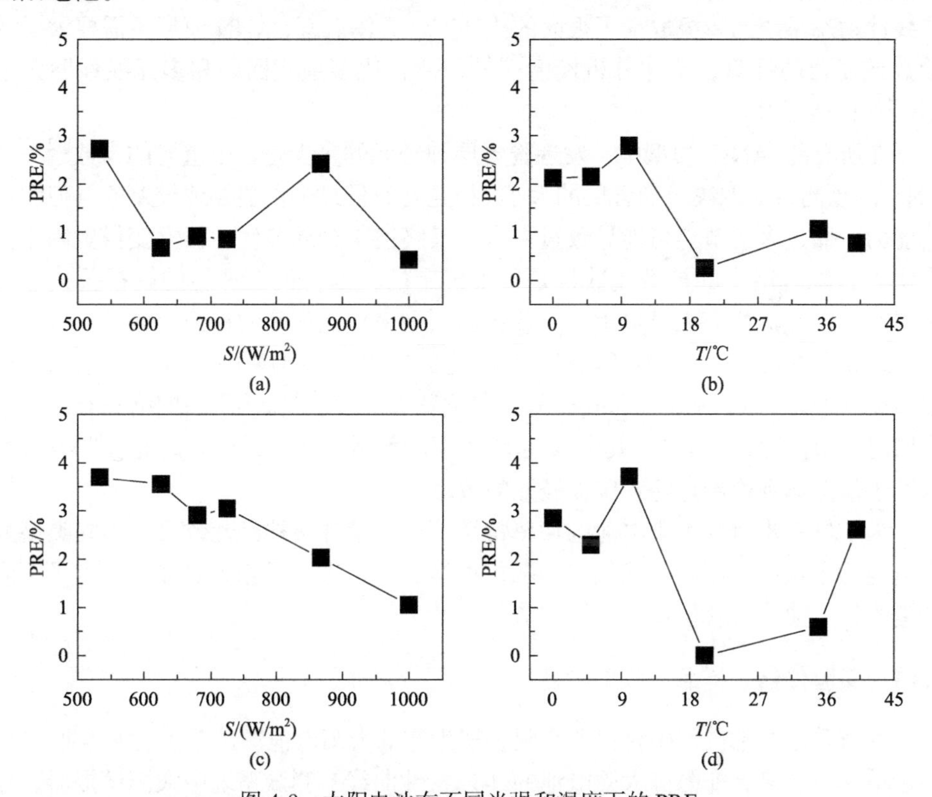

图 4-9　太阳电池在不同光强和温度下的 PRE

图(a)和(c)分别是单晶硅、多晶硅太阳电池在 T=25℃时不同光强下的 PRE；图(b)和(d)分别是单晶硅、多晶硅太阳电池在 S=1000.02W/m^2 时不同温度下的 PRE

4.2.4 结论

本节通过两种不同温度下的短路电流、开路电压以及最大功率点电流和最大功率点电压电性参量，建立了任意温度和光强下的光伏发电预测模型。对电池温度在 0～40℃和光强在 532.62～1000.02W/m^2 的测量值与预测值进行对比研究，表明电流电压全局拟合均方根误差小于 0.0018A，说明模型能正确预测太阳电池的输出特性。研究还表明，最大功率点的实验值与预测值的最大相对误差在 4%以下。因此，对预测太阳电池发电和光伏模拟器的设计具有重要意义。

4.3 光伏发电神经网络预测中模型参数的影响

随着大规模光伏发电系统容量的增加，为了避免光伏发电输出功率固有的间歇性和波动性等缺点对电网的瞬间冲击，人们开始关注发电预测技术。人工神经网络(ANN)可用于光伏发电预测[37]。对比研究表明，人工神经网络方法用于复杂非线性动态系统的建模取得了很大的成功[38]。具体而言，ANN 模型不需要大量的参数或复杂的计算，不像分析模型[39,40]，并且比多项式回归和多元线性回归模型[41]的性能更好。

在所有的 ANN 模型中，发现隐含层神经元的多少是一个重要的参数[42,43]。ANN 的预测性能取决于隐含层的大小。神经元数量过少可能导致较差的近似和泛化能力，而过多的节点可能导致过拟合，最终使得全局最优的搜索变得更困难。事实上，隐含层中的神经元数目是很难确定的，因为没有理想的解析公式来表示[44-46]。因此，研究人员提出了一些经验法则来找到正确的神经元数目。例如，Camargo 和 Yoneyama[47]为隐含层中神经元数目的选择提供了一个准则，这是基于多项式插值理论的。Kolmogorov(科尔莫戈罗夫)定理[48]指出，当网络只有一个隐含层时，节点数是 $2m+1$，其中 m 是输入层的数目。此外，还有研究者[49]发现可以基于信息熵理论确定隐含层神经元的数目。

为了进一步研究太阳电池的功率特性，评价隐含层神经元数目对不同类型太阳电池功率预测的影响，我们采用随机抽样的方法进行了相关研究，确定了不同种类光伏电池的隐含层单元的最佳值。

4.3.1 实验仪器、样品与测量内容

本节采用成都世纪中科仪器有限公司生产的太阳电池测试系统(SAC-Ⅲ+G)，测量单体单、多、非晶硅太阳电池的 I-V 特性曲线。测试系统中太阳模拟器、样品和控温设备封闭在一个暗箱中，模拟太阳光垂直入射到样品表面，样品温度通过半导体制冷贴片调节，变温精度为±0.1℃。具体测量包括：光强在第 6 挡(光

强约为 1100W/m^2)、第 5 挡(光强约为 1000W/m^2)、第 4 挡(光强约为 900W/m^2)、第 3 挡(光强约为 800W/m^2)、第 2 挡(光强约为 700W/m^2)及第 1 挡(光强约为 600W/m^2),温度在–10～40℃的样品 *I-V* 特性曲线数据。每个样品总共 72 组数据,其中 62 组用来训练,10 组用来预测。

4.3.2　神经网络预测模型的建立

神经网络预测模型的结构图如图 4-10 所示,其中输入层有 2 层——光强与温度,隐含层有 n 层,输出层有 1 层——太阳电池的最大输出功率。隐含层和输出层节点的输入是前一层节点输出的加权和。确定隐含层神经元个数的办法是通过调试网络模型得到合适的值。

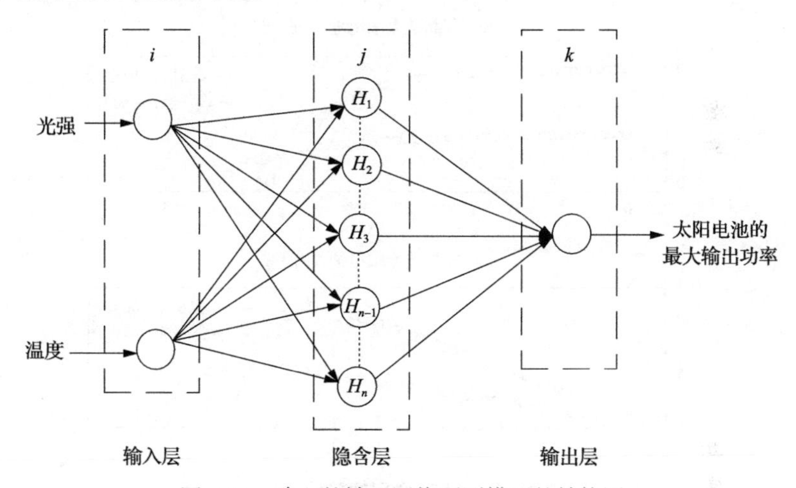

图 4-10　建立的神经网络预测模型的结构图

选择 Tansig 和 Purelin 函数作为隐含层与输出层的传递函数。Traingdm 被选为模型训练函数。其他网络参数设置如下:训练迭代次数为 50,学习速率为 0.05,动量因子为 0.9,最大训练次数为 200000,训练误差为 0.01。采用平方误差的总和(SSE)与均方误差(MSE)来衡量网络训练和预测结果。

4.3.3　结果与讨论

4.3.3.1　电池输出随光强与温度的变化特征

图 4-11 显示了单晶硅、多晶硅和非晶硅太阳电池在两种极端条件下测得的 *I-V* 和 *P-V* 曲线,从图中可以看出短路电流值分别从 28.370mA 变化到 12.526mA、从 30.960mA 变化到 14.003mA、从 5.844mA 变化到 2.449mA。单晶硅、多晶硅与非晶硅太阳电池的开路电压分别从 2.647V 变化到 3.146V,从 2.642V 变化到 3.149V,从 2.309V 变化到 2.666V。单晶硅、多晶硅与非晶硅太阳电池的短路电

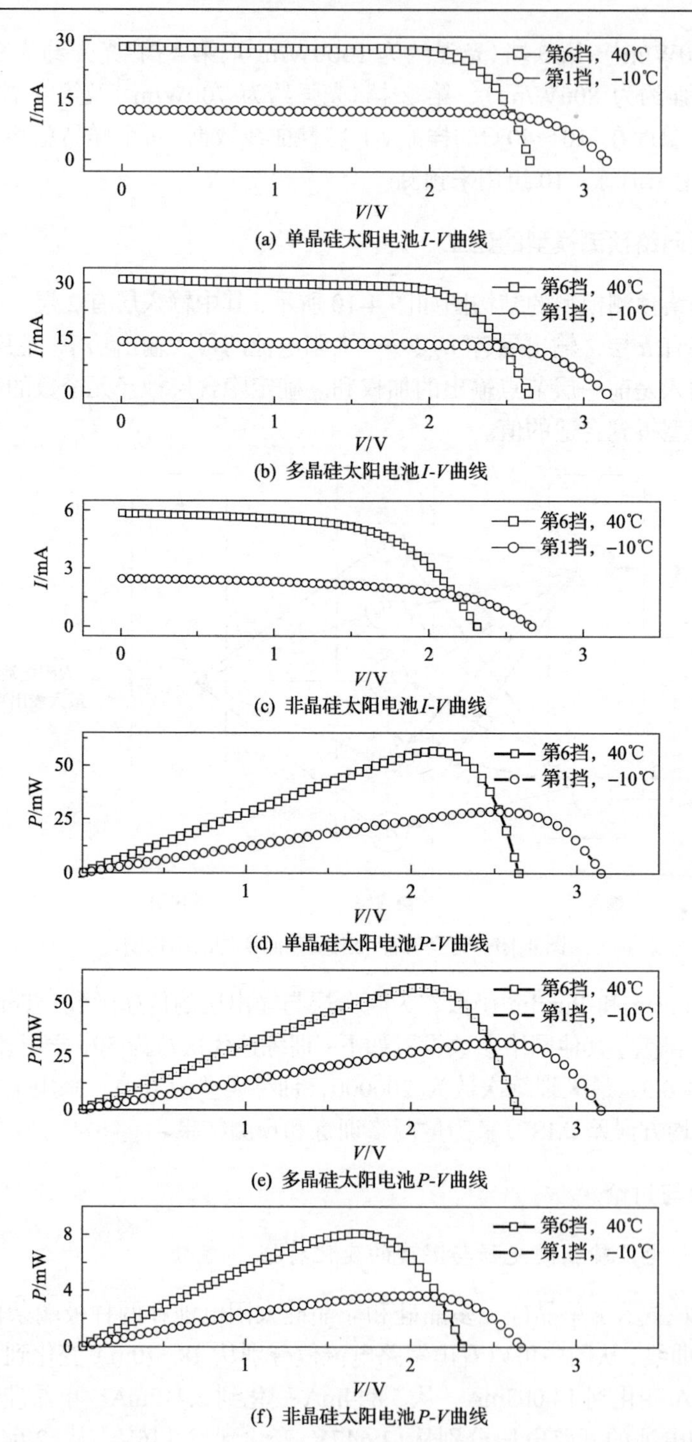

图 4-11　单晶硅、多晶硅、非晶硅太阳电池在第 1 挡光强及−10℃(温度)和第 6 挡光强及 40℃下的 *I-V* 及 *P-V* 曲线

流的相对变化(相对于初始值)分别为 55.8%、54.8%和 58.1%。单晶硅、多晶硅与非晶硅太阳电池的开路电压相对变化(相对于变化后的值)约为 15.9%、16.1%和 13.4%。由此，可以得出光强和温度对短路电流的影响大于开路电压。研究结果与以往的研究结果一致，表明光生电流与入射光子数量成正比[50]，呈现正温度系数[10]；而开路电压主要由电池材料的带息决定[51]。

此外，单晶硅、多晶硅和非晶硅太阳电池的最大功率分别从 56.6793mW 变为 28.6407mW、从 56.7993mW 变为 31.5958mW、从 8.0477mW 变为 3.6296mW，相对变化(相对于初始值)约为 49.5%、44.4%和 54.9%。而且发现在相同条件下，非晶硅太阳电池的最大功率远小于单晶硅太阳电池和多晶硅太阳电池。原因在于非晶硅太阳电池在分子水平上没有结晶，对光强和电池温度的改变敏感性高，效率较低。

4.3.3.2　不同隐含层神经元数目下的预测结果及分析

图 4-12 显示了单晶硅、多晶硅和非晶硅太阳电池的最大输出功率(MOP)预测与实验对比结果，神经元网络算法中的隐含层神经元个数 n=3、6 和 9。可以看出，预测结果与实验数据非常接近，并且还受到隐含层神经元数量的影响，特别是在较低光强和温度的电池输出功率预测中。

为了进一步研究隐含层神经元数目对预测精度的影响，对不同数目的隐含层神经元(3～9)进行了十次交叉验证，计算了平均相关系数 r(图 4-13)和实验与预测结果之间的平均 MSE(图 4-14)。如图 4-13 所示，对于任何隐含层神经元个数的

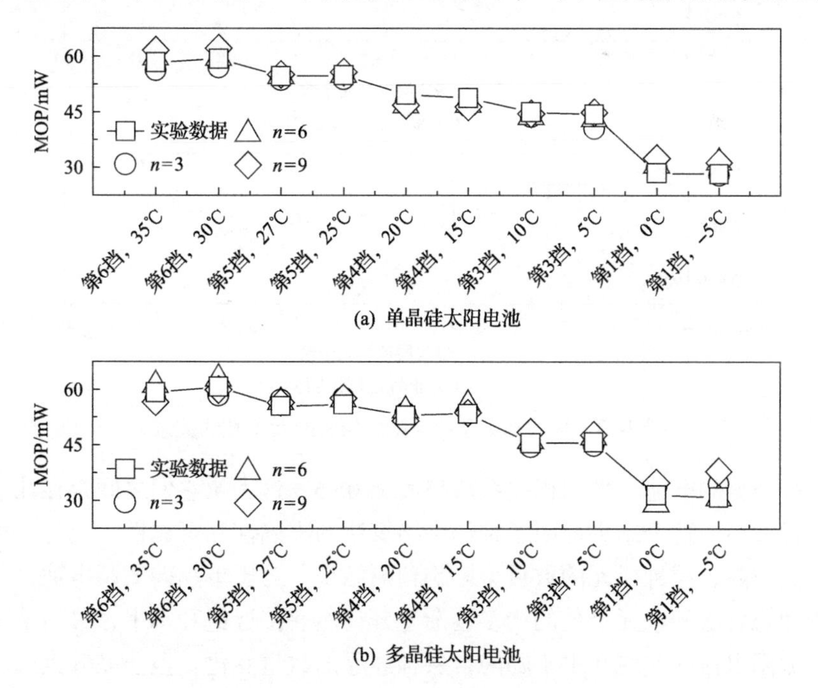

(a) 单晶硅太阳电池

(b) 多晶硅太阳电池

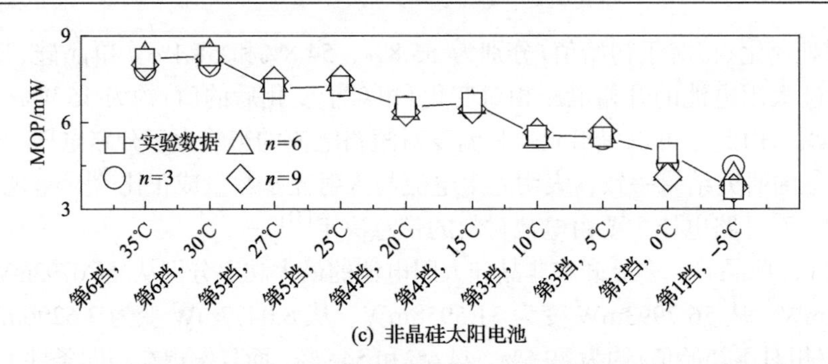

(c) 非晶硅太阳电池

图 4-12　单晶硅、多晶硅、非晶硅太阳电池在不同隐含层神经元数量下 (n=3,6,9) 的实验结果与预测结果的对比

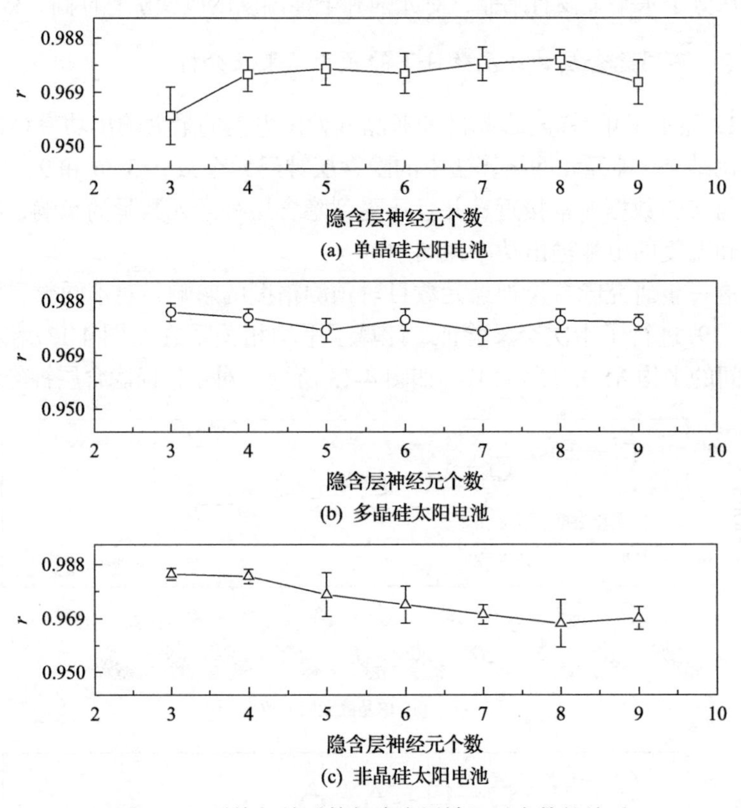

(a) 单晶硅太阳电池

(b) 多晶硅太阳电池

(c) 非晶硅太阳电池

图 4-13　平均相关系数与隐含层神经元个数的关系

所有三种类型的电池，平均相关系数都大于 0.95，这表明它们之间存在几乎完美的正线性关系。这个结果证明了神经网络算法的准确性和可靠性。此外，可以看出，算法中隐含层神经元的数目会影响预测结果。对于单晶硅太阳电池，平均相关系数随隐含层神经元个数的增多逐渐上升，然后接近饱和水平，最后下降。而多晶硅太阳电池的曲线几乎不随隐含层神经元的数量变化。但非晶硅太阳电池的

曲线随着隐含层神经元数量的增加而显著降低。因此，可以得出结论，最大功率预测与隐含层神经元数目之间的关系不是一个简单的函数。对于多晶硅、非晶硅太阳电池，3 个隐含层单元的平均相关系数最高；而对于单晶硅太阳电池，在隐含层神经元个数为 8 时获得了最好的结果。

所有三种电池实验结果和预测结果之间的平均 MSE 如图 4-14 所示。可以看出，对于单晶硅、多晶硅、非晶硅太阳电池，实验结果和预测结果之间的平均 MSE 随隐含层神经元个数非线性变化。这些结果进一步证明了最大功率预测结果与隐含层神经元数目之间的关系不是简单的函数。此外，类似于图 4-13，3 个或 4 个隐含层神经元为多、非晶硅太阳电池提供了低 MSE。对于单晶硅太阳电池，在隐含层单元个数为 8 处实现最低 MSE。因此，对于所有类型的硅光伏器件，在隐含层神经元数目的选择上没有普遍的原则(如 Kolmogorov 定理)。

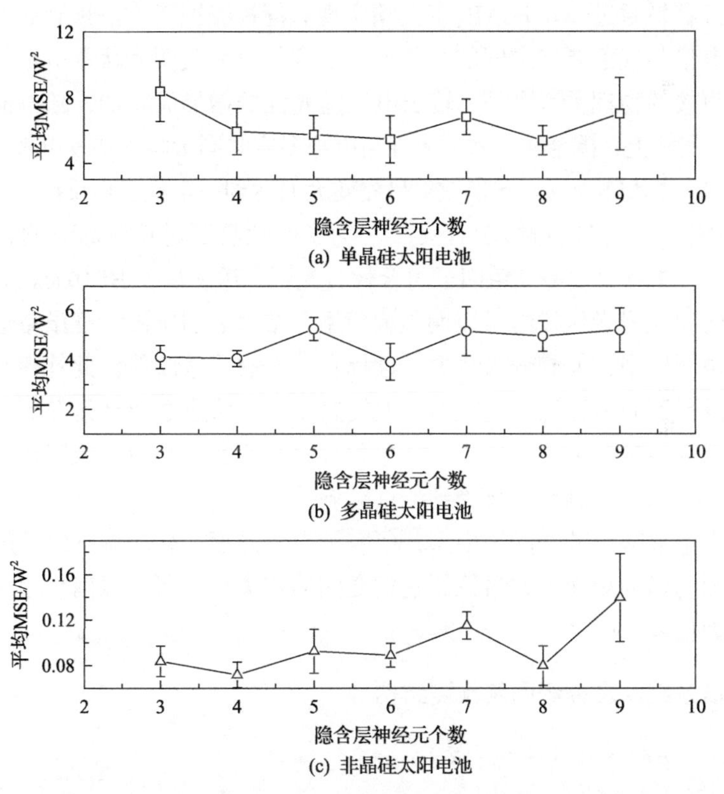

图 4-14　单晶硅、多晶硅和非晶硅太阳电池平均 MSE 随隐含层神经元个数的变化

4.3.4　结论

本节建立了基于神经网络的三种太阳电池输出功率的预测模型，研究了隐

含层神经元数目对单晶硅、多晶硅和非晶硅太阳电池输出功率预测的影响。首先，神经网络的预测结果与实验数据非常接近，并且还受到隐含层神经元数量的影响。其次，预测结果与隐含层神经元个数之间的关系不是简单的函数。最后，对于多晶硅太阳电池和非晶硅太阳太池，3 个或 4 个隐含层神经元可有高平均相关系数和低平均 MSE。而对于单晶硅太阳电池，在隐含层神经元个数为 8 处获得了最好的结果。

4.4　影响神经网络预测光伏发电的气象因素

在所有的方法中，神经网络用于光伏发电量预测引起了人们的关注，原因在于神经网络方法不需要复杂的公式推导，无须电池板内部参数，优于多项式回归模型，并且容易通过 MATLAB 工具箱实现。但神经网络方法预测的准确率取决于光伏发电量与气象要素之间的相关性。已有的研究表明光伏发电量与光强、电池温度有直接的物理关系[52,53]，输出电压随光强的增加而增加，随电池温度的上升而下降。实际上，耦合在一起的光强与电池温度共同影响光伏发电效率；随着辐照量的增加，光伏阵列逐时转换效率呈先变大而达到一定程度后反而下降，效率下降主要与电池板高温的负影响有关[54]。为了避免辐照对预测的影响，有研究采用大气温度、相对湿度等气象因子组合代替光强，建立基于 BP(back propagation)神经网络的无光强光伏发电量短期预测模型，结果表明预测精度虽略逊于含有光强的短期预测模型，但其输入量少，且具有一定的普适性[55]。此外，研究还发现影响发电量预测的电池温度与光强、大气温度以及风速之间是紧密耦合的[56]，与云量的增加或减少有关[57]。所以，如果仅仅是采用光强与电池温度作为神经网络的输入[58-60]，那么预测精度将受到严重影响。

为此，本节基于神经网络模型，研究了大气温度、相对湿度以及风速对光伏发电量预测的影响规律，并讨论了它们之间的相关性，研究以南昌地区的光伏发电量数据为代表。

4.4.1　测量系统以及神经网络预测结构

4.4.1.1　实验原理及测试内容

实验原理如图 4-15(a)所示，实验装置包括光伏组件、大气温度与相对湿度测量计、电池温度测量计、风速探测器、光辐照度探测器、吉时利 2400 数字源表以及计算机；其中光伏组件为广州市兆天太阳能科技开发有限公司生产的尺寸为 135mm×125mm 的多晶硅电池组件，额定功率为 2W；大气温度与相对湿度测

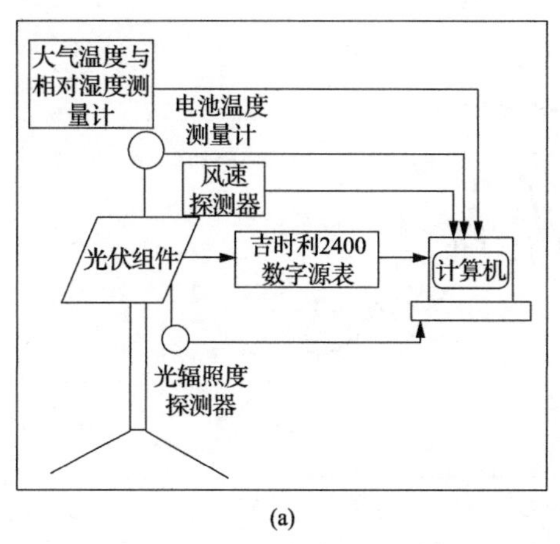

(a)

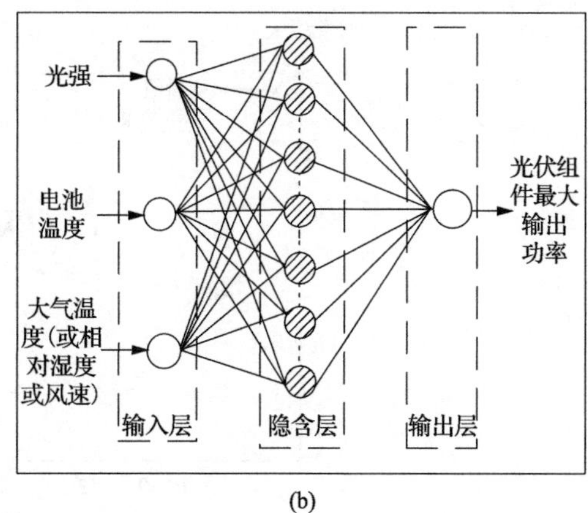

(b)

图 4-15　实验原理图以及预测网络结构

量计是希玛仪表有限公司生产的型号为 AR807 的温湿度计；电池温度测量计是东莞万创电子制品有限公司生产的型号为 AR320 的非接触式红外测温仪；风速探测器是希玛仪表有限公司生产的型号为 AR816 的风速计；光辐照度探测器是广州市宏诚集业电子科技有限公司生产的型号为 HT-855 的照度计；光伏组件的最大输出功率(MOP)由吉时利公司生产的 2400 数字源表采集，具体测试过程为：光伏组件的发电数据通过吉时利 2400 数字源表采集时，同时测量设备读取光强、电池温度、风速、大气温度及相对湿度，所有信息送入计算机。具体测量的内容为组件从 2014 年 5 月 21 日到 5 月 25 日 9:00～18:00 的发电数据以及相关数据；测量时间间隔为 10min，共测得 275 个最大输出功率，作为训练数据；预测数据为 5 月 26 日 9:00～18:00 同样时间间隔的 55 个最大输出功率。

4.4.1.2　神经网络预测结构

建立的三层 BP 神经网络预测模型的结构如图 4-15(b)所示。输入向量为光强与电池温度，以及任选的大气温度、相对湿度或风速(即输入量为光强、电池温度、大气温度，或者光强、电池温度、相对湿度，或者光强、电池温度、风速)。根据 Kolmogorov 定理[48]，隐含层神经元数量设置为 7。输出向量为光伏组件最大输出功率。输入层与隐含层之间的传递函数选为 Tansig 函数，隐含层与输出层之间的传递函数为 Purelin 函数；神经网络学习算法采用 Levenberg-Marquardt 算法。

4.4.2　结果与分析

图 4-16 是神经网络在各种输入条件下的预测结果和测量值(2014 年 5 月 26 日的数据)对比结果。首先，可以看出各种输入条件下 BP 神经网络预测结果与测

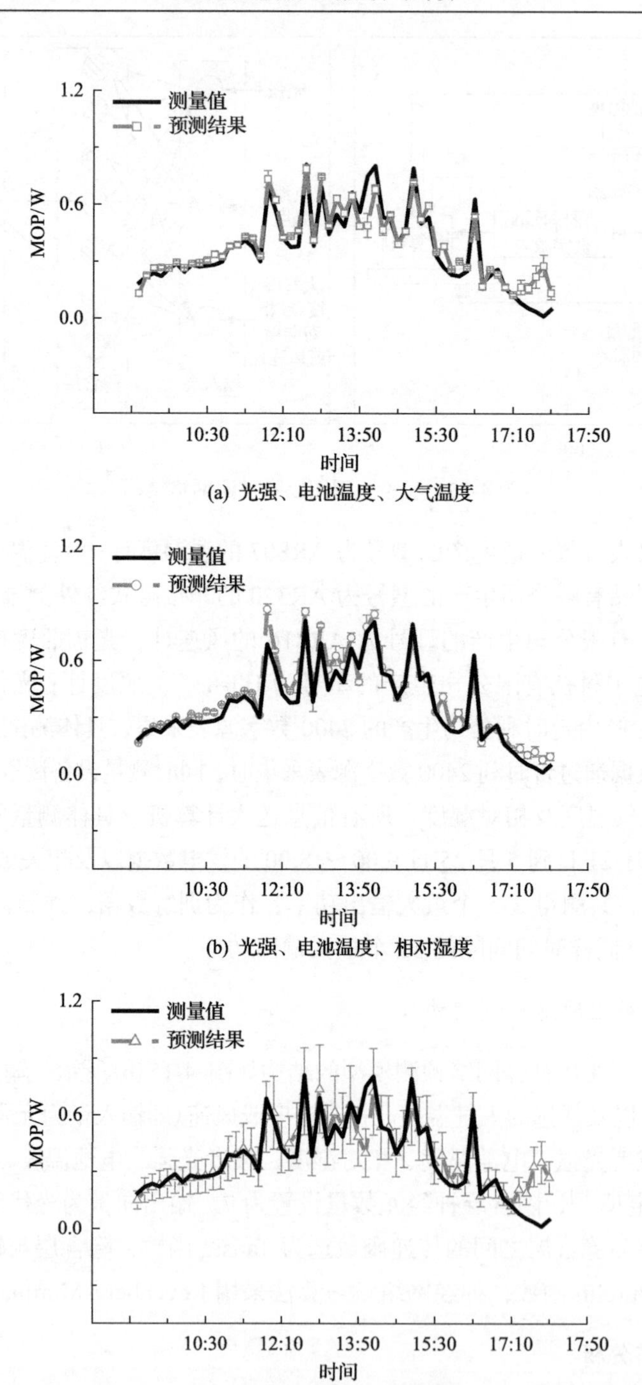

(a) 光强、电池温度、大气温度

(b) 光强、电池温度、相对湿度

(c) 光强、电池温度、风速

图 4-16 各种输入条件下神经网络平均十次预测结果与测量值(2014 年 5 月 26 日的数据)的对比

量值总体符合较好，模型能较好地反映光伏发电最大输出功率的日变化规律。其次，可以看出 17:00 以后预测结果与测量值之间有明显误差。原因是预测时间点接近太阳西落，测量噪声增大；此外，南昌地区大气温度、风速、相对湿度变化大，它们与电池输出功率之间的非线性关联减弱，从而导致预测失效。最后，可以看出中午前后(即 11:00～14:00)预测结果与测量值之间的误差较大。原因是这个时候环境温度高，空气对流明显，风速变化剧烈，电池输出功率波动大，从而导致预测产生较大误差。

为了进一步了解影响预测精度的三个气象因素，对三种情况下的预测结果与实验数据之间的 SSE 和 MSE 进行计算。如图 4-17 所示，第一种情况下的平均 SSE 和 MSE 最小，而第三种情况下的平均 SSE 和 MSE 最大。这些结果表明，气象因素对利用神经网络进行光伏发电预测的影响由大到小为：大气温度、风速、相对湿度。

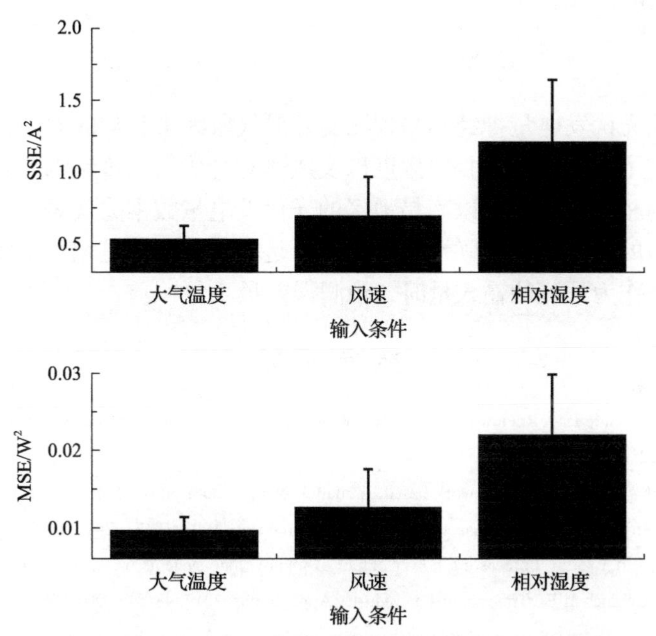

图 4-17　各种输入条件下预测结果与测量值之间的 SSE 和 MSE

为了检验数据对光伏功率预测的影响，在 2014 年 5 月 21 日到 2014 年 5 月 26 日之间随机选择一组 275 个数据作为训练集，其他 55 个样本作为测试集。各种输入条件下预测结果与测量值之间的相关系数见图 4-18。如图 4-18 所示，各种输入条件下相关系数均在 0.84 以上。一般来说，相关系数越高，预测模型就越合适。因此，预测值与实验值具有很强的相关性，证明了神经网络模型用于光伏发电预测具有鲁棒性。

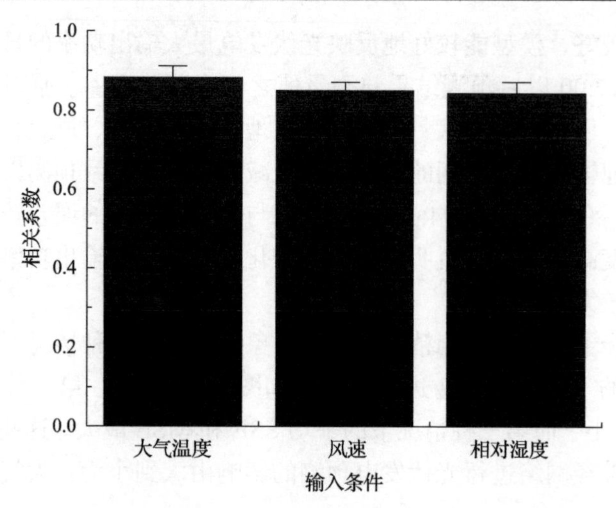

图 4-18　各种输入条件下随机数据的预测结果与测量值之间的相关性

4.4.3　结论

为了明确光伏发电量神经网络预测受外界气象因素影响的规律，本章基于神经网络，研究了大气温度、相对湿度以及风速对光伏发电量预测的影响，并讨论了它们之间的相关性。研究以南昌地区的光伏发电量数据为代表。结果表明，大气温度与电池的输出功率关联性最强，其次是风速，最后是相对湿度。当以相关性最强的数据作为预测的输入量时，预测误差最小。

参 考 文 献

[1] Parida B, Iniyan S, Goic R. A Review of solar photovoltaic technologies. Renewable and Sustainable Energy Reviews, 2011, 15(3): 1625-1636.

[2] Hiyama T, Kitabayashi K. Neural network based estimation of maximum power generation from PV module using environmental information. IEEE Transactions on Energy Conversion, 1997, 12(3): 241-247.

[3] Shi J, Lee W J, Liu Y, et al. Forecasting power output of photovoltaic systems based on weather classification and support vector machines. IEEE Transactions on Industry Applications, 2012, 48(3): 1064-1069.

[4] 丁明, 王磊, 毕锐. 基于改进 BP 神经网络的光伏发电系统输出功率短期预测模型. 电力系统保护与控制, 2012, 40(11): 93-99.

[5] 陈昌松, 段善旭, 殷进军. 基于神经网络的光伏阵列发电预测模型的设计. 电工技术学报, 2009, 24(9): 153-158.

[6] Vengatesh R P, Rajan S E. Investigation of cloudless solar radiation with PV module employing Matlab-Simulink. Solar Energy, 2011, 85(9): 1727-1734.

[7] 周健, 李红飞, 刘毓成, 等. 基于改进型双二级管模型的户外模组电量预测技术研究. 光子学报, 2013, 42(9): 1077-1082.

[8] 傅望, 周林, 郭珂, 等. 太阳电池工程用数学模型研究. 电工技术学报, 2011, 26(10): 211-216.

[9] Soto W D, Klein S A, Beckman W A. Improvement and validation of a model for photovoltaic array performance. Solar Energy, 2006, 80(1): 78-88.

[10] Tsai H F, Tsai H L. Implementation and verification of integrated thermal and electrical models for commercial PV modules. Solar Energy, 2012, 86(1): 654-665.

[11] Lun S X, Guo T T, Wang S, et al. A new explicit *I-V* model of a solar cell based on Taylor's series expansion. Solar Energy, 2013(94): 221-232.

[12] Lun S X, Yang C J, Wang G H, et al. An explicit approximate *I-V* characteristic model of a solar cell based on padé approximants.Solar Energy, 2013(92): 147-159.

[13] Peng, L, Sun Y, Meng Z. An improved model and parameters extraction for photovoltaic cells using only three state points at standard test condition. Journal of Power Sources, 2014(248): 621-631.

[14] 苏建徽, 徐世杰, 赵为, 等. 硅太阳电池工程用数学模型. 太阳能学报, 2001, 22(4): 409-412.

[15] 戴锦, 肖文波, 胡芳雨, 等. 光伏发电性能物理预测模型的研究. 电源技术, 2018, 2(42): 262-266.

[16] Oskar S T, Ole-Morten M, Hristov Y G. A new analytical solar cell *I-V* curve model. Renewable Energy, 2011, 36(8), 2171-2176.

[17] Salmi T, Bouzguenda M, Gastli A, et al. MATLAB/Simulink based modelling of solar photovoltaic cell. International Journal of Renewable Energy Research, 2012, 2(2): 213-218.

[18] Ahmed A E T. PV system behavior based on datasheet. Journal of Electron Devices, 2011, 9: 335-341.

[19] Dezso S, Remus T, Pedro R. PV panel model based on datasheet values//IEEE International Symposium on Industrial Electronics, Vigo, 2007.

[20] Altas I H, Sharaf A M. A photovoltaic array simulation model for Matlab-Simulink GUI environment//International Conference on Clean Electrical Power, Capri, 2007.

[21] 崔洋, 孙银川, 常倬林. 短期太阳能光伏发电预测方法研究进展. 资源科学, 2013, 35(7): 1474-1481.

[22] Ishaque K, Salam Z, Taheri H. Simple, fast and accurate two-diode model for photovoltaic modules. Solar Energy Materials and Solar Cells, 2011, 95(2): 586-594.

[23] Tsang K M, Chan W L. Model based rapid maximum power point tracking for photovoltaic systems. Energy Conversion and Management, 2013(70): 83-89.

[24] 王玉玲, 孙以泽, 彭乐乐, 等. 基于 Lambert W 函数的太阳电池组件参数确定法. 物理学报, 2012, 61(24): 248402.

[25] Das A K, Kamalkar S. Analytical derivation of the closed-form power law-model of an illuminated solar cell from the physics based implicit model. IEEE Transactions on Electron Devices, 2011, 58(4): 1176-1181.

[26] Kamalkar S, Saleem H. The power law *J-V* model of an illuminated solar cell. Solar Energy Materials and Solar Cells, 2011, 95(4): 1076-1084.

[27] Kamalkar S, Haneefa S. A physically based explicit-model of a solar cell for simple design calculations. Electron Device Letters, 2008, 29(5): 449-451.

[28] Kim W, Choi W. A novel parameter extraction method for the one-diode solar cell model. Solar Energy, 2010, 84(6): 1008-1019.

[29] Khan F, Singh S N, Husain M. Effect of illumination intensity on cell parameters of a silicon solar cell. Solar Energy Materials and Solar Cells, 2010, 94(9): 1473-1476.

[30] Singer S, Rozenshtein B, Surazi S. Characterization of PV array output using a small number of measured parameters. Solar Energy, 1984, 32(5): 603-607.

[31] 廖志凌，阮新波. 任意光强和温度下的硅太阳电池非线性工程简化数学模型. 太阳能学报，2009，30(4)：430-435.

[32] Kashif I, Zainal S, Syafaruddin. A comprehensive MATLAB simulink PV system simulator with partial shading capability based on two-diode model. Solar Energy, 2011, (85): 2217-2228.

[33] Peng L L, Sun Y Z, Zhuo M, et al. A new method for determining the characteristics of solar cells. Journal of Power Sources, 2013 (227): 131-136.

[34] 姜会飞, 温德永, 李楠, 等. 利用正弦分段法模拟气温日变化. 气象与减灾研究, 2010, 33 (3): 61-65.

[35] Tsai H L, Tu C S, Su Y J. Development of generalized photovoltaic model using Matlab/Simulink//Proceedings of the World Congress on Engineering and Computer Science, San Francisco, 2008.

[36] Tian H M, Fernando M D, Kevin E, et al. A cell-to-module-to-array detailed model for photovoltaic panels. Solar Energy, 2012, 9 (86): 2659-2706.

[37] Kalogirou S A. Artificial neural networks in renewable energy systems applications: A review. Renewable and Sustainable Energy Reviews, 2001, 4 (5): 373-401.

[38] Zhang L, Wang Z P, Hu X S, et al. Residual capacity estimation for ultracapacitors in electric vehicles using artificial neural network. IFAC Proceedings Volumes, 2014; 47 (3): 3899-3904.

[39] Fadare D A. Modelling of solar energy potential in Nigeria using an artificial neural network model. Applied Energy, 2009 (86): 1410-1422.

[40] Izgi E, Öztopal A, Yerli B, et al. Short-mid-term solar power prediction by using artificial neural networks. Solar Energy, 2012 (86): 725-733.

[41] Mellit A, Sağlam S, Kalogirou S A. Artificial neural network-based model for estimating the produced power of a photovoltaic module. Renewable Energy, 2013 (60): 71-78.

[42] Fernández E F, Almonacid F, Sarmah N, et al. A model based on artificial neuronal network for the prediction of the maximum power of a low concentration photovoltaic module for building integration. Solar Energy, 2014 (100): 148-158.

[43] Yona A, Senjyu T, Saber A Y, et al. Application of neural network to one-day-ahead 24 hours generating power forecasting for photovoltaic system//IEEE Power Engineering Society General Meeting, Kaohsiung, 2007.

[44] Panchal G, Ganatra A, Kosta Y P, et al. Behaviour analysis of multilayer perceptrons with multiple hidden neurons and hidden layers. International Journal of Computer Theory and Engineering, 2011 (3): 332-337.

[45] Kheirkhah A, Azadeh A, Saberi M, et al. Improved estimation of electricity demand function by using of artificial neural network, principal component analysis and data envelopment analysis. Computers & Industrial Engineering, 2013 (64): 425-441.

[46] Ismail H M, Ng H K, Queck C W, et al. Artificial neural networks modelling of engine-out responses for a light-duty diesel engine fuelled with biodiesel blends. Applied Energy, 2012 (92): 769-777.

[47] Camargo L S, Yoneyama T. Specication of training sets and the number of hidden neurons for multilayer perceptrons. Neural Computation, 2001 (13): 2673-2680.

[48] Kurkova V. Kolmogorov's theorem and multilayer neural networks. Neural Networks, 1992 (5): 501-506.

[49] Yuan H C, Xiong F L, Huai X Y. Method for estimating the number of hidden neurons in feed-forward neural networks based on information entropy. Computers and Electronics in Agriculture, 2003 (40): 57-64.

[50] Xiao W B, He X D, Gao Y Q. Experimental investigation on characteristics of low-concentrating solar cells. Modern Physics Letters B, 20119 (25): 679-684.

[51] Ghoneim A A, Kandil K M, Al-Hasan A Y, et al. Analysis of performance parameters of amorphous photovoltaic modules under different environmental conditions. Energy Science and Technology, 2011, 1(2): 43-50.

[52] Skoplaki E, Palyvos J A. On the temperature dependence of photovoltaic module electrical performance: A review of efficiency/power correlations. Solar Energy, 2009(83): 614-624.

[53] Alberto D, Sonia L, Giampaolo M. Comparison of different physical models for PV power output prediction. Solar Energy, 2015(119): 83-99.

[54] 李芬, 陈正洪, 成驰, 等. 武汉并网光伏电站性能与气象因子关系研究. 太阳能学报, 2012, 33(8): 1386-1391.

[55] 代倩, 段善旭, 蔡涛, 等. 基于天气类型聚类识别的光伏系统短期无辐照度发电预测模型研究. 中国电机工程学报, 2011, 31(34): 28-35.

[56] Schwingshackl C, Petitta M, Wagner J E, et al. Wind effect on PV module temperature: Analysis of different techniques for an accurate estimation. Energy Procedia, 2013(40): 77-86.

[57] 黄伟, 张田, 韩湘荣, 等. 影响光伏发电的日照强度时间函数和气象因素. 电网技术, 2014, 38(10): 2789-2793.

[58] Almonacid F, Rus C, Hontoria L, et al. Characterisation of Si-crystalline PV modules by artificial neural networks. Renewable Energy, 2009(34): 941-949.

[59] Almonacid F, Rus C, Pérez-Higueras P, et al. Calculation of the energy provided by a PV generator comparative study: Conventional methods vs artificial neural networks. Energy, 2011(36): 375-384.

[60] 郑凌蔚, 刘士荣, 谢小高. 基于改进小波神经网络的光伏发电系统非线性模型辨识. 电网技术, 2011, 35(10): 159-164.

第 5 章　光伏发电的参数提取技术

随着经济的发展，能源需求越来越大。能源储存的有限问题促使人类去开发、寻找新的替代能源。在世界各国日益重视环境及可持续发展的今天，人们自然会把目光投向太阳能的光电转换器件——太阳电池[1,2]。由于太阳电池生产工艺的差别，电池特性存在差异；当多块太阳电池串、并联构成阵列发电时，只有每一块电池片的性能相同，才能高效发电，否则就会相互影响而降低总体输出功率，严重时甚至会导致太阳能发电系统烧毁[3,4]。为此，太阳电池特性的研究是研究人员持续关注的重点。

太阳电池通常是通过电流-电压测量曲线来确定属性。但是由于电池的强非线性特征，仅仅通过电流-电压测量曲线不足以分析清楚电池特征随外界温度、光强等的变化规律。所以太阳电池的建模及其参数研究是当前的热点之一。好的太阳电池模型及模型里面的参数提取方法对于太阳能光伏发电系统的模拟、设计、评估、控制和优化至关重要[5-7]。一个合适的太阳电池模型及参数估计方法应具有以下特点[8]：①模型及参数描述不同电池的特征信息时应清晰、完善，具有适应性；②运用模型及参数反演的电流-电压数据应接近实验数据或数据表信息，应具有正确性；③多次运用模型提取一个特定电池数据表中的电池参数时，获得的结果应非常相似，具有可重复性；④运用模型及参数分析电池特征时，计算时间应较短。尽管现在已经有大量的研究工作来解决太阳电池模型及其参数估计问题，但仍然没有有效地解决参数提取问题。

目前，用于描述太阳电池特征的模型包括单二极管模型(图 1-15)[9]、双二极管模型(两个二极管并联)[10]以及三二极管模型(三个二极管并联)[11]等。不同的研究指出，双、三二极管模型比单二极管模型更能准确地反映太阳电池的特征，特别是在低太阳辐射下[12,13]。虽然双、三二极管模型是比较准确的模型，但是因为这两个模型更复杂且它们的参数是以非线性方式定义的，所以其计算较困难，也需要较长的计算时间。因此当前单二极管模型是最受欢迎的模型，不仅因为该模型比较简单，更是由于大多数情况下它几乎与双、三二极管模型一样准确。单二极管模型是 Shockley[14]在 1949 年以电流连续性特征为基础首先提出的，此后 Kammer 和 Ludington[15]在 1997 年运用电流密度特性重新描述该模型。它只有五个参数：①光生电流(或称为感应电流)，是指电池在光照下，光生载流子的移动所产生的电流，它与电池能带、光生载流子的产生率及迁移率密切相关；②二极管反向饱和电流(或称为暗电流)，与电池 PN 结中势垒高度、耗尽层宽度以及器件的温度有关；③二极管理想因子(或称为发射系数)，是电池中缺陷对光吸收和发射影响的量度，理想因子值越大，电池中的复合越严重；④串联电阻，主要来源于半导体材料的体电阻以及金属与半导体材料之间的接触电阻；⑤并联(或称为分流)电阻，体现电池 PN 结的非理想特性和 PN 结附近杂质造成的局部短路特征。这些参数包含深刻的物理含义，不仅与电池的材料、工艺等密切相关，还能够解释外界遮阴等的影响规律[16]，所以它们十分重要，但上述参数需要根据电池的测量电流-电压数据来确定和提取，不能直接获得。

由于电流-电压方程为非线性超越方程，对于 I_{ph}、I_0、n、R_s、R_{sh} 五个参数不能直接给出解，因此得到以上五个参数的方法就是实验数据拟合。目前提取模型参数的方法大致分为解析提取参数法、利用特殊函数提取参数法等。解析提取参数法就是通过一些近似和简化，或通过忽略一些模型参数，或为某些参数指定一些近似值，建立五个代数方程求解上述参数[17,18]。还有利用特殊函数化简式(5-1)提取参数的方法，如用 Lambert W 函数的方法[19]：

$$
\begin{aligned}
I &= I_{ph} - I_d - I_{sh} = I_{ph} - I_0\left(e^{\frac{q(V+I\cdot R_s)}{nkT}} - 1\right) - \frac{V + I\cdot R_s}{R_{sh}} \\
&= I_{ph} - I_0\left(e^{\frac{V+I\cdot R_s}{nV_{th}}} - 1\right) - \frac{V + I\cdot R_s}{R_{sh}} \qquad (5\text{-}1)
\end{aligned}
$$

或者 $$J = J_{ph} - J_0\left(e^{\frac{q(V+J\cdot R_s)}{nkT}} - 1\right) - \frac{V + J\cdot R_s}{R_{sh}}$$

式中，I 是负载上的电流；I_{ph}、J_{ph} 是光生电流和光生电流密度；I_d 是二极管上的电流；I_{sh} 是并联电阻上的电流；I_0、J_0 是二极管反向饱和电流和电流密度；q 是电子电荷常数；V 是负载上的电压；R_s 是串联电阻；n 是二极管的理想因子；k 是玻尔兹曼常量；T 是测试时电池的温度；R_{sh} 是并联电阻；V_{th}(=kT/q)是结电压。

还可以通过智能迭代算法来确定电池参数[20-23]或者使用曲线拟合技术提取电池参数(通常使用最小二乘曲线拟合法)，具体就是通过最小化 I-V 特性曲线和测量曲线之间的差异来确定模型参数[24,25]。此外，还可利用上述一些方法的混合理论[26,27]提取电池参数等。

为此，本章首先对涉及参数提取的四类典型方法进行详细阐述，即解析提取参数方法、借助 Lambert W 函数提取参数方法、构建或利用特殊函数提取参数方法、利用智能算法提取参数方法；每类方法中以四个典型例子的特点展开说明，分析其优缺点。其次，研究解析提取参数方法和借助 Lambert W 函数提取参数方法在提取太阳电池参数方面的规律，研究比较两种方法在提取太阳电池参数中的优劣，分析两种方法本身的误差来源。再次，提出一种基于 Lambert W 函数和多项式拟合提取太阳电池参数的方法，并应用于文献中硅电池和实验中三结太阳电池的参数提取；并研究了变光强下三结太阳电池五个参数的特征。最后，基于 Lambert W 函数和两个假设条件，提出一种从单 *I-V* 特性曲线中提取太阳电池五个参数的简单方法；并详细研究五个参数随光入射角度的变化规律。

5.1　太阳电池单二极管模型中参数提取方法的综述

5.1.1　解析提取参数方法

解析提取参数方法通过特定的 *I-V* 特性值(如短路电流、开路电压、最大功率点电流和最大功率点电压等)，在假设一些条件的基础上，依据五个测量值，将式(5-1)转化为封闭的代数方程组，然后联立计算得到电池参数，下面对涉及此类方法的四个例子进行介绍。

5.1.1.1　采用电池短路、开路情况及任何其他点的斜率(即导数 d*I*/d*V*)提取参数的方法

一个名为“Five Points”(五点)的解析提取参数方法构建五个方程的步骤如下[28]：首先，以短路电流、开路电压和最大功率点三点构建三个方程；其次，将短路电流与开路电压的斜率近似值作为条件，构建两个方程；最后，由上述五个方程求解出电池五个参数。五个参数的解如式(5-2)～式(5-6)所示：

$$n=(V_{\mathrm{m}}+R_{\mathrm{so}}I_{\mathrm{m}}-V_{\mathrm{oc}})\Bigg/\left\{V_{\mathrm{th}}\left[\ln\left(I_{\mathrm{sc}}-\frac{V_{\mathrm{m}}}{R_{\mathrm{sho}}}-I_{\mathrm{m}}\right)-\ln\left(I_{\mathrm{sc}}-\frac{V_{\mathrm{oc}}}{R_{\mathrm{sh}}}\right)+\frac{I_{\mathrm{m}}}{I_{\mathrm{sc}}-\dfrac{V_{\mathrm{oc}}}{R_{\mathrm{sho}}}}\right]\right\} \tag{5-2}$$

$$I_0=\left(I_{\mathrm{sc}}-\frac{V_{\mathrm{oc}}}{R_{\mathrm{sh}}}\right)\exp\left(-\frac{V_{\mathrm{oc}}}{nV_{\mathrm{th}}}\right) \tag{5-3}$$

$$R_{\mathrm{s}}=R_{\mathrm{so}}-\frac{nV_{\mathrm{th}}}{I_0}\exp\left(-\frac{V_{\mathrm{oc}}}{nV_{\mathrm{th}}}\right) \tag{5-4}$$

$$I_{\mathrm{ph}}=I_{\mathrm{sc}}\left(1+\frac{R_{\mathrm{s}}}{R_{\mathrm{sh}}}\right)+I_0\left(\exp\frac{I_{\mathrm{sc}}R_{\mathrm{s}}}{nV_{\mathrm{th}}}-1\right) \tag{5-5}$$

$$R_{sh} = R_{sho} \tag{5-6}$$

式中，$R_{so}\left(\dfrac{dI}{dV}\Big|_{I=0} = -\dfrac{1}{R_{so}}\right)$是开路电压处的串联电阻；$R_{sho}\left(\dfrac{dI}{dV}\Big|_{V=0} = -\dfrac{1}{R_{sho}}\right)$是短路电流处的并联电阻。类似的方法还有文献[29]提到。

5.1.1.2　采用电池短路与开路情况、最大功率点的特征及电池温变特性提取参数的方法

与上面的方法类似，构建的五个方程中首先以短路电流、开路电压和最大功率点三个测量数据构建三个方程。其他的两个方程中，第一个方程根据最大功率点处功率对电压的导数为零的特征建立；第二个方程基于开路电压随电池温度的变化关系得到[30]，如式(5-7)、式(5-8)所示：

$$\frac{dP}{dV}\Big|_{MPP} = 0 \Leftrightarrow \frac{dI}{dV}\Big|_{MPP} = -\frac{I_m}{V_m} \tag{5-7}$$

$$\beta V_{oc} = \frac{\Delta V_{oc}}{\Delta T} \tag{5-8}$$

式中，P 是电池功率；MPP 是最大功率点；ΔV_{oc}是开路电压的变化；ΔT 是电池温度的变化；β 是电池温升系数。

实际上，式(5-8)指出开路电压与电池温度的变化是线性关系，文献[31]与[32]的研究结果表明这通常是有效的，至少在接近 25℃温度范围内是对的。

5.1.1.3　利用电池电导特性提取参数的方法

为了降低电池五个参数同时提取的难度以及光生电流在参数提取中的影响，有研究对电池 I-V 特性曲线进行求导后，分析得出电池的五个参数[33]。

正向偏压下，由于$V + R_s I \gg kT$，对式(5-1)求导，可得

$$\frac{G}{I_{ph} - I} = -\frac{1}{nV_{th}}(1 + R_s G) \tag{5-9}$$

式中，$G(=dI/dV)$是电流对电压的导数。

首先，依据实验数据中$G/(I_{ph} - I)$与G的关系图中的斜率与截距，得出 R_s 与 n(这里短路电流近似为光生电流)；其次，反向饱和电流是在一个标准评估方法的基础上得到的，即将电流密度的对数与电压做图后线性化，在外推电压为零处得到[34]；最后，依据反向偏压下光生电流与电压的线性关系(即$I_{ph} = V/R_{sh}$)，得到并联电阻或并联电阻导数G_{sh}。

为了进一步验证文献[33]所提方法的正确性，将其与其他文献[35]提取的电池及组件参数进行了对比，具体结果见表 5-1。从表 5-1 可以看出，两种方法的提取结果总体相同，但文献[33]的计算精度远高于数值方法[35]。原因在于使用小的电压步长(通常小于 1mV)可以获得高精度的电导数据等，从而降低噪声的影响，类似的方法还有文献[36]。

表 5-1　文献[33]与文献[35]提取的电池及组件参数对比

参数	电池(33℃)		组件(45℃)	
	文献[33]	文献[35]	文献[33]	文献[35]
G_{sh}/Ω^{-1}	0.02386	0.0186	0.00145	0.00182
R_s/Ω	0.0385	0.0364	1.2293	1.2057
n	1.456	1.4837	48.93	48.45
$I_0/\mu A$	0.46	0.3223	46	3.2876
I_{ph}/A	0.7603	0.7608	1.03	1.0318

5.1.1.4　利用厂商数据表值来估算参数的方法

首先，依据厂商数据表中的标称二极管反向饱和电流与光生电流，基于光强、电池温度、电池材料能带、电池电流温度系数的数据，求解出反向饱和电流与光生电流，具体公式如式(5-10)、式(5-11)所示。然后，利用开路电压、短路电流、最大功率点电流及最大功率点电压，求解出电池的串联电阻、并联电阻[37]。最后，找到理想因子的方法是将其值从 0 逐渐递增，直到并联电阻值变为负数；因此，理想因子的实际值为并联电阻处于最小正值的时候。

反向饱和电流与光生电流的求解方程如下：

$$I_0 = I_{0n}\left(\frac{T}{T_n}\right)^3 \exp\left[\frac{qE_g}{nk}\left(\frac{1}{T_n}-\frac{1}{T}\right)\right] \tag{5-10}$$

$$I_{ph} = \frac{S}{S_n}[I_{pvn} + K_i(T-T_n)] \tag{5-11}$$

式中，I_{0n}、T_n、E_g分别是标称二极管反向饱和电流、标准电池测试温度、电池的材料能带；S、S_n、I_{pvn}、K_i分别是电池受到的辐照强度、标准电池测试辐照强度、标称电池光生电流、电池电流温度系数。

将该方法与文献[38]、[39]中所提方法进行误差对比，发现该方法的误差小于 5%，而文献[38]、[39]的误差分别达到了 12%与 25%。显然，该方法的参数提取精度提高了。当然，由式(5-10)、式(5-11)也可以看出，该方法的参数提取精度与厂商提供的标称数据准确度密切相关且受电池温度估算的热模型影响较大[40]。

由上述解析提取参数方法中四个例子的分析，可以看出该方法基于简单的公式，所以求解五个方程的思路清晰且执行起来很快；但在处理电池的非线性特性时，引入了假设和简化，导致该类方法注定精度不会太高。此外，可以看出该类方法建立的方程需要利用 I-V 特性曲线上的选点，选点处的正确性必将影响提取出的参数的精度，而选点处的数据往往会受噪声影响而波动。

5.1.2　借助 Lambert W 函数提取参数方法

Jain 和 Kapoor 在 2004 首次提出[41]在提取电池参数时使用 Lambert W 函数的方法；该方法的特点是借助于 Lambert W 函数，将式(5-1)化简得到显示表达式；然后结合电池短路电流、开路电压和最大功率点及上述三点的斜率，提取电池五个参数。随后有各种改进方法被提出，下面对涉及此类方法的四个例子进行介绍。

(1)借助于 Lambert W 函数，得到只依赖于理想因子、串联电阻和并联电阻的电流表达式；然后直接用表达式来拟合实验数据并提取电池的参数[42]。

在 Lambert W 函数的帮助下，式(5-1)可表示为

$$
\begin{aligned}
I = \frac{V}{R_s} - \frac{R_{sh}(R_s I_{ph} + R_s I_0 + V)}{R_s(R_{sh} + R_s)} + \frac{nkT}{qR_s} W(x) \\
\times \left[\frac{qR_s I_0 R_{sh}}{(R_s + R_{sh})nkT} \exp \frac{R_{sh} q(R_s I_{ph} + R_s I_0 + V)}{nkT(R_s + R_{sh})} \right]
\end{aligned}
\tag{5-12}
$$

式中，$W(x)$ 是 Lambert W 函数。

式(5-12)仍然不适合用于提取器件参数。当它被直接用于曲线拟合来提取电池五个参数的时候，将会产生非常大的误差。这主要是由于 I_0 和 I_{ph} 值之间有非常大的差异，它们的值之间的差通常大于 6 个数量级。因此，式(5-12)必须处理好后方可用于电池参数提取。

在电池短路和开路情况下以及假设条件 $\left(\varDelta = \exp \dfrac{q(R_s I_{sc} - V_{oc})}{nkT} \ll 1 \right)$ 下，式(5-12)被化简为

$$
\begin{aligned}
I = \frac{nkT}{qR_s} W(x) \left[\frac{qR_s}{nkT} \left(I_{sc} - \frac{V_{oc}}{R_s + R_{sh}} \right) \exp \frac{-qV_{oc}}{nkT} \right. \\
\left. \times \exp \frac{q}{nkT} \left(R_s I_{sc} + \frac{R_{sh} V}{R_s + R_{sh}} \right) \right] + \frac{V}{R_s} - I_{sc} - \frac{R_{sh} V}{(R_s + R_{sh}) R_s}
\end{aligned}
\tag{5-13}
$$

式(5-13)适用于通过非常成熟的最小二乘法提取 n、R_s 和 R_{sh} 参数。提取 n、R_s 和 R_{sh} 后，I_0 和 I_{ph} 可以根据式(5-14)、式(5-15)来计算。

$$I_0=\left(I_{sc}+\frac{R_s I_{sc}-V_{oc}}{R_{sh}}\right)\exp\frac{-qV_{oc}}{nkT} \tag{5-14}$$

$$I_{ph}+I_0=I_{sc}+\frac{R_s I_{sc}}{R_{sh}} \tag{5-15}$$

最小二乘法拟合提取参数的时候，需要 n、R_s 和 R_{sh} 的初始值；对于它们的获取方式如下：在短路情况得到 R_{sh} 初始值，即 $\frac{dV}{dI}\big|_{V=0}=R_{sh}+R_s\approx R_{sh}$；在开路情况得到 n、R_s 的初始值，即根据 $\frac{dV}{dI}\approx\frac{nkT/q}{I_{sc}+I-V/R_{sh}}+R_s$ 中 dV/dI 随 $I_{sc}+I-\frac{V}{R_{sh}}$ 变化的斜率与截距得到。

文献[42]利用上述方法提取的参数重建 I-V 特性曲线，并与文献[36]对比，发现该方法得到的曲线与实验数据的吻合度提高了。类似的方法还在文献[43]提到了，只是该方法是通过短路电流与开路电压处的斜率提取参数初始值。

(2) 上述内容使用 Lambert W 函数显化电池 I-V 关系的时候，以电压为自变量、电流为因变量。Ghani 等[44]提出相反的思路来提取电池参数，式(5-1)可表示为

$$\begin{aligned}f\equiv&-IR_s-IR_{sh}+I_{ph}R_{sh}\\&-nV_{th}W(x)\left(\frac{I_0R_{sh}}{nV_{th}}e^{\frac{R_{sh}(-I+I_{ph}+I_0)}{nV_{th}}}\right)-V=0\end{aligned} \tag{5-16}$$

Ghani 等这样变换的原因在于电压受外界噪声的影响比较容易控制，数据测量更精确。建立五个方程的点从实验 I-V 数据中短路、开路和最大功率点附近选取。此外，迭代计算五个参数时，使用前面讨论的分析来近似获得每一个参数的初始值，如假设理想因子约为 1[45]、光生电流约等于短路电流等。

(3) 从上述分析可知，使用 Lambert W 函数求解参数的时候，初始值的选择非常重要；文献[46]在 $I_{ph}\gg I_0$、$I_{ph}+I_0\approx I_{ph}$、$I_{ph}\approx -I_{sc}$ 及 $R_{sh}\gg R_s$ 的假设下，利用电流电压方程的一阶以及二阶微分方程得到 n、R_s 的和 R_{sh} 的初始值；然后代入基于 Lambert W 函数的显化解中，用最小二乘法求出 n、R_s 和 R_{sh}；最后，代入短路电流与开路电压点计算 I_0 和 I_{ph}。

n、R_s 和 R_{sh} 初始值通过联立式(5-17)～式(5-19)三个方程获得。

$$\frac{dV}{dI}\Big|_{V=0}=R_{sh} \tag{5-17}$$

$$\frac{\mathrm{d}V}{\mathrm{d}I}\bigg|_{I=0}=R_{\mathrm{s}}+\frac{nV_{\mathrm{th}}R_{\mathrm{sh}}}{nV_{\mathrm{th}}-R_{\mathrm{sh}}I_{\mathrm{sc}}-V_{\mathrm{oc}}} \tag{5-18}$$

$$\frac{\mathrm{d}^2V}{\mathrm{d}I^2}=-\frac{nV_{\mathrm{th}}R_{\mathrm{sh}}\left(R_{\mathrm{sh}}-\frac{\mathrm{d}V}{\mathrm{d}I}\right)}{\left[nV_{\mathrm{th}}+R_{\mathrm{sh}}(I-I_{\mathrm{sc}})-V\right]^2} \tag{5-19}$$

文献[46]利用一阶以及二阶微分方程求解初始值的原因在于一阶以及二阶数据的精度更高。

(4) 由于实验测量数据的精度对提取电池参数的精度有很大的影响，因此 Chen 等[47]提出用多项式拟合技术和 Lambert W 函数相结合提取电池参数，原因在于多项式拟合技术可以克服测量噪声对实验数据的影响。

Chen 等的具体做法为，借助 Lambert W 函数，微分方程 $\mathrm{d}V/\mathrm{d}I$ 表示为

$$\frac{\mathrm{d}V}{\mathrm{d}I}=-A-\frac{B}{-V-C\cdot I+D} \tag{5-20}$$

式中，$A=R_{\mathrm{s}}$；$B=nV_{\mathrm{th}}R_{\mathrm{sh}}$；$C=R_{\mathrm{s}}+R_{\mathrm{sh}}$；$D=nV_{\mathrm{th}}+R_{\mathrm{sh}}(I_0+I_{\mathrm{ph}})$。式(5-20)有四个未知参数 A、B、C 和 D。

为了求解上述一阶微分方程中的四个参数，实验 I-V 特性曲线被分割为三阶多项式拟合公式；通过对比式(5-20)与三阶多项式拟合公式之间的关系，求解出 A、B、C 和 D；然后确定 R_{s}、R_{sh}、n 和 $I_{\mathrm{ph}}+I_0=Z$；最后 I_{ph} 和 I_0 通过式(5-21)得到

$$I_{\mathrm{ph}}=[(V+I\cdot C)/R_{\mathrm{sh}}-Z]\cdot\exp\left(-\frac{V+I\cdot R_{\mathrm{s}}}{n\cdot V_{\mathrm{th}}}\right)+Z,\ \ I_0=Z-I_{\mathrm{ph}} \tag{5-21}$$

类似的方法还有文献[48]提到过。

与解析提取参数方法对比，借助 Lambert W 函数提取参数方法可以将式(5-1)化简得到显示表达式，求解得到的电池参数精度较高；但也存在缺点，如每个参数的初始值需要选择以满足迭代求解过程，并且增加了执行数值算法所需的计算时间等。

5.1.3　构建或利用特殊函数提取参数方法

构建特殊函数提取参数方法就是建立新的太阳电池物理形式，并与单二极管模型对应，提取出电池的理想因子等五个参数；利用特殊函数提取参数方法就是通过特殊函数，变换电池超越方程的形式，求解出五个参数。下面介绍涉及此类方法的四个例子。

5.1.3.1 Saleem 和 Karmalkar[49]提出的幂律物理形式

幂律物理形式是指光照下太阳电池的 J-V 曲线用显式幂律函数表示：

$$j = 1-(1-\gamma)v-\gamma v^m, \quad j = J/J_{\mathrm{sc}}, \quad v = V/V_{\mathrm{oc}} \tag{5-22}$$

式中，γ 和 m 是系数，可以从 $V\big|_{J=0.6J_{\mathrm{sc}}}$、$J\big|_{V=0.6V_{\mathrm{oc}}}$ 两个数据点计算得到；J_{sc} 和 V_{oc} 分别是短路电流密度及开路电压。

上述物理形式与单二极管模型对应后，可以得出五个参数，如式(5-23)～式(5-27)所示：

$$n \approx \frac{V_{\mathrm{oc}}}{mV_{\mathrm{th}}}\cdot\frac{0.77m(1-v_{\mathrm{p}})-1}{0.77m\ln(1-v_{\mathrm{p}})-1} \tag{5-23}$$

$$R_{\mathrm{s}} \approx \frac{V_{\mathrm{oc}}}{0.6\gamma mJ_{\mathrm{sc}}}\left(1-\frac{nmV_{\mathrm{th}}}{V_{\mathrm{oc}}}\right)-0.1 \tag{5-24}$$

$$J_{\mathrm{s}} \approx \gamma J_{\mathrm{sc}}\mathrm{e}^{-V_{\mathrm{oc}}/(nV_{\mathrm{th}})} \tag{5-25}$$

$$R_{\mathrm{sh}} \approx \frac{V_{\mathrm{oc}}}{J_{\mathrm{sc}}}\left[1-\gamma-\frac{\gamma}{0.6}\times\exp\frac{(0.4+0.6\gamma)J_{\mathrm{sc}}R_{\mathrm{s}}-0.4V_{\mathrm{oc}}}{nV_{\mathrm{th}}}\right]^{-1} \tag{5-26}$$

$$J_{\mathrm{sc}} \approx J_{\mathrm{ph}}(1+R_{\mathrm{s}}/R_{\mathrm{sh}})^{-1} \tag{5-27}$$

式中，$v_{\mathrm{p}} \approx (m+1)^{-1/m}-0.05(1-\gamma)$。类似的方法还有文献[50]提到过。

5.1.3.2 使用特殊反式函数理论(STFT)解超越方程式(5-1)[51]

利用 tans+(D) 函数[52]，超越方程式(5-1)的解有如下形式：

$$I = \frac{I_0+I_{\mathrm{ph}}-V/R_{\mathrm{sh}}}{1+R_{\mathrm{s}}/R_{\mathrm{sh}}}\left[D\cdot\frac{\sum\limits_{l=0}^{[x]}D^l(x-l)^l/l!}{\sum\limits_{l=0}^{[x+1]}D^l(x+1-l)^l/l!}\cdot\frac{nV_{\mathrm{th}}(1+R_{\mathrm{s}}/R_{\mathrm{sh}})}{R_{\mathrm{s}}(I_0+I_{\mathrm{ph}}-V/R_{\mathrm{sh}})}-1\right] \tag{5-28}$$

式中，$[x]$是测量数据的最大整数；l 是变量。

利用解析方法得到初始值后，采用式(5-28)就可以拟合实验数据求解出电池的理想因子等[53]。表 5-2 是文献[51]与[54]获得的蓝太阳电池与灰太阳电池的理想因子对比；从表 5-2 可以看出，由 STFT 法得到的理想因子比由 Lambert W 函数方法[54]提取的理想因子的精度明显提高。实际上，特殊反式函数理论是一种新的理论，它不涉及近似，给出了电池超越方程的显式解。显然，该方法具有较高的计算精度，且具有较小的计算量和计算时间；给出的技术路线相比 Lambert W 函数方法更占优。

表 5-2　文献[51]与[54]获得的蓝太阳电池与灰太阳电池理想因子对比

太阳电池	STFT 法[51]		Lamber W 函数方法[54]	
	n	精度/%	n	精度/%
蓝太阳电池	1.5013	0.04	1.5056	0.246
灰太阳电池	1.7217	0.046	1.727	0.0261

5.1.3.3　构建只有三个参数的紧致物理形式

有研究提出了用只有三个参数的紧致物理形式[55]来描述电池特性，然后采用对应函数提取电池五个参数，紧致物理形式为

$$J = J_{sc}(1 - aV^b) - g_d V \tag{5-29}$$

式中，a、b、g_d 是紧致物理形式中的参数；线性项 $g_d V$ 表示电池并联电阻和功率大小对其性能的影响；aV^b 反映了电池空间电荷的漏电流、隧道电流等。

首先，根据 I-V 实验数据，确定式(5-29)中的参数；然后对应单二极管模型就可以得到电池五个参数。例如，串联电阻 $R_s = 1/(g_d - abJ_{sc}V_{oc}^{b-1})$。与其他复杂隐式函数相比，紧致物理形式不需要数值迭代。

5.1.3.4　构建只有两个参数的电池特性表达式

有研究提出了只有两个参数的电池特性表达式[56]，如式(5-30)所示：

$$I = \left(\frac{I_{sc}}{e^{A\cdot V_{oc}} - 1} + BV\right)\cdot(e^{A\cdot V_{oc}} - e^{A\cdot V}) \tag{5-30}$$

式中，A 与 B 是方程的参数。

该研究首先利用 Levenberg-Marquardt 算法、高斯-牛顿算法、差分进化算法(这些算法是求解非线性最小二乘问题的最标准技术)使得理论数据点与测量数据点之间的误差最小，寻找出 A 与 B 参数值；然后，对应式(5-1)求得电池五个参数。类似的还有 Akbaba 和 Aiattawi 建立的电池特性表达式[57]，为 $J = (V_{oc} - V)/[(V_{oc}/J_{sc}) - CV + DV^2]$，其中 C 与 D 是方程参数。其他还有借助 Green 函数[58]等数学公式来提取参数，但这是一个更复杂的方法。

构建或利用特殊函数提取参数方法，本质上是提出先验的电池特性封闭形式解或利用特殊函数求解出电池方程的形式解。该类方法避免了任何斜率点数据的

测量，相对精度较高。显然，该类方法提取的参数的精度受限于特殊函数是否能够合理并准确地描述电池的输出特性。

5.1.4 利用智能算法提取参数方法

考虑到太阳电池发电具有强非线性属性，电池参数也随外界环境等迅速变化，有研究提出一些仿生的、随机的概率搜索方法来提取电池参数[59-61]。基本思想是以迭代的方式操作，使实验与理论值最小化从而提取电池五个参数，如粒子群优化算法、遗传算法和差异演化算法等。下面对涉及此类方法的四个例子进行介绍。

5.1.4.1 遗传算法用于电池参数提取[62-65]

为了数值处理 *I-V* 实验曲线，有研究执行了一个基于遗传算法的理论拟合来提取电池参数。拟合过程中所采用的误差准则是理论值和实验值之间的平方差之和最小[66]。设置的最小化函数由式(5-31)定义：

$$\chi = \sum_{i=1}^{m}[I_i^{\exp} - I(V_i,\theta)]^2 \tag{5-31}$$

式中，$I_i^{\exp}$ 是在 V_i 偏置的测量电流；m 是数据的个数；$\theta = (I_{ph}, I_0, n, R_s, R_{sh})$ 是模型参数的集合；$I(V_i,\theta)$ 是预测电流。

遗传算法用于电池参数提取的基本过程是：定义参数及最小化函数，创造种群并初始化，评估最小化函数，通过遗传操作(选择、交叉、变异)生成新种群，测试收敛性能，得到五个参数的最佳值。三种遗传操作的意义分别是：①选择，此过程用于选择染色体，只有最好的染色体保留为下一代，而坏的则被丢弃，选择的目的是把优化的个体直接遗传到下一代；②交叉，此过程需要两个当前世代选定的染色体与优化的个体杂交而获得两个新个体；③变异，对群体中某些基因座上的基因值做变动或引入一些变化。

实际上，上述从实验数据中搜索出的光生电流等五个参数是以非凸优化问题的形式提出来的。传统的非线性规划技术，如牛顿-拉弗森(Newton-Raphson)算法，解决这个问题时处理得并不好，因为初始条件会影响陷入局部最优解的可能，而遗传算法克服了这个问题。但是，遗传算法也存在不足之处[67]。首先，当使用高本源性目标函数，即当被优化的参数高度相关时，搜索效率低。其次，交叉和变异算子并不总能保证后代具有更好的适应性，因为种群中的个体具有相似的结构，并且在进化过程结束时其平均适应度较高。再次，在多变量优化问题的情况下，遗传算法具有陷入局部极小值而不是全局最优的趋势，这可能是交叉和变异概率选择不当所致。最后，对这类算法的搜索速度适当优化是非常烦琐的，而且依问题而变得十分复杂。

5.1.4.2　粒子群优化算法用于电池参数提取[68,69]

粒子群优化算法源于对群体性鸟类寻找食物行为的模拟，假设鸟群中的每只鸟都不知道将要寻找的食物的具体位置，而食物的位置是随机的，最初寻找食物时鸟群都是分散的，而当一只鸟找到食物所在的位置后所有的鸟就会迅速聚集在某一点。若将一只鸟当作粒子群优化算法中的一个粒子，那么每个粒子都有其自身的位置、速度和适应度函数。找到食物的位置，即是粒子群优化算法要求出的潜在最优解。

Ye 等[70]提出的粒子群优化算法流程如下。

第一步，初始化粒子。首先初始化粒子群优化算法中各个参数的数值，包括种群规模、学习因子、惯性权重、迭代次数或者收敛精度、搜索空间的维数、粒子的初始速度以及位置等。

第二步，评价粒子。由适应度函数计算出粒子的适应度值，比较出群体中的个体最优值 pbest 和全局最优值 gbest，再把当前迭代后各粒子的适应度值以及位置存储于各个粒子的个体最优值中，把所有个体最优值中适应度值最优的粒子的位置以及适应度值存储于全局最优值中。

第三步，更新粒子。根据公式更新粒子的位置和速度，如果粒子的速度和位置超出设置的上下限则将其设置为上限或者下限。

第四步，重新计算最优值。重新计算粒子的适应度值并和之前的值比较，更新个体最优值与全局最优值。

第五步，检验是否终止。如果搜索结果达到收敛精度或者是达到设定的迭代次数，那么迭代终止并输出最终解。如果不满足，就跳转至第三步继续迭代计算。

可以看出，粒子群优化算法在两个方面优于遗传算法：①它不像遗传算法那样需要二进制编码的转换和特殊遗传算子；②粒子群优化算法不受遗传算法中复杂计算的影响。但粒子群优化算法也有缺点[71]：①不能保证提取参数的一致性；②需要大量迭代才能将解收敛到全局最优。

5.1.4.3　基于教学的优化算法用于电池参数提取

近年来，Rao 等[72]提出基于教学的优化算法用于电池参数提取，该方法模拟了教师对学员的教学过程和学员的学习过程，目的是通过教师的“教”和学员之间的相互“学习”来提高学员的学习成绩。基于教学的优化算法具有参数少、算法简单、易理解、求解速度快、精度高且具有极强的收敛能力等特点。下面以 Patel 等[73]提出的基于教学的优化算法进行阐述，算法的详细流程如下。

(1)初始化班级。

对参数等进行初始化。

(2)“教”阶段。

采用如下方法实现“教”的过程，“教”完成后，更新学员。“教”的方法是寻找教师 $X_{teacher}$ 和学员平均值之间的差异性，公式如下：

$$X_{new} = X_i + r \cdot [X_{teacher} - (T_F \cdot X_{mean})] \tag{5-32}$$

式中，X_i、X_{new} 是第 i 个学员学习前和学习后的值；r 是学习步长；X_{mean} 是所有学员的平均值；T_F 是教学因子。

(3)“学”阶段。

采用式(5-33)和式(5-34)实现“学”的过程，“学”完成后，更新操作：

$$X_{new} = X_i + r(X_i - X_j), \qquad f(X_i) \geqslant f(X_j),\ i \neq j \tag{5-33}$$

$$X_{new} = X_i + r(X_j - X_i), \qquad f(X_i) < f(X_j),\ i \neq j \tag{5-34}$$

式中，$f(\cdot)$ 是适应度函数值。

如果 X_i 比 X_j 好，那么 X_j 移向 X_i，如式(5-33)所示；否则，如式(5-34)所示。只有在 X_{new} 比 X_i 优时，X_i 才被 X_{new} 替代。

(4)如果满足结束条件，则优化结束，否则转至流程(2)继续。

已经证明，基于教学的优化算法可以解决大范围的全局优化问题，可以用少量的控制变量得到与最初种群数量无关的全局最优解。

5.1.4.4 基于神经网络的电池参数识别方法

首先利用人工神经网络提取电池参数的是 Singh 等[74]，事实上，他们的研究发现，通过多输入多输出神经网络直接提取电池五个参数是一项非常困难的任务。其后有研究利用神经网络的泛化能力结合单二极管模型的简化形式提取电池参数[75]，简化形式是指一系列明确的解析公式，该研究只是利用神经网络提取电池五个参数中的两个，其他三个参数是用简化形式(即封闭形式的解析方程)计算得到的。从计算成本和参数估计准确度的角度来看，这种五个参数的混合提取方法是有效的。

提取方法的流程为将 V_{oc}、I_{sc}、V_m、I_m、$\alpha_T^{\%}$、$\beta_T^{\%}$（$\alpha_T^{\%}$、$\beta_T^{\%}$ 分别为短路电流温度系数以及开路电压温度系数）输入神经网络，提取出电池串联电阻和理想因子[76]。然后，将上述值和电池短路电流、开路电压、最大功率点电流和最大功率点电压等代入封闭方程组，解得其他三个参数。类似的方法还有使用全局搜索的细菌觅食算法[77]、猫群优化算法[78]等。为此，有人对比研究了六个生物优化算法，即遗传算法、差分演化算法、粒子群优化算法、细菌觅食算法、人工蜂群算法和杜鹃搜索算法。结果表明，杜鹃搜索算法在这些生物优化算法中更加鲁棒和精确[79]。

一般来说，利用智能算法提取参数方法虽然具有精度较高的特点，但都对控制参数高度敏感[80]；所以往往由于缺乏准确的初始条件而导致不能收敛[81]。例如，粒子群优化算法的主要缺点是早熟和种群多样性的损失等[82]。实际上，各种算法提取电池参数的本质是并行、随机、有一定方向的搜索方法。算法中新解的产生机制和接受机制对于搜索中的全局收敛能力十分重要，有助于克服局部最优问题。尽管各种算法都有其优点，但不可否认缺点也很明显，这里涉及有效初始参数的设置、迭代停止条件等。所以，目前的研究重点还是结合各种算法的特点，开发新的搜索理论。

5.1.5　总结与展望

近年来，太阳电池单二极管模型参数的提取方法涌现出了各种不同的新理念、新思想，从不同角度对提取精度与速度进行了深入研究，取得了令人瞩目的丰硕成果。然而，面对电池参数提取问题仍然有下列值得深入研究的内容：①可否针对不同的电池特性，提出快速且高精度的电池参数提取方法，因为不同电池，如染料敏化电池、硅系电池等具有各自的特点，有针对性的电池参数提取方法可能更好；②可否针对非线性方程迭代求解，提出并完善合适的初始值选择方法，如通过特殊函数来甄别初始值，这样既可以避免局部最优提高全局搜索能力，也可以提高搜索速度。此外，结合现有方法的优点实现高效的参数提取，发展混合方法也是一个好的思路。同时，也需要更多地关注材料的基本性质、深入研究和理解电池工作原理，这能为人们寻找更简单的方法提供基础。

5.2　提取太阳电池参数中解析方法和显函数方法

从上述电池参数提取方法的阐述中，可以看出在所有方法中最有效的和最重要的有两种方法。一种为解析方法[83-85]，即根据太阳电池电流电压特性曲线上的短路电流、开路电压、短路点附近的斜率、开路点附近的斜率、最大功率点电压和最大功率点电流 6 个测量值，将电流输出方程转化为封闭代数方程组，然后拟合得到太阳电池参数。另一种就是显函数方法[86-89]，即将太阳电池电流输出方程转化为 Lambert W 函数，该函数是电流和电压的代数函数，电池五个参数从相关系数中二次拟合出来。尽管有研究表明这两种方法可以实现太阳电池参数提取，但是还未有研究比较这两种方法在提取太阳参数过程中的优劣，以及两种方法本身的误差来源。

为此，本节从误差和效率方面研究解析方法和显函数方法在提取太阳电池参数方面的规律，研究比较两种方法在提取太阳电池参数中的优劣，分析两种方法本身的误差来源。

5.2.1　理论基础及拟合过程

本节以文献[85]～[87]中单晶硅太阳电池组件在 S=1000W/m^2、T=25℃条件下的电流电压实验数据为例，分别讨论基于解析方法[85]和显函数方法[89]提取太阳电池参数的不同之处。解析方法的具体过程：先通过解析解求得硅太阳电池电流方程的 5 个未知参数；然后将参数代入硅太阳电池的电流方程中，根据实验的电压值，求得相应的计算电流值。显函数方法的具体过程：先将太阳电池电流方程通过 Lambert W 函数显化，再利用非线性最小二乘法拟合实验的电流电压值得出 5 个参数；然后将 5 个参数代入显化方程，根据已知实验测得电压值，求出对应电流值。为了判断两种方法的拟合精度，定义均方根误差(RMSE)作为迭代的目标函数。均方根误差的定义为

$$\mathrm{RMSE} = \left[(1/m)\sum_{i=1}^{m}(I_i - I_i^{\mathrm{cal}}) \right]^{1/2} \tag{5-35}$$

式中，m 是太阳电池电流电压测量数据样本点个数；I_i、I_i^{cal} 分别是同一个电压测量数据下的测量电流值和计算电流值。RMSE 越小，说明拟合精度越高。

5.2.2 拟合结果及分析

图 5-1 是太阳电池组件实验测量电流电压特性数据与理论拟合曲线。从图中总体可以看出解析方法和显函数方法都能较好地拟合测量数据。这说明太阳电池直流模型的电流方程中 5 个参数可利用解析方法和显函数方法求得。注意到当电压小于 35V 的时候，两种方法的拟合曲线略有差别，特别是在最大功率点附近的拟合差别很大。而当电压大于 35V 以后，两种方法的拟合曲线几乎重合。这说明两种拟合方法都受测量电压的影响，在大电压小电流区域两种拟合方法基本一致。

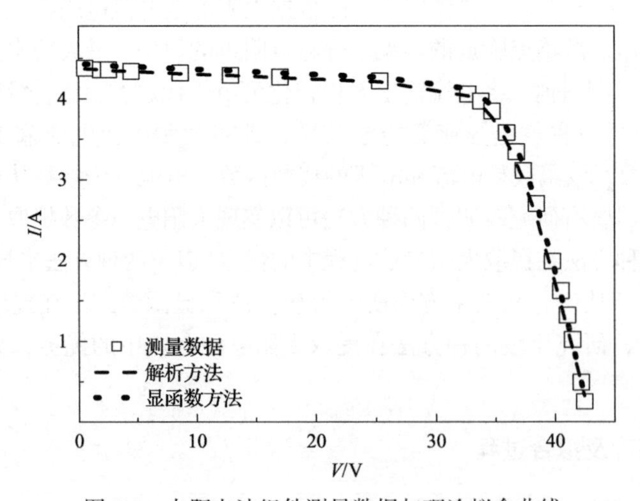

图 5-1　太阳电池组件测量数据与理论拟合曲线

两种方法拟合出的 5 个太阳电池参数、均方根误差和拟合程序运行时间见表 5-3。从拟合出的 5 个参数可以看出，两种方法得到的串联电阻、并联电阻、反向饱和电流和光生电流不同，而得到的理想因子一致。从参数数值对比可以看出不同拟合方法对串联电阻 R_s 和光生电流 I_{ph} 的影响较大，分别相差 14%和 21%左右；而并联电阻 R_{sh} 和反向饱和电流 I_0 分别相差 0.3%和 4%，拟合方法对结果影响很小。不同方法对串联电阻和光生电流拟合结果影响大的原因可能是太阳电池非线性特征受它们影响较大，所以比较容易出现误差。此外，注意到太阳电池并联电阻和反向饱和电流受拟合方法影响很小，原因可能是受非线性影响小。值得注意的是理想因子不随拟合方法而变化，原因可能是理想因子反映的是太阳电池的非线性特征，即理想因子由电流电压特性曲线中的拐点决定[90]，所以当测量结果曲线拐点确定后，不同的方法对拟合结果没有影响。

表 5-3　两种方法拟合出的 5 个太阳电池参数、均方根误差和程序运行时间

方法	R_s/Ω	R_{sh}/Ω	I_0/A	I_{ph}/A	n	RMSE/A	t/s
解析方法	1.23	155.37	1.54×10^{-12}	5.404	58.37	0.0920	0.0160
显函数方法	1.08	155.42	1.60×10^{-12}	4.461	58.37	0.0563	19.316

从表 5-3 中的结果注意到两种方法的 RMSE 不一样，显函数方法的 RMSE 只是解析方法的一半左右；也就是说显函数方法的拟合精度比解析方法高一倍左右。从程序运行时间可以看出，解析方法的运行时间明显小于显函数方法，解析方法所需时间仅是显函数方法所需时间的 1%左右，也即解析方法的效率明显高于显函数方法。两种方法出现以上差别的主要原因在于：解析方法为顺序程序运算，即已知前面的一个未知数求得后一个方程中的未知数；而显函数方法的主要思想是非线性最小二乘法，它根据实验值对给定的初值不断地进行迭代，直到得到最优解为止。所以，在实验数据较多的情况下选择解析方法提取太阳电池参数，可以实现效率高且误差也不是很大的目的。

上面讨论了解析方法与显函数方法在提取太阳电池参数中的差别，下面分别讨论解析方法中不同最大功率点对拟合参数的影响以及显函数方法中不同初值对拟合参数的影响。表 5-4 是解析方法中选取不同最大功率点拟合出的太阳电池参数结果。从表 5-4 可以看出选取不同最大功率点对求解的 5 个参数结果都有影响。值得注意的是选取不同最大功率点对并联电阻和光生电流影响不大，这与上面不同拟合方法得到的结论相似。特别要注意的是理想因子在不同最大功率点下的拟合结果出现了较大的差别，原因就是最大功率点选择不同，那么电流电压特性曲线中的拐点也就不同，导致拟合结果差别很大。由以上分析可知，最大功率点选取是否合适将影响拟合参数的结果。所以在太阳电池电流电压测量过程中，需要设备精度高、测量步长短，这样才可以更加准确地找到最大功率点。

表 5-4 解析方法中选取不同最大功率点拟合出的太阳电池参数结果

V_m/V	I_m/A	P_{max}/W	R_s/Ω	R_{sh}/Ω	I_0/A	I_{ph}/A	n
33.68	3.96	133.37	1.23	155.37	1.54×10^{-12}	4.404	58.37
32.96	4.04	133.15	1.38	155.22	6.19×10^{-12}	4.412	33.24
33.65	3.95	132.91	1.21	155.39	7.27×10^{-12}	4.401	61.72

表 5-5 是显函数方法中选取不同初始值拟合出的太阳电池参数结果。从表 5-5 可以看出显函数方法拟合太阳电池参数过程中，当初始值选取大于或小于(5%或 2%)原初值的时候，拟合结果都与原初值有差别。特别注意到当初始值选择为大于原初值的时候，拟合出的 5 个参数基本都大于原初值；否则，就会小于原初值。可能的原因是显函数迭代拟合过程中算法是线性的。

表 5-5 显函数方法中选取不同初始值拟合出的太阳电池参数

参数	原初值	原初值×102%	拟合值 1	原初值×98%	拟合值 2	原初值×105%	拟合值 3	原初值×95%	拟合值 4
R_s/Ω	1.23	1.25	1.07	1.21	1.21	1.29	1.29	1.17	1.06
R_{sh}/Ω	155.37	158.48	158.46	152.26	150.71	163.14	163.13	147.60	147.71
I_0/A	1.54×10^{-12}	1.57×10^{-12}	3.23×10^{-12}	1.51×10^{-12}	0.57×10^{-12}	1.62×10^{-12}	5.55×10^{-12}	1.46×10^{-12}	0.35×10^{-12}
I_{ph}/A	4.404	4.492	4.428	4.316	4.316	4.624	4.624	4.184	4.389
n	58.37	59.54	59.86	57.20	56.62	61.29	61.28	55.45	55.45
RMSE	—	—	0.0404	—	0.0893	—	0.1539	—	0.0422

5.2.3 结论

基于太阳电池直流模型的电流方程得出，解析方法和显函数方法都能很好地拟合求解它的 5 个参数值。通过对比两种方法，发现显函数方法的拟合精度高于解析方法，但解析方法的效率高于显函数方法。从解析方法中选取不同最大功率点对拟合出的太阳电池参数结果进行分析，可知最大功率点选取得是否合适将影响拟合参数的结果。对显函数方法中选取不同初始值拟合出的太阳电池参数结果进行分析，可知显函数方法中参数初始值的选择非常重要，好的初始值可以大大提高拟合精度。所以，在工程领域太阳电池电流电压测量过程中，需要设备精度高，测量步长短，那么实验数据就多，就可以更加准确地找到最大功率点；这种情况下选择解析方法提取太阳电池参数，可以实现效率高且误差也不是很大的目的。此项研究对于当前太阳电池参数提取方法的研究具有重要的指导意义。

5.3　基于 Lambert W 函数和多项式拟合提取太阳电池五个参数的方法及光强对参数的影响规律

在所有方法中利用 Lambert W 函数易于显化求解的特性给出五个电性参数的解析结果引起了人们的关注。但该方法需要大量的采样数据，才能避免不合理采样造成的参数提取偏差。为此，有研究采用不同电流电压区间的多项式拟合结合 Lambert W 函数来提高参数提取精度[91]。但是如何选取拟合区间成为影响参数提取精度的关键问题。此外，研究还发现五个电性参数值受外界温度与光强影响严重，它们反映了器件发电过程中载流子复合等动力学过程，是评估发电效率的重要途径[92,93]。已有研究表明，多晶硅电池的开路电压及填充因子主要受空间电荷区的复合影响[94]，而薄膜太阳电池界面处缺陷复合占优[95]。

为此，本节基于 Lambert W 函数和多项式拟合，提出一种太阳电池参数提取方法，该方法使用文献中的数据，讨论其可靠性并将该方法应用于 InGaP/InGaAs/Ge 三结太阳电池参数的提取，讨论并分析五个电性参数随光强变化的机理。

5.3.1　参数提取方法的理论及应用

5.3.1.1　提取理论

首先，利用 Lambert W 函数显化太阳电池电流输出超越方程，并对其积分得到显化积分方程 H[96]：

$$
\begin{aligned}
H &= \int_0^V I\mathrm{d}V = \int_0^V \left[\frac{R_{\mathrm{sh}}(I_{\mathrm{ph}}+I_0)-V}{R_{\mathrm{s}}+R_{\mathrm{sh}}} - \frac{nV_{\mathrm{th}}}{R_{\mathrm{s}}}W(x)\right]\mathrm{d}V \\
&= \frac{R_{\mathrm{sh}}}{R_{\mathrm{s}}+R_{\mathrm{sh}}}(I_{\mathrm{ph}}+I_0)V - \frac{1}{2(R_{\mathrm{s}}+R_{\mathrm{sh}})}V^2 - \frac{R_{\mathrm{s}}(R_{\mathrm{s}}+R_{\mathrm{sh}})}{2R_{\mathrm{sh}}} \\
&\quad \times \left\{\left[\frac{R_{\mathrm{sh}}(I_{\mathrm{ph}}+I_0)}{R_{\mathrm{s}}+R_{\mathrm{sh}}} - \frac{V}{R_{\mathrm{s}}+R_{\mathrm{sh}}} - I\right]^2 - \left[\frac{R_{\mathrm{sh}}(I_{\mathrm{ph}}+I_0)}{R_{\mathrm{s}}+R_{\mathrm{sh}}} - I_{\mathrm{sc}}\right]^2\right\} \\
&\quad - \frac{nV_{\mathrm{th}}(R_{\mathrm{s}}+R_{\mathrm{sh}})}{R_{\mathrm{sh}}}\left(\frac{-V}{R_{\mathrm{s}}+R_{\mathrm{sh}}} - I + I_{\mathrm{sc}}\right)
\end{aligned}
\tag{5-36}
$$

式中，$W(x)$ 是 Lambert W 函数，$x = \dfrac{R_{\mathrm{s}}R_{\mathrm{sh}}I_0}{nV_{\mathrm{th}}(R_{\mathrm{s}}+R_{\mathrm{sh}})}\exp\dfrac{R_{\mathrm{sh}}(R_{\mathrm{s}}I_{\mathrm{ph}}+R_{\mathrm{s}}I_0+V)}{nV_{\mathrm{th}}(R_{\mathrm{s}}+R_{\mathrm{sh}})}$。

然后，根据质点平抛运动轨迹与电池伏安特性曲线之间的相似性[97]，将曲线分为三段拟合后积分，拟合式分别为一次多项式、二次多项式和二次多项式，得分段积分方程 F 如下：

$$F=\begin{cases} A_1V+\dfrac{1}{2}B_1V^2, \quad 0\leqslant V<\dfrac{(3I_{\rm m}-2I_{\rm sc})V_{\rm m}}{I_{\rm m}} \\ A_2V+\dfrac{1}{2}B_2V^2+\dfrac{1}{3}C_2V^3+\left[A_1\dfrac{3I_{\rm m}-2I_{\rm sc}}{I_{\rm m}}V_{\rm m}\right. \\ \left.+\dfrac{1}{2}B_1\left(\dfrac{3I_{\rm m}-2I_{\rm sc}}{I_{\rm m}}V_{\rm m}\right)^2\right]-\left[A_2\dfrac{3I_{\rm m}-2I_{\rm sc}}{I_{\rm m}}V_{\rm m}, \quad \dfrac{(3I_{\rm m}-2I_{\rm sc})V_{\rm m}}{I_{\rm m}}\leqslant V<V_{\rm m}\right. \\ \left.+\dfrac{1}{2}B_2\left(\dfrac{3I_{\rm m}-2I_{\rm sc}}{I_{\rm m}}V_{\rm m}\right)^2+\dfrac{1}{3}C_2\left(\dfrac{3I_{\rm m}-2I_{\rm sc}}{I_{\rm m}}V_{\rm m}\right)^3\right] \\ A_3V+\dfrac{1}{2}B_3V^2+\dfrac{1}{3}C_3V^3+\left\{A_2V_{\rm m}+\dfrac{1}{2}B_2V_{\rm m}^2+\dfrac{1}{3}C_2V_{\rm m}^3+\left[A_1\dfrac{3I_{\rm m}-2I_{\rm sc}}{I_{\rm m}}V_{\rm m}\right.\right. \\ \left.+\dfrac{1}{2}B_1\left(\dfrac{3I_{\rm m}-2I_{\rm sc}}{I_{\rm m}}V_{\rm m}\right)^2\right]-\left[A_2\dfrac{3I_{\rm m}-2I_{\rm sc}}{I_{\rm m}}V_{\rm m}+\dfrac{1}{2}B_2\left(\dfrac{3I_{\rm m}-2I_{\rm sc}}{I_{\rm m}}V_{\rm m}\right)^2, \quad V_{\rm m}\leqslant V<V_{\rm oc}\right. \\ \left.\left.+\dfrac{1}{3}C_2\left(\dfrac{3I_{\rm m}-2I_{\rm sc}}{I_{\rm m}}V_{\rm m}\right)^3\right]\right\}-\left(A_3V_{\rm m}+\dfrac{1}{2}B_3V_{\rm m}^2+\dfrac{1}{3}C_3V_{\rm m}^3\right) \end{cases} \tag{5-37}$$

式中，$I_{\rm sc}$、$V_{\rm oc}$、$I_{\rm m}$ 和 $V_{\rm m}$ 分别为太阳电池短路电流、开路电压、最大功率点电流和最大功率点电压；A_1、A_2、A_3、B_1、B_2、B_3、C_2 和 C_3 分别为伏安特性曲线的分段拟合系数。

最后，根据电池伏安特性曲线上的测量值，建立显化积分方程与分段积分方程相等的方程组(即式(5-36)与式(5-37)相等的方程组)，从而求解出电池光生电流、理想因子、反向饱和电流、串联电阻和并联电阻五个电性参数。从上述提取理论可以看出，该方法易于掌握和计算，同时避免了以往采用高阶多项式进行全局拟合时的曲线振荡现象(即龙格现象)，且可以克服测量中的数据噪声，提高参数提取精度，减少误差。通过 I-V 特性曲线全局拟合 RMSE 以及平均绝对相对误差(MAPE)来判断方法的精确性。平均绝对相对误差定义为

$$\text{MAPE}=(100\%/m)\sum_{i=1}^{m}\left|\frac{I_i-I_i^{\rm cal}}{I_i}\right| \tag{5-38}$$

式中，m 是采样点个数；I_i 是第 i 个实验电流数据；$I_i^{\rm cal}$ 是计算的第 i 个电流数据。

5.3.1.2 应用于文献中数据

采用文献[35]对温度 33℃下商用单晶硅太阳电池的测试的电流和电压数据提取参数。在 MATLAB/Simulink 平台下，将参数提取结果与文献[91]对比，如图 5-2

所示。

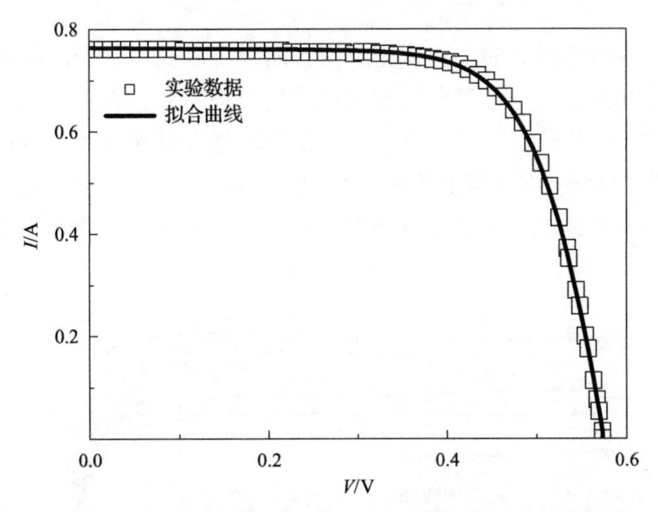

图 5-2　单晶硅太阳电池电流电压实验数据与理论拟合曲线

图 5-2 是单晶硅太阳电池电流电压实验数据与理论拟合曲线。提取出的参数对比结果如表 5-6 所示。从图 5-2 中可以看出实验数据和理论曲线总体符合得很好，说明该方法适用于参数提取。表 5-6 可以看出，提取出的五个参数与文献[91]的结果十分接近，且注意到电池伏安特性实验数据与拟合曲线的均方根误差为 0.0047A，平均绝对相对误差仅为 0.94%，说明该方法不仅可以精确地求解出电池的五个参数，而且误差很小。

表 5-6　提取出的参数对比

方法	I_{ph}/A	I_0/A	n	R_s/Ω	R_{sh}/Ω
文献[91]	0.7617	3.223×10^{-7}	1.4837	0.0364	53.76
本书方法	0.7611	4.581×10^{-7}	1.5321	0.0423	63.22

5.3.2　实验内容及结果分析

5.3.2.1　实验装置、样品结构及测量方法

本节采用 Newport 公司生产的 AAA 级 Sol3A 太阳光模拟器以及吉时利 2400 数字源表，测量了银盛科技服务集团有限公司生产的 InGaP/InGaAs/Ge 三结太阳电池在不同光强下的伏安特性曲线；三结太阳电池子电池的厚度分别约为 1μm、3μm 和 2μm。每两个子电池之间夹了一层隧穿势垒，势垒的厚度约为 0.03μm。整个电池片的尺寸为 10mm×10mm。测量时，入射光强分别为 700W/m^2、800W/m^2、900W/m^2、1000W/m^2、1100W/m^2。测试条件为室温通风，且保证每次的操作条件相同。

5.3.2.2　结果讨论与分析

图 5-3 是不同光强下的实验数据及拟合曲线，以及拟合误差随光强的变化。从图 5-3(a)可以看出，光强对电池输出特性的影响明显，光强越大，短路电流越大，而开路电压几乎没有改变，原因是短路电流与入射光强几乎成正比，而开路电压主要受器件材料的禁带宽度影响[98]。从图 5-3(b)可以看出，无论是 RMSE 还是 MAPE 都随着光强的增大而总体下降，原因可能是随着光强增大，噪声对测量的影响下降。注意到，所有光强下 MAPE 都在 3%以下。

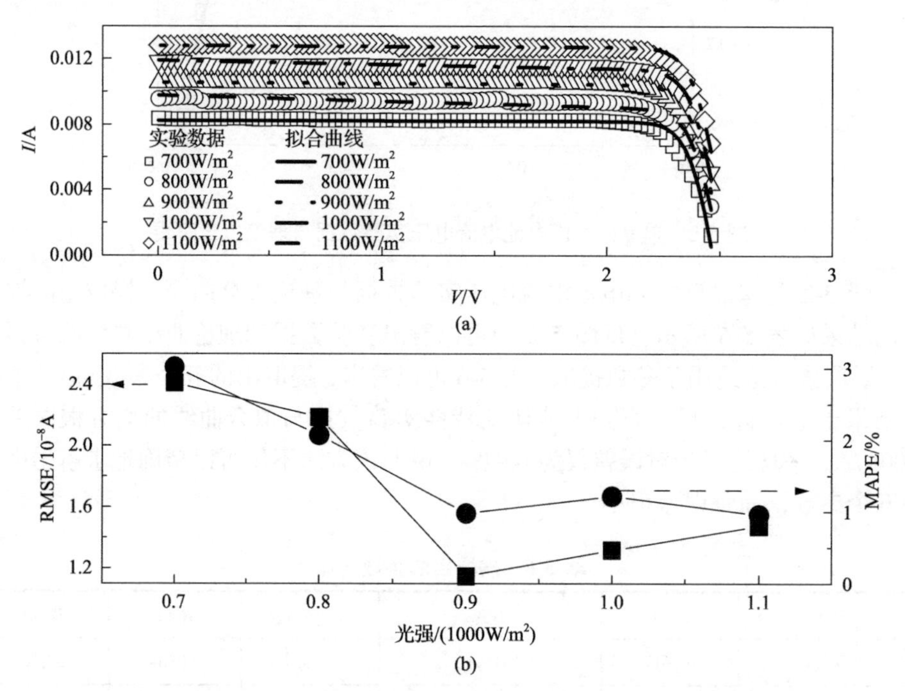

图 5-3　不同光强下的实验数据和拟合曲线以及拟合误差随光强的变化

图 5-4 是提取出的五个参数随光强的变化。从图 5-4(a)可以看出光生电流随光强的增加而几乎线性增加，原因是光生电流与入射光子数成正比。而且注意到光生电流是从 0.0083A 增加到 0.0123A，增长了大约 48%。这间接证明了提取出的参数的变化趋势的正确性。从图 5-4(b)可以看出，理想因子与反向饱和电流随光强的增加而下降，分别下降了约 8%和 6%。实际上，理想因子与反向饱和电流主要受器件中载流子的复合影响，复合越强，载流子寿命越短，理想因子与反向饱和电流越大。因此，随着光强增大，器件中费米能级抬高，导致空间复合减少，从而理想因子与反向饱和电流减少。根据电池转换效率的定义，可获得该测试样品在 $700W/m^2$、$800W/m^2$、$900W/m^2$、$1000W/m^2$ 及 $1100W/m^2$ 下的电池转换效率

分别为 24.5039%、24.5552%、24.6343%、24.6514%及 24.7238%。这也进一步说明复合电流减少，电池转换效率上升。从图 5-4(c)可以看出，串并联电阻都随光强的增加而减小；注意到串联电阻下降了 0.2%，几乎没有变化；而并联电阻下降了 65%。原因在于串联电阻主要由器件的本征电阻决定，且参数的值较小，所以受光强的影响很小；而并联电阻却由电池中的高电导路径决定，所以受光强影响的电池界面处非线性特征可能大大增加了电池边缘的分流路径，从而降低了并联电阻[99,100]。

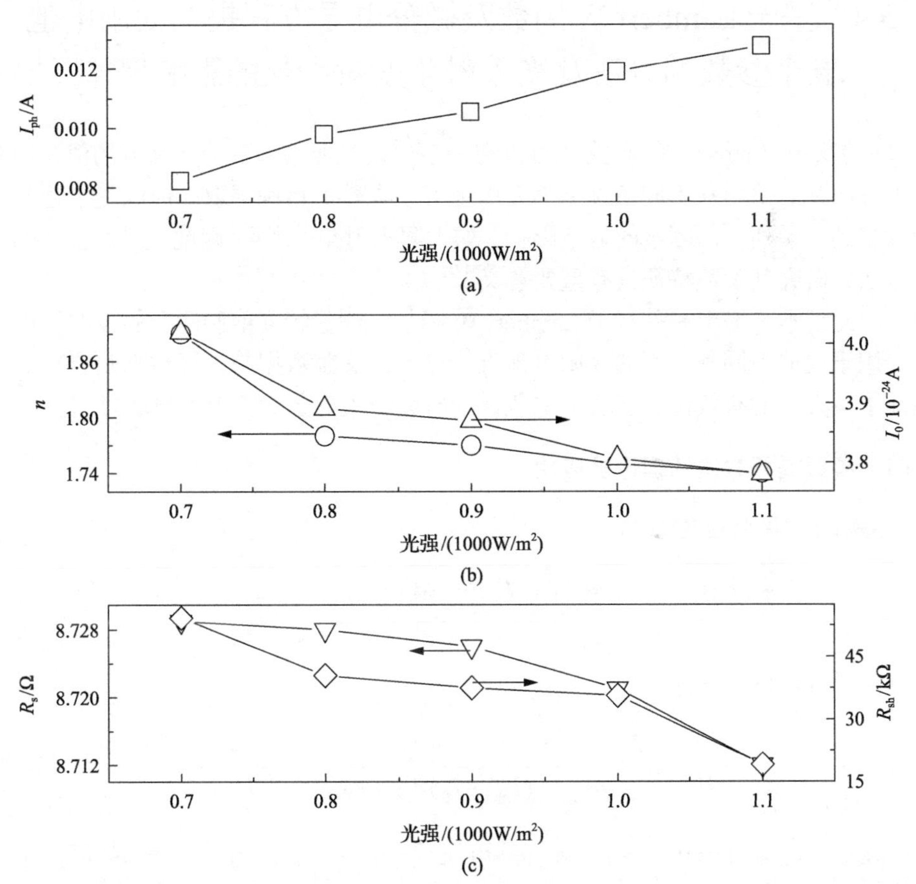

图 5-4　不同光强下光生电流、理想因子与反向饱和电流、串联电阻与并联电阻随光强的变化

5.3.3　结论

本节提出了一种基于 Lambert W 函数和多项式拟合提取太阳电池参数的方法，并应用于文献中硅太阳电池和实验中三结太阳电池的参数提取。该方法应用于文献中的数据时，结果表明均方根误差为 0.0047A，平均绝对相对误差小于 1%，

证明了该方法的正确性。该方法应用于变光强下三结太阳电池参数的提取时，结果表明提取误差都随着光强的增大而下降，原因是随着光强增大，噪声对测量的影响下降。而且发现光生电流随光强的增加而几乎线性增加，而理想因子、反向饱和电流、串联电阻和并联电阻都随光强单调下降，原因是随着光强增大，入射光子数线性增加，器件中费米能级抬高，空间复合减少，分流路径增加。该研究为太阳电池参数提取及性能评估提供了一定的理论指导。

5.4 基于Lambert W函数及微分电导方程提取太阳电池五个参数的方法及光入射角度对参数的影响规律

虽然基于 Lambert W 函数[42]可以在一个恒定光照水平下估计参数的值，但是很少有研究者给出在不同条件下太阳电池五个参数的精确提取。原因是上述参数的值受到一系列外部因素的显著影响，如太阳入射角[101]等。因此，开发合适的提取方法，研究其参数特征具有重要意义。

为此，本节提出一种基于 Lambert W 函数、测量特征值和两个假设的简单方法，用于提取不同条件下的太阳电池五个参数。文献数据与计算数据吻合较好，验证了该方法的有效性。然后，本节详细研究光入射角对五个参数的影响。

5.4.1 参数提取方法的理论及应用

5.4.1.1 提取理论

对于大多数太阳电池，有两个假设：第一是 $I_{ph} \gg I_0$，那么 $I_{ph} + I_0 \approx I_{ph}$ 或 $I_{ph} \approx -I_{sc}$ [102]；第二是 $R_{sh} \gg R_s$ [103]。在 Lambert W 函数的帮助下，电流输出方程的一阶微分可以简化为

$$\frac{dV}{dI} = R_s + \frac{nR_{sh}V_{th}}{nV_{th} + (I_{ph} + I_0)R_{sh} + (R_{sh} + R_s)I - V} \tag{5-39}$$

在短路电流($V = 0$，$I = I_{sc}$)和开路电压($I = 0$，$V = V_{oc}$)下，式(5-39)可分别简化为

$$\frac{dV}{dI}\Big|_{V=0} = R_{sh} \tag{5-40}$$

和

$$\frac{dV}{dI}\Big|_{I=0} = R_s + \frac{nV_{th}R_{sh}}{nV_{th} - R_{sh}I_{sc} - V_{oc}} \tag{5-41}$$

电流输出方程的二阶微分可简化为

$$\frac{\mathrm{d}^2V}{\mathrm{d}I^2}=-\frac{nV_{\mathrm{th}}R_{\mathrm{sh}}\left(R_{\mathrm{sh}}-\frac{\mathrm{d}V}{\mathrm{d}I}\right)}{\left[nV_{\mathrm{th}}+R_{\mathrm{sh}}(I-I_{\mathrm{sc}})-V\right]^2} \tag{5-42}$$

利用短路电流、开路电压处的 $\mathrm{d}V/\mathrm{d}I$，以及最大功率点处的 $\mathrm{d}^2V/\mathrm{d}I^2$，结合式(5-40)～式(5-42)就可以求解出 n、R_{s} 和 R_{sh} 的初始值。

把 n、R_{s} 和 R_{sh} 的初始值代入电流输出方程的 Lambert W 函数解式(5-43)，在采用非常成熟的最小二乘技术之后，可以高精度地提取 n、R_{s} 和 R_{sh} 的值。

$$\begin{aligned}I=&\frac{V}{R_{\mathrm{s}}}-\frac{R_{\mathrm{sh}}\left(R_{\mathrm{s}}\times\dfrac{I_{\mathrm{sc}}+\dfrac{R_{\mathrm{s}}I_{\mathrm{sc}}-V_{\mathrm{oc}}}{R_{\mathrm{sh}}}}{1-\exp\dfrac{R_{\mathrm{s}}I_{\mathrm{sc}}-V_{\mathrm{oc}}}{nV_{\mathrm{th}}}}+\dfrac{R_{\mathrm{s}}V_{\mathrm{oc}}}{R_{\mathrm{sh}}}+V\right)}{R_{\mathrm{s}}\left(R_{\mathrm{s}}+R_{\mathrm{sh}}\right)}\\&+\frac{nV_{\mathrm{th}}}{R_{\mathrm{s}}}W(x)\left[\frac{R_{\mathrm{s}}}{nV_{\mathrm{th}}}\times\frac{\left(I_{\mathrm{sc}}-\dfrac{V_{\mathrm{oc}}}{R_{\mathrm{s}}+R_{\mathrm{sh}}}\right)\exp\dfrac{-V_{\mathrm{oc}}}{nV_{\mathrm{th}}}}{1-\exp\dfrac{R_{\mathrm{s}}I_{\mathrm{sc}}-V_{\mathrm{oc}}}{nV_{\mathrm{th}}}}\right.\\&\left.\times\exp\frac{R_{\mathrm{sh}}\left(R_{\mathrm{s}}\times\dfrac{I_{\mathrm{sc}}+\dfrac{R_{\mathrm{s}}I_{\mathrm{sc}}-V_{\mathrm{oc}}}{R_{\mathrm{sh}}}}{1-\exp\dfrac{R_{\mathrm{s}}I_{\mathrm{sc}}-V_{\mathrm{oc}}}{nV_{\mathrm{th}}}}+\dfrac{R_{\mathrm{s}}V_{\mathrm{oc}}}{R_{\mathrm{sh}}}+V\right)}{nV_{\mathrm{th}}\left(R_{\mathrm{s}}+R_{\mathrm{sh}}\right)}\right]\end{aligned} \tag{5-43}$$

利用电流输出方程在短路和开路条件下计算 I_0 和 I_{ph} 的值。相应的公式可以分别表示为

$$0=-I_{\mathrm{ph}}+I_0\left(\mathrm{e}^{\frac{V_{\mathrm{oc}}}{nV_{\mathrm{th}}}}-1\right)+\frac{V_{\mathrm{oc}}}{R_{\mathrm{sh}}} \tag{5-44}$$

$$I_{\mathrm{sc}}=-I_{\mathrm{ph}}+I_0\left(\mathrm{e}^{\frac{-I_{\mathrm{sc}}R_{\mathrm{s}}}{nV_{\mathrm{th}}}}-1\right)+\frac{-I_{\mathrm{sc}}R_{\mathrm{s}}}{R_{\mathrm{sh}}} \tag{5-45}$$

基于上面的理论，I_{ph}、n、I_0、R_s、R_{sh} 可以简单地通过式(5-40)～式(5-45)求解出。为了验证方法的正确性，可以通过 RMSE 和 MAPE 进行分析。

5.4.1.2　理论运用于现有文献数据

应用该方法提取了 8cm^2 单晶硅太阳电池(以下简称单晶硅太阳电池)[104]、直径为 57mm 的商业硅太阳电池(以下简称商业硅太阳电池)、由 36 个多晶硅组成的太阳电池组件(以下简称硅太阳电池组件)和染料敏化太阳电池的五个参数[42]。

图 5-5 显示了实验数据和重建曲线。结果表明，重建曲线与实验数据吻合较好。从实测数据与计算数据的比较发现，RMSE 不超过 2.257×10^{-4}A，MAPE 小于 2%。请注意，RMSE 和 MAPE 随不同的样品电池而变化，可以通过考虑实验噪声和偏置范围的影响来解释。

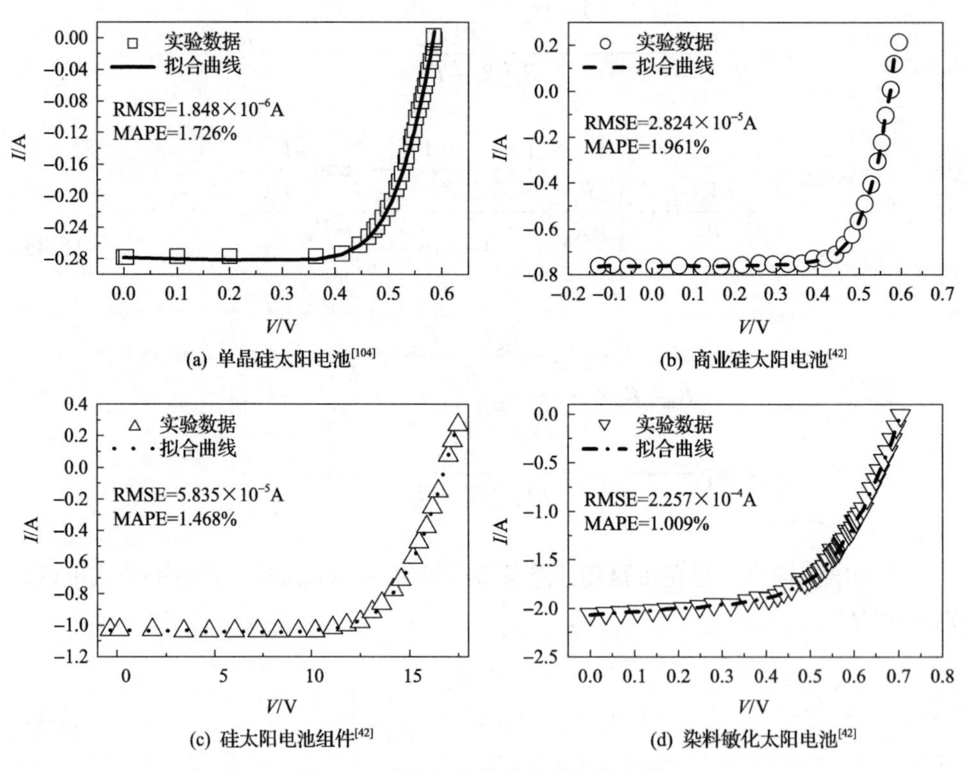

图 5-5　实验与拟合的电流电压曲线

表 5-7 总结了本节方法所提取的参数以及前人的工作，表明所提取的参数值与前人的结果接近，从而验证了本节方法的有效性。因此，本节方法可以成功地应用于不同类型的太阳电池。

表 5-7　采用本节方法提取的单晶硅太阳电池、商业硅太阳电池、硅太阳电池组件和染料敏化太阳电池的参数

参数	单晶硅太阳电池		商业硅太阳电池		硅太阳电池组件		染料敏化太阳电池	
	文献[104]	本节方法	文献[42]	本节方法	文献[42]	本节方法	文献[42]	本节方法
I_{ph}/A	—	0.277	0.761	0.769	1.033	1.038	0.002085	0.002096
I_0/A	7.56×10^{-8}	6.89×10^{-8}	2.422×10^{-7}	3.654×10^{-7}	1.597×10^{-6}	2.238×10^{-6}	1.5143×10^{-8}	2.4453×10^{-8}
n	1.52	1.512	1.4561	1.3264	45.862	46.237	2.3865	2.3457
R_{sh}/Ω	998	789	42	56	602.3	663.6	3285	3312
R_s/Ω	0.139	0.136	0.0373	0.0382	1.313	1.345	44.7	53.6

5.4.2　实验内容及结果分析

5.4.2.1　测量样品及测量设备

测量是在一个只有 PIN 结结构的 2.4cm×2.8cm 的硅基太阳电池上进行的，该 PIN 结结构被安装在一个 *x-y-z* 微米定位器中，并且放置在与光束路径垂直的位置。在实验中，利用武汉高斯联合有限公司的电化学工作站记录了照明的 *I-V* 特性，利用泰仕电子工业股份有限公司生产的光强计测量了入射光强。用于测量角响应的基本装置是旋转安装电池的高精度旋转台，如图 5-6(a)的左上插图所示。所有实验均在室温及黑暗条件下完成。

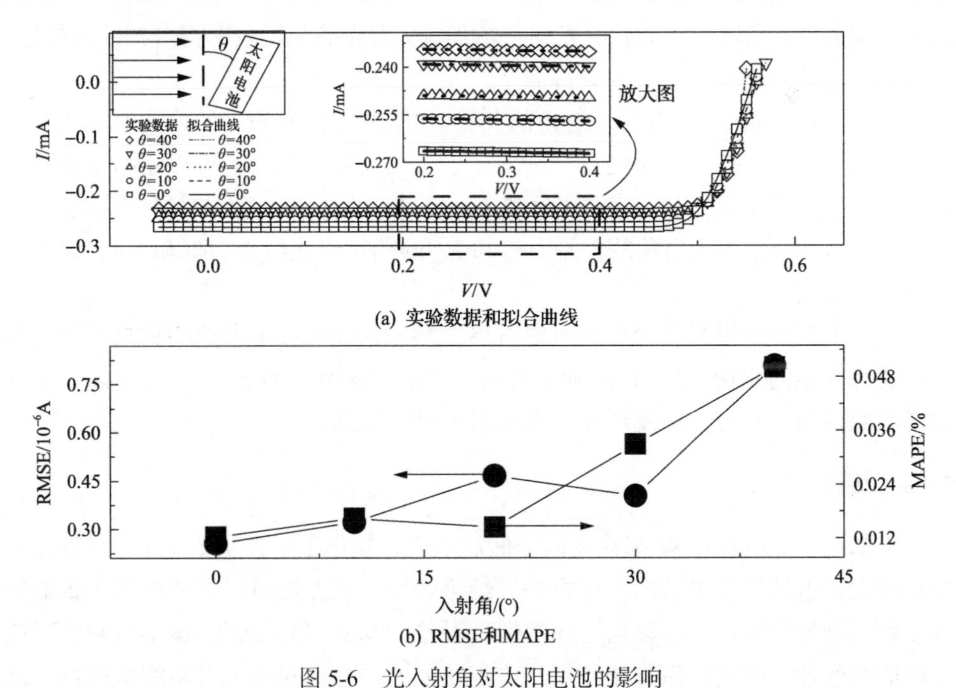

(a) 实验数据和拟合曲线

(b) RMSE和MAPE

图 5-6　光入射角对太阳电池的影响

5.4.2.2 光入射角对电池的影响

图 5-6(a)显示了在垂直辐射强度为 0.71W/m^{2}的条件下，不同光入射角(θ)下实验数据与拟合曲线的比较。大量的 I-V 实验数据表明，对于 0°～40°的入射角范围，电流电压特性几乎没有差别。有趣的是，放大后的图显示出光入射角对器件性能有明显的影响。特别注意光生电流的绝对值随着入射角的增大而减小。事实上，入射角直接决定光入射到倾斜器件表面上的太阳辐射量。这种角效应可归因于余弦定律[105,106]，该定律表明样品接收的辐射强度与光束和器件表面法线之间的角度的余弦成正比。余弦定律意味着，随着入射角的增加，光发射到电池中的辐射量将减少。因此，随着入射角的增大，太阳电池的输出信号，尤其是光生电流将减小。从图 5-6(b)中 RMSE 和 MAPE 随入射角的变化可以看出，随着入射角的增加，误差增大。这种增加可能是由于入射角变化引起光强变化，光强减弱，误差增加。

图 5-7 描绘了五个参数与入射角的关系。所有参数的变化都远远超过 MAPE 的最大值。光生电流在图 5-7(a)中，随着入射角的增加，I_{ph}从约 0.26mA 下降到 0.23mA，其主要原因是光强随入射角的增加而减小。特别值得关注的是，当入射角从 0°变化到 40°时，光生电流仅下降 12%，而余弦值下降 23%。这种现象可以解释如下：当光斜着入射到电池表面时，光子进入电池的路径将被延长。其结果是，太阳电池的光吸收性将得到改善。因此，随着入射角的增加，尽管射入电池的光强减弱，但光进入电池后的光程将增加，从而光的利用效率将得到部分补偿，导致光生电流的减小可以被部分抑制[107]。

图 5-7(b)描述了 n、I_0与入射角的关系。可以看出，n 和 I_0的值同时随入射角的增大而增大。与初始值相比，分别增加了大约 2%和 31%，可以粗略地描述该效果是由于光强降低。因此，最高的 n 和 I_0值将处于光垂直入射的时候。在图 5-7(c)中给出了 R_s 和 R_{sh}与入射角的关系。R_s 和 R_{sh}的相对变化约为 26%和 5%，原因在于光强的变化。

从以上实验结果和理论分析可以看出，斜入射光对五个参数的影响可以简单地描述为光强的变化。I_{ph} 和 R_s 随入射角的增加而递减，而 n、I_0 和 R_{sh} 随入射角的增加而增加。此外，还发现 n 对光入射角最不敏感。

5.4.3 结论

本章基于 Lambert W 函数和两个假设条件，提出了一种从单个 I-V 特性曲线中提取太阳电池五个参数的简单方法。结果表明，该方法可以方便地用于提取所有参数。测量数据和计算数据之间的拟合误差(RMSE 和 MAPE)很小，验证了该方法的有效性。然后，该方法被用来详细研究五个参数对光入射角的依赖性。结

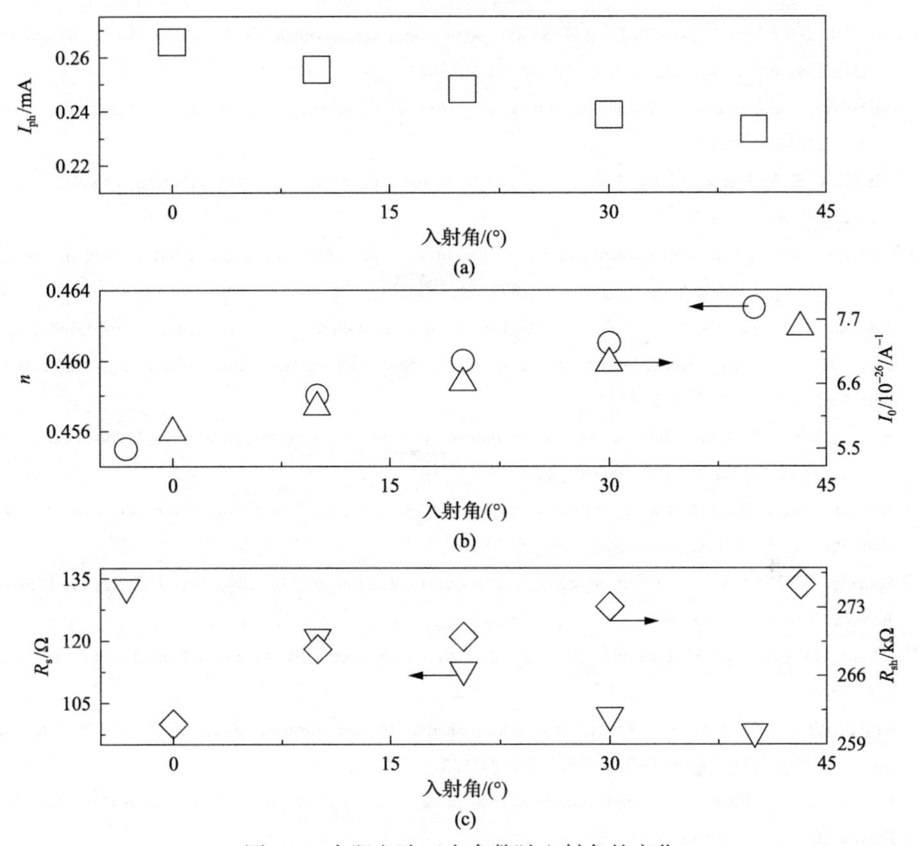

图 5-7　太阳电池五个参数随入射角的变化

果表明，在光入射角为 0°～40°时，观察到 I_{ph} 和 R_s 随入射角的增大而单调减小，而 n、I_0 和 R_s 随入射角的增大而增加。理论分析表明，电池所接收的有效光强是决定太阳电池参数的关键因素。此外，发现 n 对光入射角最不敏感。

参 考 文 献

[1] Shah A, Torres P, Tscharner R, et al. Photovoltaic technology: The case for thin-film solar cells. Science, 1999, 285(5428): 692-698.

[2] Goetzberger A, Luther J, Willeke G. Solar cells: Past, present, future solar. Energy Materials and Solar Cells, 2002, 1-4(74): 1-11.

[3] Nelson J. The Physics of Solar Cells. London:Imperial College Press, 2003.

[4] Wenham S R, Green M A, Watt M E, et al. Applied Photovoltaics. 3rd ed. New York: Earthscan, 2011.

[5] Askarzadeh A, Rezazadeh A. Artificial bee swarm optimization algorithm for parameters identification of solar cell models. Applied Energy, 2013(102): 102-943.

[6] Kim W, Choi W. A novel parameter extraction method for the one-diode solar cell model.Solar Energy, 2010, 6(84): 1008-1019.

[7] Caracciolo F, Dallago E, Finarelli D, et al. Single-variable optimization method for evaluating solar cell and solar module parameters renew. IEEE Journal of Photovoltaics, 2012, 2(2): 173-180.

[8] Jordehi A. Parameter estimation of solar photovoltaic (PV) cells: A review. Renewable and Sustainable Energy Reviews, 2016(61): 354-371.

[9] Li H I L, Ye Z, Ye J, et al. A linear method to extract diode model parameters of solar panels from a single *I-V* curve. Renewable Energy, 2015(76): 135-142.

[10] Gow J A, Manning C D. Development of a photovoltaic array model for use in power-electronics simulation studies. IEE Proceedings-Electric Power Applications, 1999,146, 193-200.

[11] Nishioka K, Sakitani N, Uraoka Y, et al. Analysis of multicrystalline silicon solar cells by modified 3-diode equivalent circuit model taking leakage current through periphery into consideration. Solar Energy Materials and Solar Cells, 2007, 13(91): 1222-1227.

[12] Bana S, Saini R P. A mathematical modeling framework to evaluate the performance of single diode and double diode based SPV systems. Energy Reports, 2016(2): 171-187.

[13] Khanna V, Das B, Bisht D, et al. A three diode model for industrial solar cells and estimation of solar cell parameters using PSO algorithm. Renewable Energy, 2015(78): 105-113.

[14] Shockley W. The theory of p-n junctions in semiconductors and p-n junction transistors1.Bell System Technical Journal, 1949, 3(28): 435-489.

[15] Kammer D, Ludington M. Laboratory experiments with silicon solar cells. American Journal of Physics, 1997, 7(45): 602-605.

[16] Pan B, Weng J, Chen S, et al. The effect of partial shading on dye-sensitized solar cell module characteristics. Journal of Physics D: Applied Physics, 2014(47): 475503.

[17] Soto W, Klein S, Beckman W. Improvement and validation of a model for photovoltaic array performance. Solar Energy, 2006, 1(80): 78-88.

[18] Ortiz-Conde A, Garcia Sanchez F J, Muci J. New method to extract the model parameters of solar cells from the explicit analytic solutions of their illuminated *I-V* characteristics. Solar Energy Materials and Solar Cells, 2006, 3(15): 352-361.

[19] Amit J, Sharma S, Kapoor A. Solar cell array parameters using Lambert W-function. Solar Energy Materials and Solar Cells, 2006, 1(90): 25-31.

[20] Villalva M, Gazoli J, Filho E. Comprehensive approach to modeling and simulation of photovoltaic arrays. IEEE Transactions on Power Electronics, 2009, 5(24): 1198-1208.

[21] Gottschalg R, Rommel M, Infield D G, et al. The influence of the measurement environment on the accuracy of the extraction of the physical parameters of solar cells. Measurement Science and Technology, 1999(10): 796-804.

[22] Chegaar M, Ouennoughi Z, Guechi F. Extracting dc parameters of solar cells under illumination. Vacuum, 2004(75): 367-372.

[23] Haouari-Merbah M, Belhamel M, Tobias I, et al. Extraction and analysis of solar cell parameters from the illuminated current-voltage curve. Solar Energy Materials and Solar Cells, 2005, 1-4(87): 225-233.

[24] Askarzadeh A, Rezazadeh A. Extraction of maximum power point in solar cells using bird mating optimizer-based parameters identification approach. Solar Energy ,2013(90): 123-133.

[25] Siddiqui M, Abido M. Parameter estimation for five- and seven-parameter photovoltaic electrical models using evolutionary algorithms. Applied Soft Computing, 2013, 12(13): 4608-4621.

[26] Ishaque K, Salam Z. An improved modeling method to determine the model parameters of photovoltaic (PV) modules using differential evoluti. Solar Energy, 2011, 9(85): 2349-2359.

[27] Dkhichi F, Oukarfi B, Fakkar A, et al. Parameter identification of solar cell model using Levenberg-Marquardt algorithm combined with simulated annealing. Solar Energy, 2014(110): 781-788.

[28] Chan D, Phillips J, Phang J. A comparative study of extraction methods for solar cell model parameters. Solid State Electron, 1986, 3(29): 329-337.

[29] Ishibashi K, Kimura Y, Niwano M. An extensively valid and stable method for derivation of all parameters of a solar cell from a single current-voltage characteristic. Journal of Applied Physics, 2008(103): 094507.

[30] Batzelis I E, Papathanassiou A S. A method for the analytical extraction of the single-diode PV model parameters. IEEE Transactions on Sustainable Energy, 2015, 2(7): 504-512.

[31] Chenni R, Makhlouf M, Kerbache T, et al. A detailed modeling method for photovoltaic cells. Energy, 2007, 9(32): 1724-1730.

[32] Lun S, Du C, Yang G, et al. An explicit approximate *I-V* characteristic model of a solar cell based on padé approximants. Solar Energy, 2013(92): 147-159.

[33] Ouennoughi Z, Chegaar M. A simpler method for extracting solar cell parameters using the conductance method.Solid State Electron, 1999, 11(43): 1985-1988.

[34] Sze S M, Kwok K. Physics of Semiconductor Devices. 3rd ed. Hoboken: John Wiley & Sons, 2007.

[35] Easwarakhanthan T, Bottin J, Bouhouch I, et al. Nonlinear minimization algorithm for determining the solar cell parameters with microcomputers. International Journal of Solar Energy, 1986, 4(1): 1-12.

[36] Chegaar M, Ouennoughi Z, Hoffmann A. A new method for evaluating illuminated solar cell parameters. Solid State Electron, 2001, 2(45): 293-296.

[37] Rasool F, Drieberg M, Badruddin N, et al. PV panel modeling with improved parameter extraction technique. Solar Energy, 2017(153): 519-530.

[38] Chouder A, Silvestre S, Sadaoui N, et al. Modeling and simulation of a grid connected PV system based on the evaluation of main PV module parameters. Simulation Modelling Practice and Theory, 2012, 1(20): 46-58.

[39] Rahman S, Varma R, Vanderheide T. Generalised model of a photovoltaic panel. IET Renewable Power Generation, 2014, 3(8): 217-229.

[40] Dolara A, Leva S, Manzolini G. Comparison of different physical models for PV power output prediction. Solar Energy, 2015(119): 83-99.

[41] Jain A, Kapoor A. Exact analytical solutions of the parameters of real solar cells using Lambert W-function. Solar Energy Materials and Solar Cells, 2004, 2(81): 269-277.

[42] Zhang C, Zhang J, Hao Y, et al. A simple and efficient solar cell parameter extraction method from a single current-voltage curve. Journal of Applied Physics, 2011(110): 064504.

[43] Khan F, Singh S, Husain M. Effect of illumination intensity on cell parameters of a silicon solar cell. Solar Energy Materials and Solar Cells, 2010, 9(94): 1473-1476.

[44] Ghani F, Rosengarten G, Duke M, et al. The numerical calculation of single-diode solar-cell modelling parameters. Renewable Energy, 2014(72): 105-112.

[45] Carrero C, Rodriguez J, Ramirez D, et al. Simple estimation of PV modules loss resistances for low error modeling. Renewable Energy, 2010, 5(35): 1103-1108.

[46] Xiao W B, Liu M M, Yan C. Extracting and studying solar cell five parameters based on Lambert W function. Journal of Nanoelectronics and Optoelectronics, 2017, 2(12): 189-195.

[47] Chen Y, Wang X, Li D, et al. Parameters extraction from commercial solar cells *I-V* characteristics and shunt analysis. Applied Energy, 2011, 6 (88) : 2239-2244.

[48] Peng L L, Sun Y Z, Meng Z, et al. A new method for determining the characteristics of solar cells. Journal of Power Sources, 2013 (227) : 227-131.

[49] Saleem H, Karmalkar S. An analytical method to extract the physical parameters of a solar cell from four points on the illuminated *J-V* curve. IEEE Electron Device Letters, 4 (30) : 349-352.

[50] Karmalkar S, Saleem H. The power law *J-V* model of an illuminated solar cell. Solar Energy Materials and Solar Cells, 2011, 4 (95) : 1076-1084.

[51] Singh N, Jain A, Kapoor A. Determination of the solar cell junction ideality factor using special trans function theory (STFT). Solar Energy Materials and Solar Cells, 2009, 8 (93) : 1423-1426.

[52] Perovich S M, Simic S K, Tosic D V, et al. On the analytical solution of some families of transcendental equations. Applied Mathematics Letters, 2007, 5 (20) : 493-498.

[53] Charles J P, Abdelkrim M, Muoy Y H, et al. A practical method of analysis of the current-voltage characteristics of solar cells. Solar Cells, 1981, 2 (4) : 169-178.

[54] Jain A, Kapoor A. A new method to determine the diode ideality factor of real solar cell using Lambert W-function. Solar Energy Materials and Solar Cells, 2005, 3 (85) : 391-396.

[55] Dash D P, Roshan R, Mahata S, et al. A compact *J-V* model for solar cell to simplify parameter calculation. Journal of Renewable and Sustainable Energy, 2015, 7 (1) : 013127.

[56] Mallick S P, Dash D P, Mallik S, et al. An empirical approach towards photovoltaic parameter extraction and optimization. Solar Energy, 2017 (153) : 360-365.

[57] Akbaba M, Aiattawi M. A new model for *I-V* characteristic of solar cell generators and its applications. Solar Energy Materials and Solar Cells, 1995, 2 (37) : 123-132.

[58] Cavassilas N, Michelini F, Bescond M. Modeling of nanoscale solar cells: The Green's function formalism. Journal of Renewable and Sustainable Energy, 2014, 6:011203.

[59] Ma T, Yang H, Lu L. Development of a model to simulate the performance characteristics of crystalline silicon photovoltaic modules/strings/arrays. Solar Energy, 2014, 100: 31-41.

[60] Bellia H, Youcef R, Fatima M. A detailed modeling of photovoltaic module using Matlab. NRIAG Journal of Astronomy and Geophysics, 2014, 1 (3) : 53-61.

[61] Bonkoungou D, Koalaga Z, Njomo D, et al. An improved numerical approach for photovoltaic module parameters acquisition based on single-diode model. International Journal of Current Engineering and Technology, 2015, 6 (5) : 3735-3742.

[62] Jervase J, Bourdoucen H, Al-Lawati A. Solar cell parameter extraction using genetic algorithms. Measurement Science and Technology, 2001, 11 (12) : 1922-1925.

[63] Sellai A, Ouennoughi Z. Extraction of illuminated solar cell and schottky diode parameters using a genetic algorithm. International Journal of Modern Physics C, 2005, 7 (16) : 1043-1050.

[64] Patel S J, Panchal A K, Vipul K. Solar cell parameters extraction from a current-voltage characteristic using genetic algorithm. Journal of Nano- and Electronic Physics, 2013, 2 (5) : 02008.

[65] Sellami A, Zagrouba M, Bouaïcha M, et al. Application of genetic algorithms for the extraction of electrical parameters of multicrystalline silicon. Measurement Science and Technology, 2007 (18) : 1472-1476.

[66] Zagrouba M, Sellami A, Bouaïcha M, et al. Identification of PV solar cells and modules parameters using the genetic algorithms: Application to maximum power extraction. Solar Energy, 2010, 5 (84) : 860-866.

[67] Gaing Z L. Particle swarm optimization to solving the economic dispatch considering the generator constraints. IEEE Transactions on Power Systems, 2003, 3(18): 1187-1195.

[68] Macabebe E, Sheppard C, Dyk E. Parameter extraction from *I-V* characteristics of PV devices.Solar Energy, 2011, 1(85): 12-18.

[69] Munji M K, Okullo W, Dyk E, et al. Local device parameter extraction of a concentrator photovoltaic cell under solar spot illumination. Solar Energy Materials and Solar Cells, 2010(94): 2129-2136.

[70] Ye M, Wang X, Xu Y. Parameter extraction of solar cells using particle swarm optimization. Journal of Applied Physics, 2009(105): 094502 .

[71] Alhajri M, El-Naggar K, AlRashidi M, et al. Optimal extraction of solar cell parameters using pattern search. Renewable Energy, 2012(44): 238-245.

[72] Rao R V, Savsani V J, Vakharia D P. Teaching-learning-based optimization: A novel method for constrained mechanical design optimization problems. Computer-Aided Design, 2011, 3(43): 303-315.

[73] Patel S, Panchal A, Kheraj V. Extraction of solar cell parameters from a single current-voltage characteristic using teaching learning based optimization algorithm. Applied Energy, 2014(119): 384-393.

[74] Singh K, Kho K, Rita S. Artificial neural network approach for more accurate solar cell electrical circuit model. International Journal on Computational Sciences & Applications, 2014, 3(4): 101-116.

[75] Laudani A, Lozito G, Fulginei F, et al. Hybrid neural network approach based tool for the modelling of photovoltaic panels. International Journal of Photoenergy, 2015(1): 413654.

[76] Laudani A, Fulginei F, Salvini A, et al. Very fast and accurate procedure for the characterization of photovoltaic panels from datasheet information. International Journal of Photoenergy, 2014(1): 1-10.

[77] Rajasekar, Kumar N, Venugopalan R. Bacterial foraging algorithm based solar PV parameter estimation. Solar Energy, 2013(97): 255-265.

[78] Guo L, Meng Z, Sun Y, et al. Parameter identification and sensitivity analysis of solar cell models with cat swarm optimization algorithm. Energy Conversion and Management, 2016(108): 520-528.

[79] Ma J, Bi Z, Ting T, et al. Comparative performance on photovoltaic model parameter identification via bio-inspired algorithms. Solar Energy, 2016(132): 606-616.

[80] Humada A, Hojabri M, Mekhilef S, et al. Solar cell parameters extraction based on single and double-diode models: A review. Renewable and Sustainable Energy Reviews, 2016(54): 494-509.

[81] Boutana N, Mellit A, Lughi V, et al. Assessment of implicit and explicit models for different photovoltaic modules technologies. Energy, 2017(12): 128-143.

[82] Ban S, Saini R. Identification of unknown parameters of a single diode photovoltaic model using particle swarm optimization with binary constraints. Renewable Energy, 2017(101): 1299-1310.

[83] Sharma S K, Pavithra D, Srinivasamurthy N, et al. Determination of solar cell parameters: An analytical approach. Journal of Physics D: Applied Physics, 1993, 26(7): 1130-1133.

[84] Celik A N, Acikgoz N. Modelling and experimental verification of the operating current of mono-crystalline photovoltaic modules using four- and five-parameter models. Applied Energy, 2007, 84(1): 1-15.

[85] 翟载腾, 程晓舫, 杨臧健, 等. 太阳电池一般电流模型参数的解析解. 太阳能学报, 2009, 30(8): 1078-1082.

[86] Jain A, Kapoor A. A new approach to study organic solar cell using Lambert W-function. Solar Energy Materials and Solar Cells, 2005, 86(2): 197-205.

[87] Ding J L, Radhakrishnan R. A new method to determine the optimum load of a real solar cell using the Lambert W-function. Solar Energy Materials and Solar Cells, 2008, 92(12): 1566-1569.

[88] 许佳雄, 姚若河, 耿魁伟. 用 Lambert W 函数求解太阳能电池的串联电阻. 华南理工大学学报(自然科学版), 2010, 38(6): 42-45.

[89] 刘锋, 黄建华, 李翔, 等. 一种提取太阳电池参数新方法. 光电子激光, 2010, 21(8): 1181-1183.

[90] Mártil I, Redondo E, Ojeda A. Influence of defects on the electrical and optical characteristics of blue light-emitting diodes based on Ⅲ-Ⅴ nitrides. Journal of Applied Physics, 1997, 81(5): 2442-2444.

[91] 王玉玲, 孙以泽, 彭乐乐, 等. 基于 Lambert W 函数的太阳能电池组件参数的确定方法. 物理学报, 2012, 61(24): 248-402.

[92] Erdem C, Pinar M C, Tulin B. An experimental analysis of illumination intensity and temperature dependency of photovoltaic cell parameters. Applied Energy, 2013(111): 374-382.

[93] Firoz K, Singh S N, Husain M. Determination of the diode parameters of α-Si and CdTe solar modules using variation of the intensity of illumination: An application. Solar Energy, 2011, 85(9): 2288-2294.

[94] Macdonald D, Cuevas A. Reduced fill factors in multicrystalline silicon solar cells due to injection-level dependent bulk recombination lifetimes. Progress in Photovoltaics: Research and Applications, 2000, 8(4): 363-375.

[95] Ghoneim A A, Kandil K M, Al-Hasan A Y, et al. Analysis of performance parameters of amorphous photovoltaic modules under different environmental conditions. Energy Science and Technology, 2011, 2(1): 43-50.

[96] 丁金磊. 太阳电池 *I-V* 方程显式求解原理研究及应用. 合肥: 中国科学技术大学, 2007.

[97] 傅望, 周林, 郭珂, 等. 光伏电池工程用数学模型研究. 电工技术学报, 2011, 26(10): 211-216.

[98] Xiao W B, He X D, Gao Y Q. Experimental investigation on characteristics of low-concentrating solar cells. Modern Physics Letters B, 2011, 25(9): 679-684.

[99] Chegaar M, Hamzaouil A, Namoda A, et al. Effect of illumination intensity on solar cells parameters. Energy Procedia, 2013, 36: 722-729.

[100] Kassis A, Saad M. Analysis of multi-crystalline silicon solar cells at low illumination levels using a modified two-diode model. Solar Energy Materials and Solar Cells, 2010, 94(12): 2108-2112.

[101] Parida B, Iniyan S, Goic R. A review of solar photovoltaic technologies. Renewable and Sustainable Energy Reviews, 2011(15): 1625-1636.

[102] Ishaque K, Salam Z, Taheri H, et al. A critical evaluation of EA computational methods for photovoltaic cell parameter extraction based on two diode model. Solar Energy, 2011(85): 1768-1779.

[103] Appelbaum J, Peled A. Parameters extraction of solar cells-A comparative examination of three methods. Solar Energy Materials and Solar Cells, 2014(122): 164-173.

[104] Khan F, Singh S N, Husain M. Determination of diode parameters of a silicon solar cell from variation of slopes of the *I-V* curve at open circuit and short circuit conditions with the intensity of illumination. Semiconductor Science and Technology, 2010(25): 015002.

[105] Balenzategui L, Chenlo F. Measurement and analysis of angular response of bare and encapsulated silicon solar cells. Solar Energy Materials and Solar Cells, 2005(86): 53-83.

[106] Cheyns D, Rand B P, Verreet B, et al. The angular response of ultrathin film organic solar cells. Applied Physics Letters, 2008(92): 243310.

[107] Ercole D D, Dominici L, Brown T M, et al. Angular response of dye solar cells to solar and spectrally resolved light. Applied Physics Letters, 2011(99): 213301.

第 6 章　光伏发电的工程模型

太阳电池特性一般由单二极管电流输出方程来描述，该方程具有清晰的物理意义，是以固体物理理论为依据，采用全电路欧姆定律等效电路推导出来的，得到了广泛的认可[1-4]。但是该方程是一个包括五个参数的非线性超越方程，因此在工程应用中受到了限制。而且光伏发电的特征受到温度、光强等因素的影响，为了分析光伏发电的特征，人们基于各种假设条件来简化单二极管模型以实现应用[5-12]。

为此，本章首先结合太阳电池的等效电路原理以及 MATLAB/Simulink[13,14]，阐述如何建立光伏发电的工程模型，并通过软件仿真实现不同温度与光强下的光伏发电特性分析。其次对比研究并分析八种工程数学模型与太阳电池单二极管电流输出方程之间的关系，并总结八种工程数学模型对各类太阳电池的拟合误差存在差别的原因，以及最优工程模型。最后探讨并分析近年来国内外提出的两类光伏发电工程模型在变光强与温度下的适用性，一类是基于并联电阻无穷大的简化模型(以下简称简化模型)，另一类是基于幂律函数的指数模型(以下简称指数模型)，得出这两类工程模型的特点。

6.1　光伏工程数学模型的建立及仿真电路的搭建

6.1.1　光伏工程模型建立

根据等效电路图，可知太阳电池的电流输出方程式如式(6-1)所示：

$$
\begin{aligned}
I &= I_{\mathrm{ph}} - I_{\mathrm{d}} - I_{\mathrm{sh}} \\
&= I_{\mathrm{ph}} - I_0\left[\exp\frac{q\left(V+IR_{\mathrm{s}}\right)}{nkT}-1\right]-\frac{V+IR_{\mathrm{s}}}{R_{\mathrm{sh}}}
\end{aligned}
\tag{6-1}
$$

式中，I 是负载上的电流；I_{ph} 是光生电流；I_{d} 是二极管上的电流；I_{sh} 是并联电阻上的电流。

由于太阳电池电流电压输出方程式是超越方程，无法用于分析及模拟光伏发电特征，因此，需要对厂家提供的太阳电池板标准条件(光强为 $1000\mathrm{W/m^2}$，电池温度 25℃)下的参数进行化简后仿真分析电池特征[15]，参数包括 I_{sc} (短路电流)、V_{oc} (开路电压)、I_{m} (最大功率点电流)、V_{m} (最大功率点电压)。在式(6-1)中，由于并联电阻非常大，可以忽略方程的最后一项；而在式(6-1)中，由于 R_{s} 远小于二极管的正向导通电阻，可以认为 $I_{\mathrm{sc}}=I_{\mathrm{ph}}$ (I_{ph} 为光生电流)。由此，式(6-1)太阳电池的模型可以简化为式(6-2)：

$$I = I_{sc}\left[1 - C_1\left(\exp\frac{V}{C_2 V_{oc}} - 1\right)\right] \tag{6-2}$$

根据太阳电池板标准条件下的参数I_{sc}、V_{oc}、I_m、V_m就可以解出C_1、C_2，结果如下：

$$C_1 = \left(1 - \frac{I_m}{I_{sc}}\right)\exp\frac{-V}{C_2 V_{oc}} \tag{6-3}$$

$$C_2 = \left(\frac{V_m}{V_{oc}} - 1\right)\left[\ln\left(1 - \frac{I_m}{I_{sc}}\right)\right]^{-1} \tag{6-4}$$

由太阳电池板标准条件下的I_{sc}、V_{oc}、I_m、V_m可以得到新的光强G下和新的温度 T 下的I'_{sc}、V'_{oc}、I'_m、V'_m，由此得到在该条件下的伏安特性曲线，具体表达式如下：

$$\mathrm{DT} = T - T_{ref} \tag{6-5}$$

$$\mathrm{DG} = \frac{G}{G_{ref}} - 1 \tag{6-6}$$

$$I'_{sc} = I_{sc}\frac{G}{G_{ref}}(1 + a \cdot \mathrm{DT}) \tag{6-7}$$

$$V'_{oc} = (1 - c \cdot \mathrm{DT})\ln(1 + b \cdot \mathrm{DG}) \tag{6-8}$$

$$I'_m = I_m\frac{G}{G_{ref}}(1 + a \cdot \mathrm{DT}) \tag{6-9}$$

$$V'_m = V_m(1 - c \cdot \mathrm{DT})\ln(1 + b \cdot \mathrm{DG}) \tag{6-10}$$

式中，DT、T、T_{ref}分别是温度差别、新的温度、参考温度；DG、G、G_{ref}分别是光强差别、新的光强、参考光强；常数系数a、b、c的值分别为$a = 0.0025$，$b = 0.5$，$c = 0.00288$。

6.1.2 仿真电路的搭建

由式(6-2)～式(6-10)建立的仿真模型如图 6-1 所示，包含的 Simulink 子模块有 DT 子模块、I'_{sc}子模块、I'_m子模块、V'_{oc}子模块、V'_m子模块、C_1子模块和C_2子模块，上述子模块通过乘积运算、除法运算、加法运算等数学运算操作后，输出电流I。

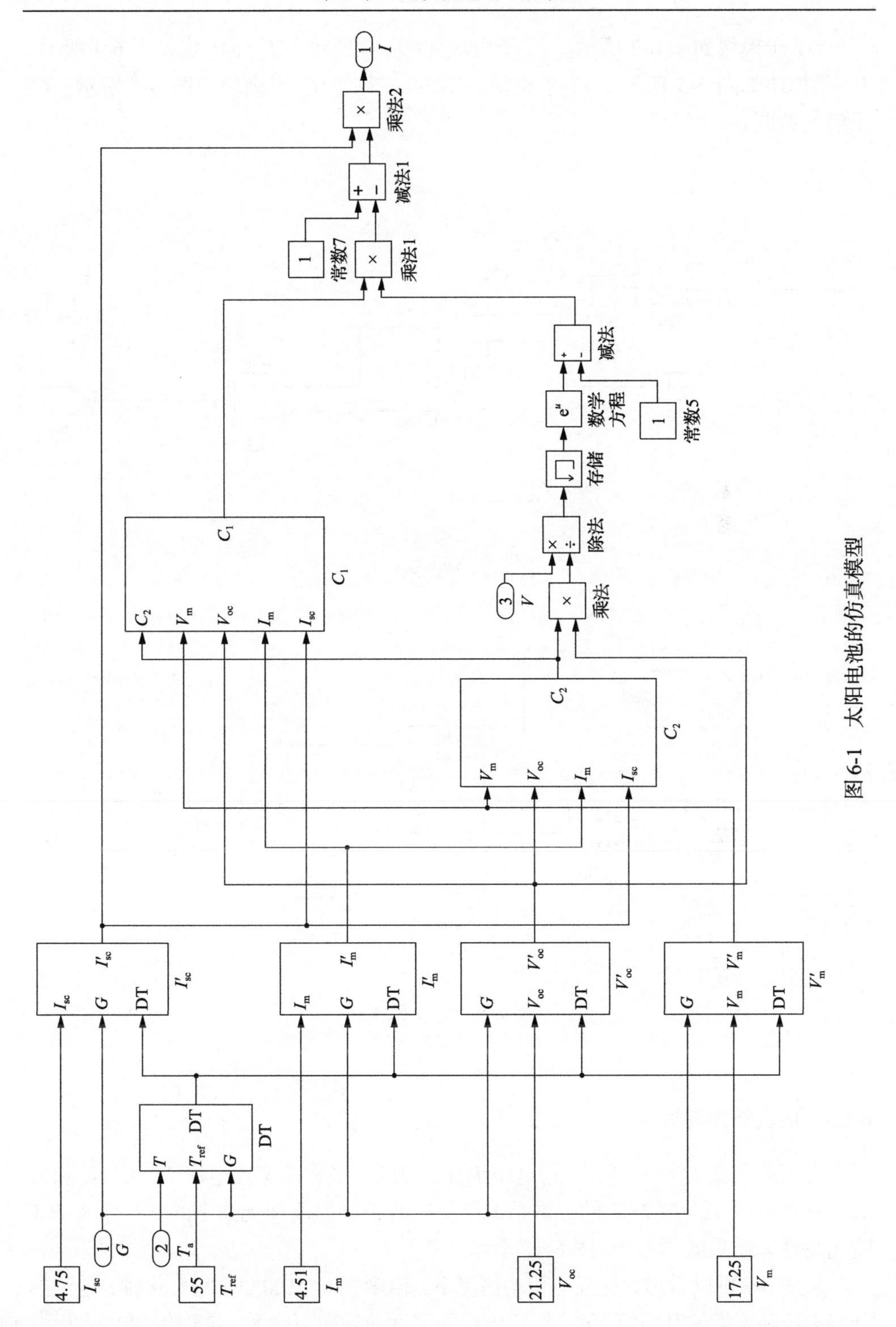

图 6-1　太阳电池的仿真模型

DT 子模块如图 6-2 所示。I'_{sc} 子模块如图 6-3 所示。I'_m 子模块如图 6-4 所示。V'_{oc} 子模块如图 6-5 所示。V'_m 子模块如图 6-6 所示。C_1 子模块如图 6-7 所示。C_2 子模块如图 6-8 所示。

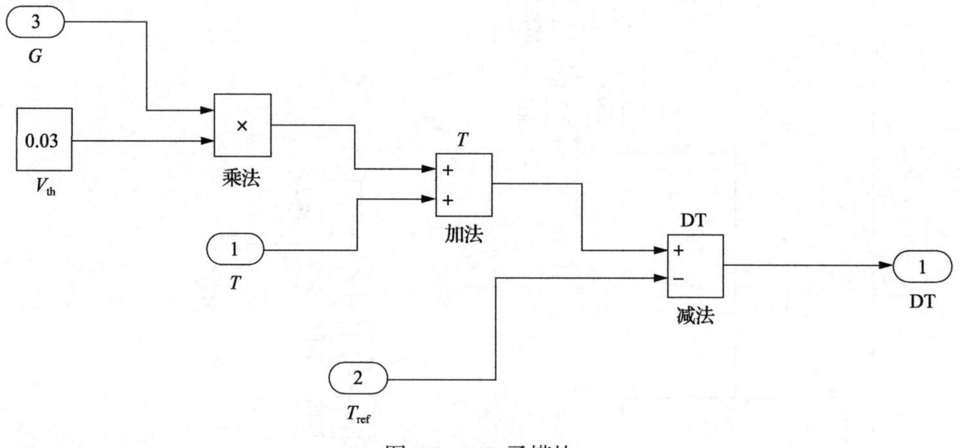

图 6-2　DT 子模块

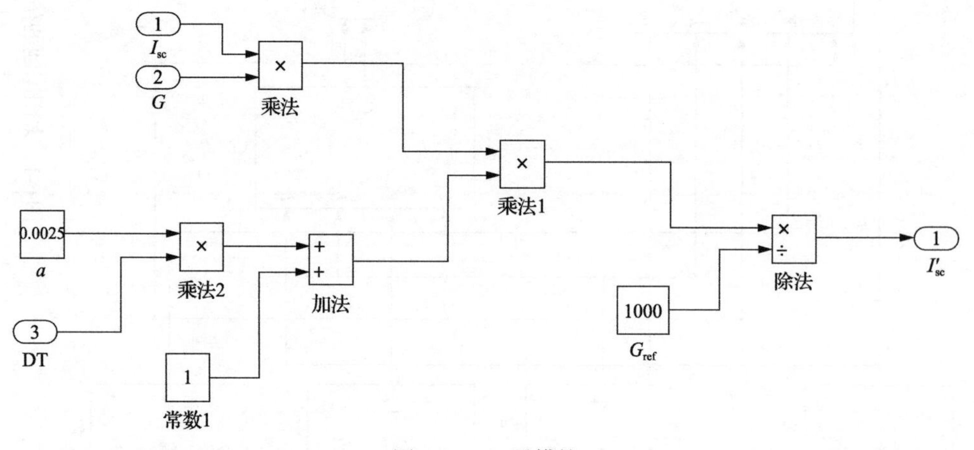

图 6-3　I'_{sc} 子模块

C 为常数

6.1.3　仿真结果与讨论

在短路电流 I_{sc}=4.75A、开路电压 V_{oc}=21.25V、最大功率点电流 I_m=4.51A 和最大功率点电压 V_m=17.25V 的标准情况下，仿真不同温度和光强下的 I-V 以及 P-V 输出特性，结果如图 6-9～图 6-12 所示。

从图 6-9 可以看出，光强不变的情况下，温度在 0～100℃区间变化时，电池的开路电压随温度的升高而下降，短路电流随温度的升高而增大，与实验结果一致[16]。

从图 6-10 可以看出，光强不变的情况下，温度在 0～100℃区间变化时，电池的最大输出功率随温度的升高而下降，主要原因是电池的电压随温度的升高而下降。

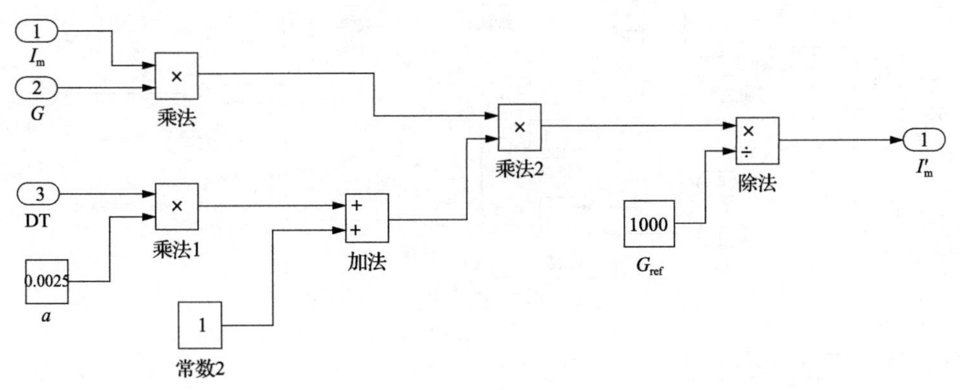

图 6-4　I'_m 子模块

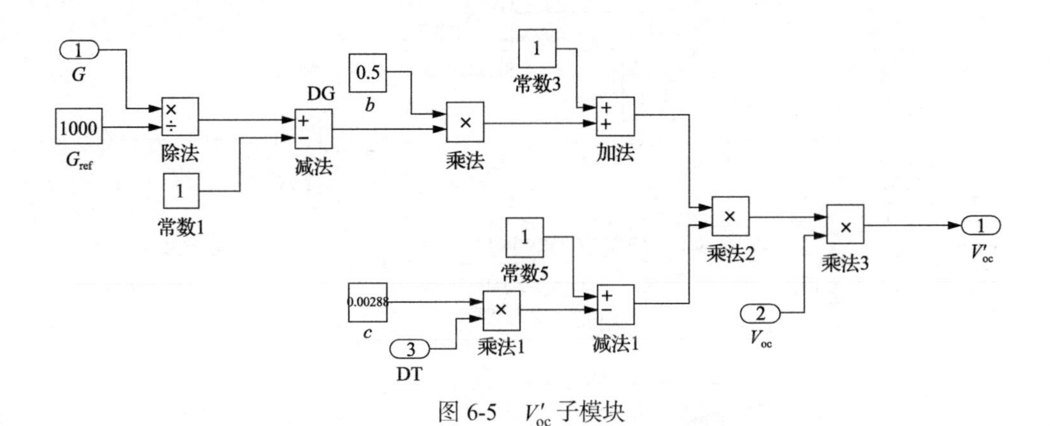

图 6-5　V'_{oc} 子模块

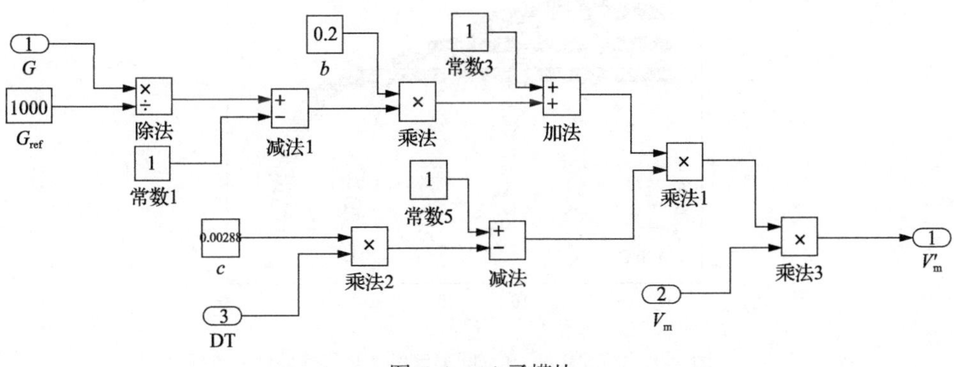

图 6-6　V'_m 子模块

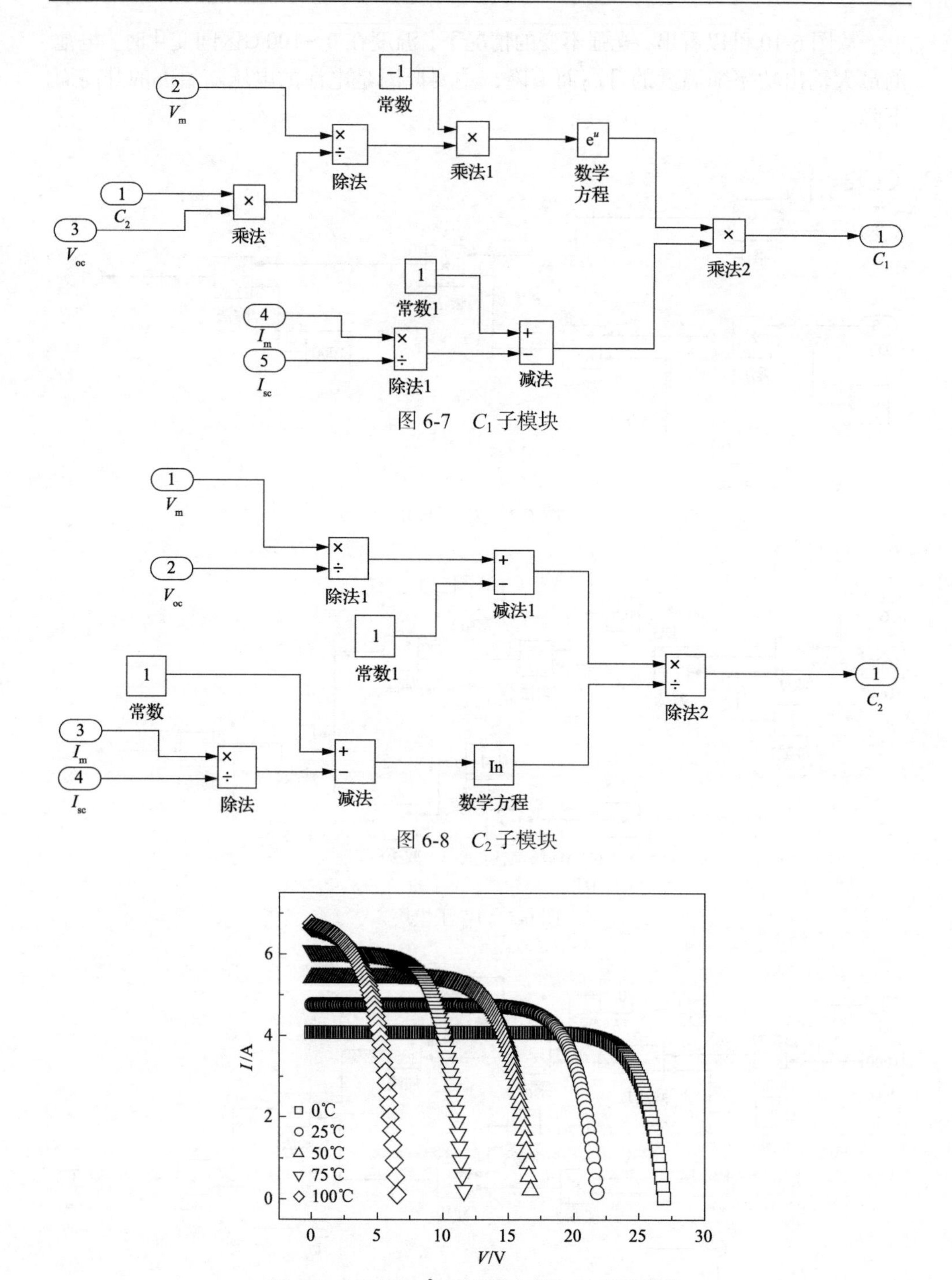

图 6-7　C_1 子模块

图 6-8　C_2 子模块

图 6-9　1000W/m^2 下不同温度的 I-V 特性曲线

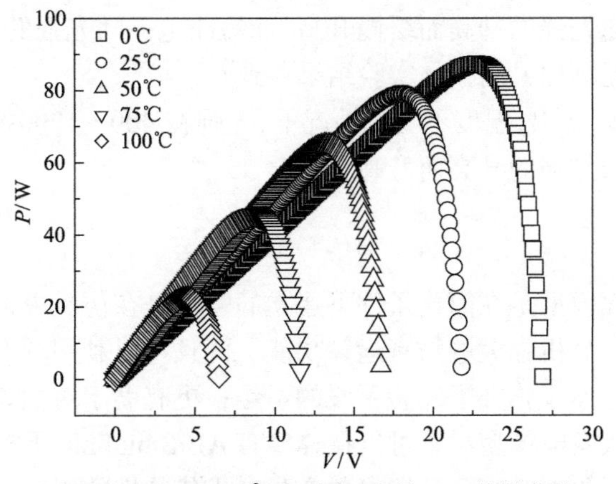

图6-10　1000W/m²下不同温度的 *P-V* 特性曲线

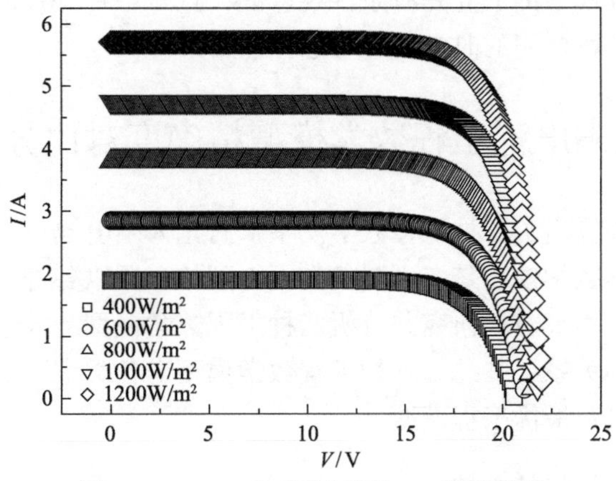

图6-11　25℃下不同光强的 *I-V* 特性曲线

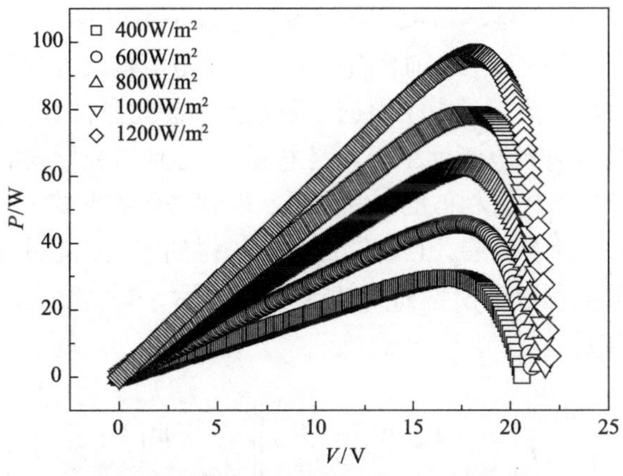

图6-12　25℃下不同光强的 *P-V* 特性曲线

从图6-11可以看出，温度不变的情况下，光强在400～1200W/m²区间变化时，电池的开路电压随光强的升高而缓慢升高，而短路电流随光强的变化而剧烈变化，且随光强的升高而剧烈升高，与实验结果一致[16]。

从图 6-12 可以看出，温度不变的情况下，光强在 400～1200W/m^2 区间变化时，电池的最大功率随光强的升高而升高。

6.1.4 结论

尽管电池工程模型是在简化条件下建立的，但是在仿真虚拟技术的帮助下，其可以充分利用计算机强大的仿真运算功能，而且可以利用图形化功能形象地显现光伏发电特征，不仅弥补了实验手段的不足，更有助于对抽象理论的理解。基于工程简化的光伏发电模型尽管可以在 MATLAB/Simulink 下模拟与演示光伏发电过程，直观、形象地观察到环境参数变化对光伏特性的影响，增强工程理解意识，但是由于工程模型的成立是有条件要求的，且每一种工程模型的精度都有所不同，所以建立工程模型的时候需要考虑各种因素。

6.2 太阳电池工程数学模型精确度对比分析研究

近年来国内外提出了各种工程数学模型来简化太阳电池单二极管电流输出方程，由于各种工程数学模型是在不同条件下得到的，所以各种工程数学模型具有不同特点。为此，本节对比研究并分析八种工程数学模型与太阳电池单二极管电流输出方程之间的关系，并总结八种工程数学模型对各类太阳电池的拟合误差存在差别的原因，以及最优工程模型。

6.2.1 太阳电池工程数学模型

因为解析求解太阳电池单二极管电流输出方程是不可能的，所以工程上分析太阳电池性能的时候只有化简。目前，简化单二极管电流输出方程后得到的太阳电池工程数学模型大致可分为三类：①根据太阳电池理想化条件(即并联电阻无穷大、串联电阻为零和反向饱和电流远小于短路电流)，得到指数形式的模型公式；②主要根据幂函数与指数函数有相似的区间性质，得到幂函数形式的模型公式；③根据运动学规律或 e 指数的泰勒展开(或帕德逼近)，得到多项式形式下的模型公式。

典型的第一类工程数学模型如文献[5]和[6]所示，指数形式模型的公式分别为式(6-11)和式(6-12)：

$$I = I_{sc}\left\{1-\left[\left(1-\frac{I_m}{I_{sc}}\right)\exp\frac{V_{oc}\ln\left(1-\frac{I_m}{I_{sc}}\right)}{V_{oc}-V_m}\right]\left[\exp\frac{V\ln\left(1-\frac{I_m}{I_{sc}}\right)}{V_m-V_{oc}}-1\right]\right\} \tag{6-11}$$

$$I=I_{\mathrm{sc}}\left[1-\left(\frac{I_{\mathrm{sc}}-I_{\mathrm{m}}}{I_{\mathrm{sc}}}\right)^{\frac{V_{\mathrm{oc}}}{V_{\mathrm{oc}}-V_{\mathrm{m}}}}\left(\exp\left\{\frac{V}{V_{\mathrm{oc}}}\ln\left[1+\left(\frac{I_{\mathrm{sc}}-I_{\mathrm{m}}}{I_{\mathrm{sc}}}\right)^{\frac{-V_{\mathrm{oc}}}{V_{\mathrm{oc}}-V_{\mathrm{m}}}}\right]\right\}-1\right)\right] \tag{6-12}$$

简化单二极管电流输出方程得到第二类工程数学模型的研究主要有文献[7]和[8]，幂函数形式模型的公式分别为式(6-13)和式(6-14)：

$$I=-\left[I_{\mathrm{sc}}\left(\frac{V}{V_{\mathrm{oc}}}\right)^{\frac{\ln\left(1-\frac{I_{\mathrm{m}}}{I_{\mathrm{sc}}}\right)}{\ln\frac{V_{\mathrm{m}}}{V_{\mathrm{oc}}}}}-I_{\mathrm{sc}}\right] \tag{6-13}$$

$$I=I_{\mathrm{sc}}\left[1-\left(\frac{V}{V_{\mathrm{oc}}}\right)^{\eta}\right]^{\frac{1}{\xi}} \tag{6-14}$$

式中，η 、ξ 分别是 I-V 特性曲线中的几何因子。

第三类工程数学模型的情况比较复杂，既可以根据运动学规律将单二极管电流输出方程写为分段函数形式，如文献[9]给出的多项式形式模型(式(6-15))；也可以通过 e 指数的泰勒展开，利用解析方法获得模型公式，如文献[10]和[11]分别给出的多项式形式模型(式(6-16)和式(6-17))；或者利用帕德逼近后得到模型公式，如文献[12]给出的多项式形式模型(式(6-18))。

$$\begin{cases}I_0=I_{\mathrm{sc}}, & 0<V\leqslant\lambda V_{\mathrm{m}}\\ I_1=I_{\mathrm{sc}}-\dfrac{1}{2}\dfrac{2(I_{\mathrm{sc}}-I_{\mathrm{m}})}{(V_{\mathrm{m}}-\lambda V_{\mathrm{m}})^2}(V-\lambda V_{\mathrm{m}})^2, & \lambda V_{\mathrm{m}}<V\leqslant V_{\mathrm{m}}\\ I_2=I_{\mathrm{m}}-\dfrac{1}{2}\left\{\dfrac{2[I_{\mathrm{m}}(V_{\mathrm{m}}-\lambda V_{\mathrm{m}})-2(I_{\mathrm{sc}}-I_{\mathrm{m}})(V_{\mathrm{oc}}-V_{\mathrm{m}})]}{(V_{\mathrm{oc}}-V_{\mathrm{m}})^2(V-\lambda V_{\mathrm{m}})}\right\}(V-V_{\mathrm{m}})^2 & \\ \qquad -\dfrac{2(I_{\mathrm{sc}}-I_{\mathrm{m}})}{V_{\mathrm{m}}-\lambda V_{\mathrm{m}}}(V-V_{\mathrm{m}}), & V_{\mathrm{m}}<V\leqslant V_{\mathrm{oc}}\end{cases} \tag{6-15}$$

式中，$\lambda=\dfrac{3I_{\mathrm{m}}-2I_{\mathrm{sc}}}{I_{\mathrm{m}}}$ 。

$$I = 0.5\left[-\frac{2\left\{1+\frac{R_s}{R_{sh}}+\frac{q}{nkT}R_s I_{sc}\exp\left[\frac{q}{nkT}(V-V_{oc})\right]\right\}}{\left(\frac{q}{nkT}R_s\right)^2 I_{sc}\exp\left[\frac{q}{nkT}(V-V_{oc})\right]} + \sqrt{\left(\frac{2\left\{1+\frac{R_s}{R_{sh}}+\frac{q}{nkT}R_s I_{sc}\exp\left[\frac{q}{nkT}(V-V_{oc})\right]\right\}}{\left(\frac{q}{nkT}R_s\right)^2 I_{sc}\exp\left[\frac{q}{nkT}(V-V_{oc})\right]}\right)^2 - 4\frac{2\left\{\frac{V}{R_{sh}}-I_{sc}+I_{sc}\exp\left[\frac{q}{nkT}(V-V_{oc})\right]\right\}}{\left(\frac{q}{nkT}R_s\right)^2 I_{sc}\exp\left[\frac{q}{nkT}(V-V_{oc})\right]}}\right] \tag{6-16}$$

$$I = -\frac{a}{R_s}\left\{1+\frac{2\left[\sqrt[3]{b^3-3a_1bc+\frac{3a_1(9a_1d-bc)+3a_1\sqrt{(bc-9a_1d)^2-4(b^2-3a_1c)(c^2-3bd)}}{2}} + \sqrt[3]{b^3-3a_1bc+\frac{3a_1(9a_1d-bc)-3a_1\sqrt{(bc-9a_1d)^2-4(b^2-3a_1c)(c^2-3bd)}}{2}}\right]}{I_0\exp\frac{V}{a}}\right\} \tag{6-17}$$

式中，$a=\frac{nN_skT}{q}$；$a_1=\frac{1}{6}I_0\exp\frac{V}{a}$；$b=\frac{1}{2}I_0\exp\frac{V}{a}$；$c=I_0\exp\frac{V}{a}+\frac{a}{R_s}+\frac{a}{R_{sh}}$；$d=I_0\exp\left(\frac{V}{a}\right)+\frac{V}{R_{sh}}-I_{ph}-I_0$；$N_s$是太阳电池串联数。

$$I = -\frac{a}{R_s}\left\{1+\frac{2\left[\sqrt[3]{b^3-3a_1bc+\frac{3a_1(9a_1d-bc)+3a_1\sqrt{(bc-9a_1d)^2-4(b^2-3a_1c)(c^2-3bd)}}{2}} + \sqrt[3]{b^3-3a_1bc+\frac{3a_1(9a_1d-bc)-3a_1\sqrt{(bc-9a_1d)^2-4(b^2-3a_1c)(c^2-3bd)}}{2}}\right]}{I_0\exp\frac{V}{a}}\right\} \tag{6-18}$$

式中，$a=\frac{nkT}{q}$；$a_1=aR_{sh}+aR_s$；$b=-6aR_{sh}-I_{ph}R_sR_{sh}-I_0R_sR_{sh}+VR_s+I_0R_sR_{sh}$

$\exp\dfrac{V}{a}-6aR_s$；$c=12aR_{sh}+6I_{ph}R_sR_{sh}+6I_0R_sR_{sh}-6VR_s+6I_0R_sR_{sh}\exp\dfrac{V}{a}+12aR_s$；$d=-12I_{ph}R_sR_{sh}-12I_0R_sR_{sh}+12VR_s+12I_0R_sR_{sh}\exp\dfrac{V}{a}$。下面采用电流绝对误差及均方根误差分析各种工程模型的特点。

6.2.2　太阳电池单二极管电流输出方程与八种工程数学模型对比分析

本节采用文献[17]中的单晶硅单体以及组件电池，文献[18]中的多晶硅组件、三结非晶硅组件、硅薄膜组件电池以及文献[19]中的染料敏化电池的数据，对各类太阳电池单二极管电流输出方程与八种太阳电池工程数学模型进行对比分析研究。太阳电池参数如表 6-1 所示。

表 6-1　太阳电池参数

电池类型	I_{ph}/A	I_0/A	n	R_s/Ω	R_{sh}/Ω	I_{sc}/A	V_{oc}/V	I_m/A	V_m/V
单晶硅单体	0.7617	3.223×10^{-7}	1.4837	0.0364	53.76	0.7603	0.5728	0.6894	0.4507
单晶硅组件	1.0318	3.2876×10^{-6}	48.5	1.2057	555.56	1.03	16.778	0.912	12.649
多晶硅组件	4.25	3.278×10^{-9}	73.8	0.52	333.3	4.243	39.75	3.9078	32.32
三结非晶硅组件	4.44	9.121×10^{-10}	33.99	0.41	50	4.4039	19.41	3.873	15.31
硅薄膜组件	5.11	4.053×10^{-9}	54.28	0.57	125	5.0868	29.17	4.599	22.697
染料敏化电池	6.84×10^{-3}	2.98947×10^{-7}	2.515	12.3	739.7	0.0067272	0.64012	0.00532	0.446988

将表 6-1 中的参数分别代入式(6-11)～式(6-18)中，计算后得到各类太阳电池单二极管电流输出方程与八种工程数学模型的 I-V 特性曲线，如图 6-13 所示。从图 6-13 可以看出，所有工程数学模型基本上都能与各类太阳电池单二极管电流输出方程描述的电流电压特性吻合。但从图中插图注意到，多项式形式模型(6)(青色线)与各类电池单二极管电流输出曲线的吻合性较差；原因是该工程模型采用的分段函数中有一段认为电流为恒定值。

图 6-14 是各类太阳电池单二极管电流输出方程与八种工程数学模型之间的电流绝对误差 e_i 随输出电压的变化。从图 6-14 可以看出，电流绝对误差随输出电压振荡上升且在 0、V_m 和 V_{oc} 处接近于零，原因是随着电压的增大，各类太阳电池的非线性效应显著增加，从而导致工程数学模型不适用。而电流绝对误差在某些点接近于零是由于所有模型都需要这些特殊的点来计算。而且发现指数形式模型(式(6-11)和式(6-12))的电流绝对误差曲线重合(黑色和红色曲线)，原因是指数形式模型(式(6-11)和式(6-12))都忽略了串并联电阻的影响。值得关注的是，对

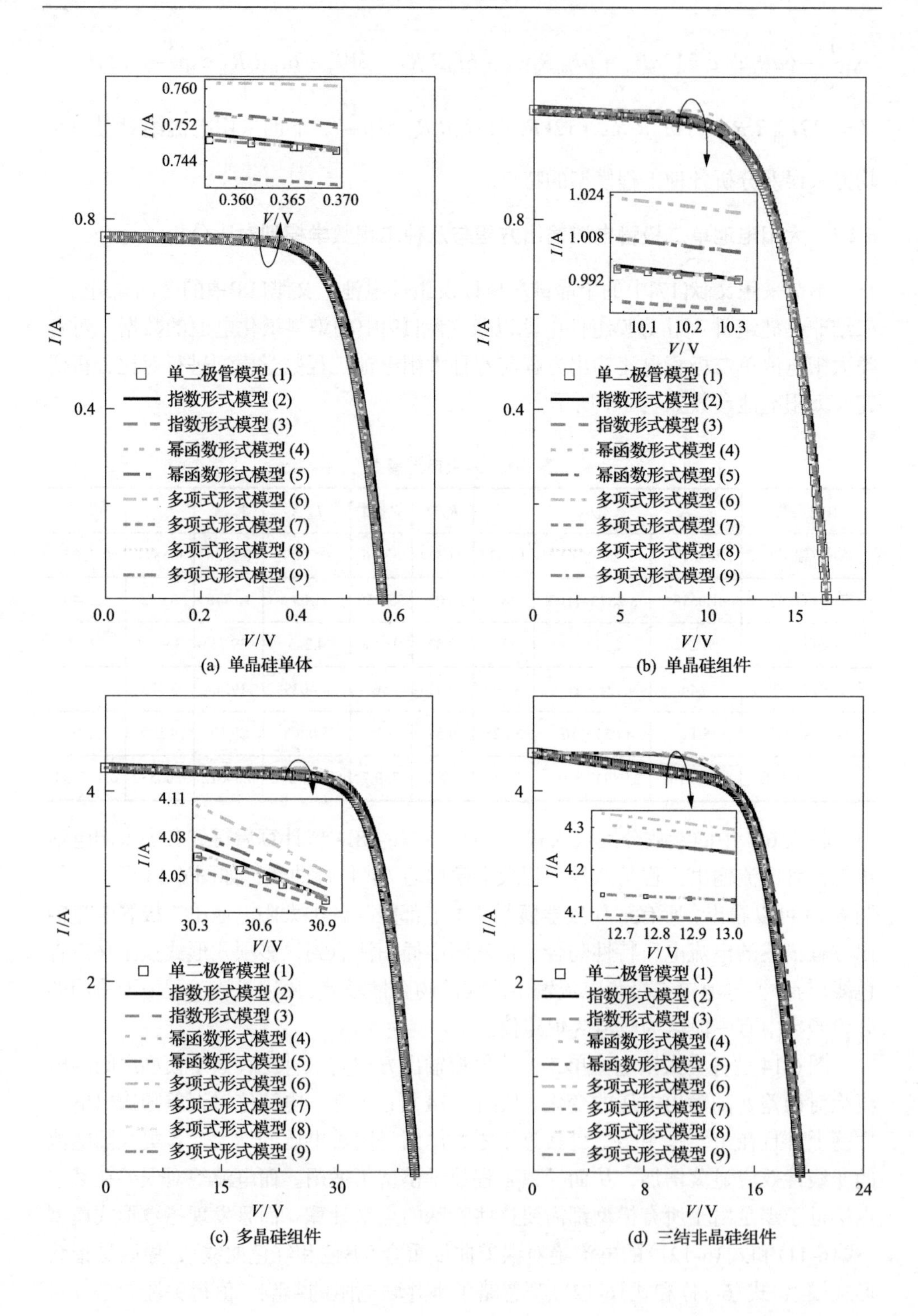

(a) 单晶硅单体　(b) 单晶硅组件　(c) 多晶硅组件　(d) 三结非晶硅组件

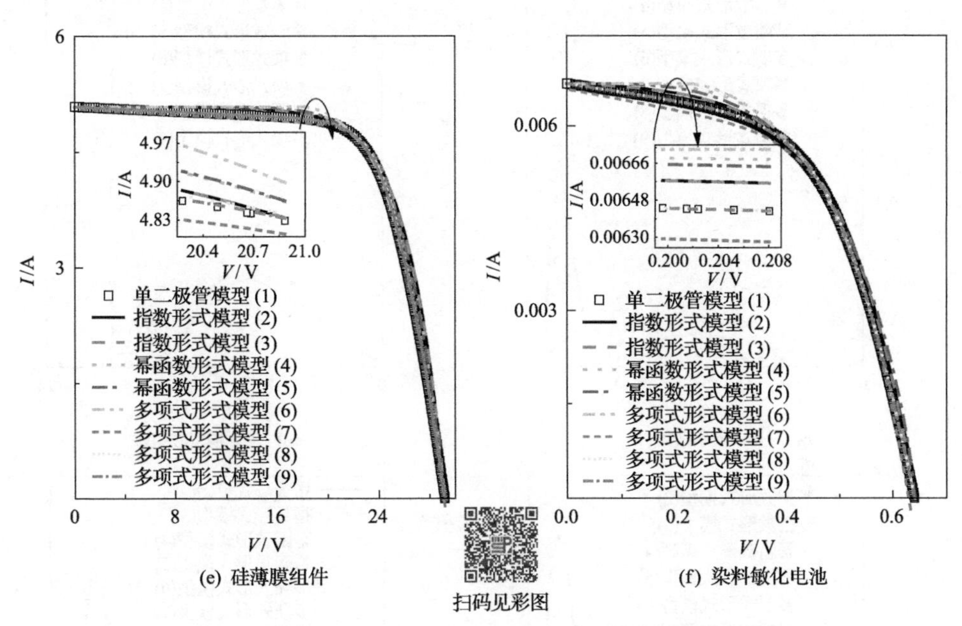

图 6-13　各类太阳电池单二极管电流输出方程与太阳电池工程数学模型的 I-V 特性曲线

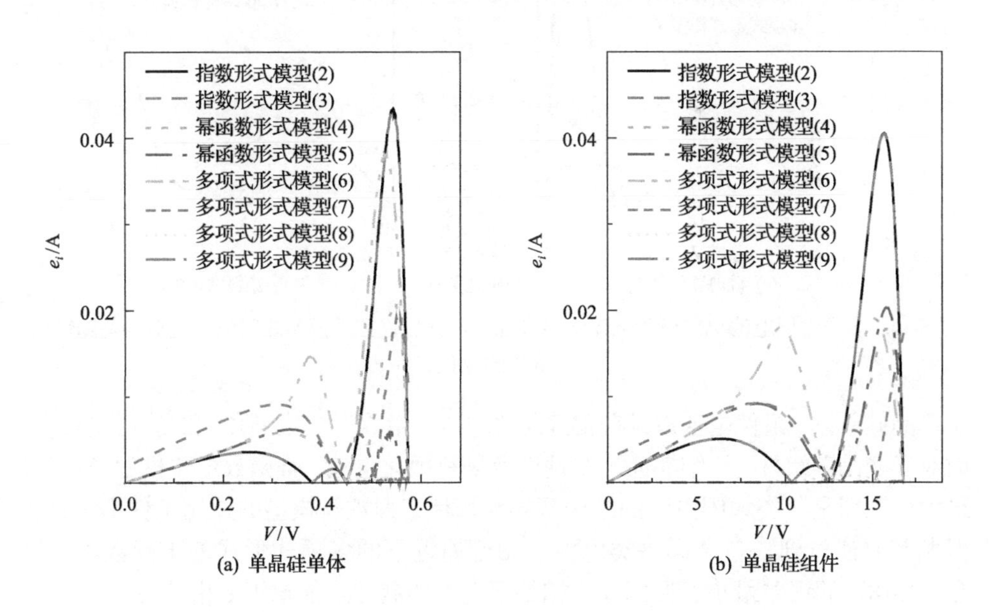

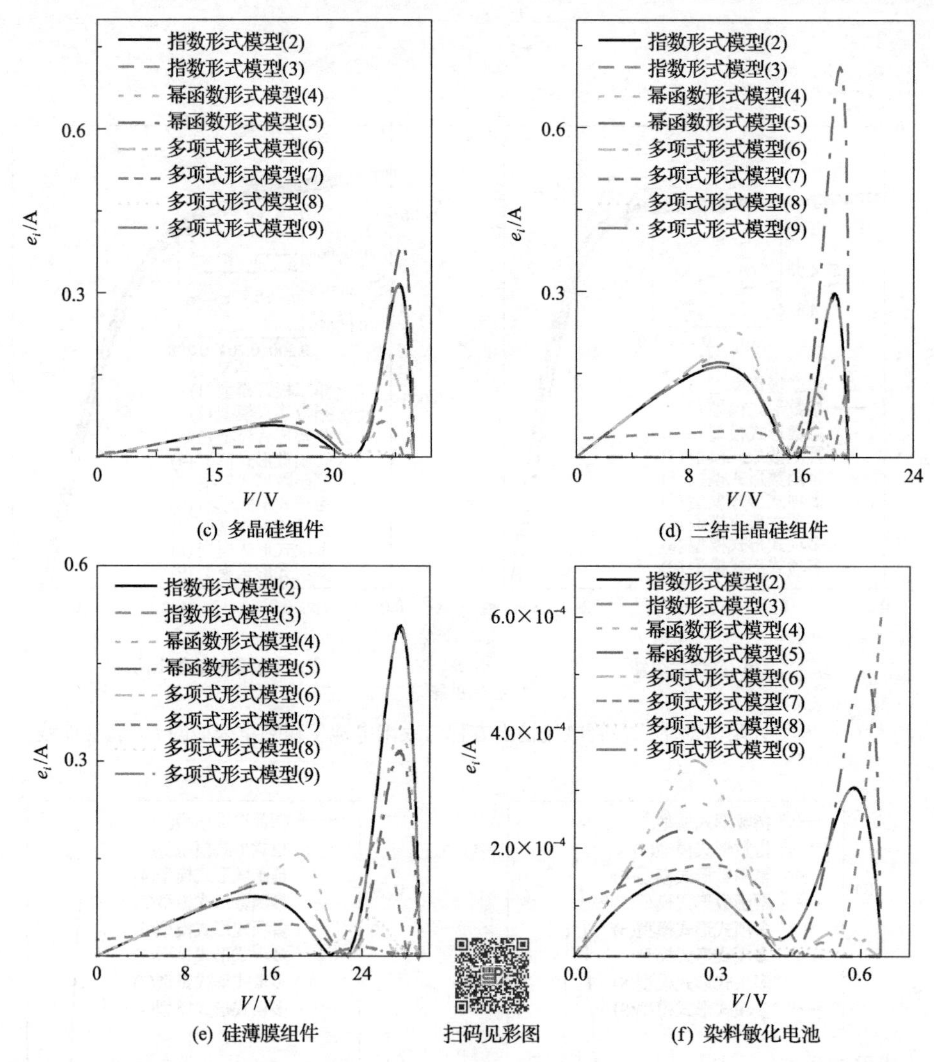

图 6-14　各类太阳电池单二极管电流输出方程与八种工程数学模型之间电流绝对误差随输出电压的变化

于单晶硅单体、组件电池以及硅薄膜组件电池，指数形式模型(2)和(3)误差最大；而对于多晶硅组件、三结非晶硅组件以及染料敏化电池，幂函数形式模型(5)误差最大。原因是各类太阳电池的结构差异和每种工程数学模型的适用条件不一致。但尤其要注意到，对于同一类电池，帕德逼近下的多项式形式的工程数学模型(式(6-18))的误差最小，原因在于帕德逼近下的展开最能逼近 e 指数特征。

表 6-2 是各类太阳电池单二极管电流输出方程与八种工程数学模型之间整体拟合的均方根误差。从表 6-2 可知，对于各类太阳电池而言，指数形式模型(式(6-11)和式(6-12))的均方根误差基本相等。而且发现对于单晶硅单体、组件

电池以及硅薄膜组件电池，指数形式模型的均方根误差最大；而多晶硅组件、三结非晶硅组件以及染料敏化电池，幂函数形式模型（式(6-14)）的均方根误差最大。注意到在帕德逼近下建立的多项式形式的工程数学模型（式(6-18)）的均方根误差最小。

表 6-2　各类太阳电池单二极管电流输出方程与八种工程数学模型之间整体拟合的均方根误差

太阳电池类型	指数形式模型(2)	指数形式模型(3)	幂函数形式模型(4)	幂函数形式模型(5)	多项式形式模型(6)	多项式形式模型(7)	多项式形式模型(8)	多项式形式模型(9)
单晶硅单体	0.0236	0.0236	0.0111	0.0036	0.0213	0.0108	3.0705×10^{-4}	2.0953×10^{-4}
单晶硅组件	0.0214	0.0213	0.0115	0.0124	0.0155	0.0106	4.8268×10^{-4}	6.6907×10^{-5}
多晶硅组件	0.1599	0.1599	0.1052	0.1955	0.0882	0.0339	0.0045	0.0010
三结非晶硅组件	0.1703	0.1702	0.1190	0.3831	0.0877	0.0708	0.0204	0.0042
硅薄膜组件	0.2815	0.2815	0.1959	0.1750	0.0561	0.0935	0.0283	0.0062
染料敏化电池	1.6615×10^{-4}	1.6615×10^{-4}	1.2083×10^{-4}	2.6322×10^{-4}	1.3628×10^{-4}	1.8945×10^{-4}	7.5453×10^{-6}	6.1327×10^{-7}

6.2.3　结论

本节基于文献中的数据，对比研究并分析了各类太阳电池单二极管电流输出方程与八种工程数学模型之间的绝对误差以及均方根误差。结果表明：①八种工程数学模型总体上均能正确重现太阳电池性能，但都存在绝对误差随着电压的增加而增大的现象，原因是工程数学模型不能适应随着电压的增大而电池非线性效应显著增加的现象；②由于各类太阳电池的结构差异，每种工程数学模型都有各自的适用范围，但各类太阳电池在帕德逼近下建立的多项式形式模型的误差最小，原因在于帕德逼近下的展开最能逼近 e 指数特征。本节内容对于工程太阳电池模型的研究来说具有一定参考价值。

6.3　光强或电池温度改变下的两类光伏发电工程模型适用性研究

前面基于电池单二极管电流输出方程研究了目前典型的光伏发电工程模型。实际上，光伏发电是随外界光强与温度而改变的，为此，利用电池宏观特性中电流电压与外界环境的关系，将光强转化为输出功率的工程模型研究十分重要[20-24]。分析研究这些工程模型的适用性的原因在于各个模型对电池温度与光强的变化的适应度不一样，所以它们各有特点。

为此，本节研究并分析近年来国内外提出的光强或电池温度改变下的两类光伏发电工程模型：一类是基于并联电阻无穷大的简化模型(以下简称简化模型)；另一类是基于幂律函数的指数模型(以下简称指数模型)。然后总结两类模型的优缺点，尤其是两类模型在光强或电池温度改变时的适用性，得出哪一个模型更优。

6.3.1 简化模型与指数模型

6.3.1.1 简化模型[23]

假设并联电阻为无穷大，考虑光强与电池温度对电流的影响，单二极管电流输出方程可化简为

$$I = I_{\text{sc-STC}}\left(1 - C_1\left\{\exp\frac{V + b\times\Delta T + R_{\text{s}}\times\left[a\dfrac{S}{S_{\text{STC}}}\times\Delta T + \left(\dfrac{S}{S_{\text{STC}}} - 1\right)I_{\text{sc-STC}}\right]}{C_2 V_{\text{oc-STC}}} - 1\right\}\right) + \left[a\frac{S}{S_{\text{STC}}}\times\Delta T + \left(\frac{S}{S_{\text{STC}}} - 1\right)I_{\text{sc-STC}}\right] \tag{6-19}$$

$$C_1 = \left(1 - \frac{I_{\text{m-STC}}}{I_{\text{sc-STC}}}\right)\exp\frac{-V_{\text{m-STC}}}{C_2 V_{\text{oc-STC}}} \tag{6-20}$$

$$C_2 = \left(\frac{V_{\text{m-STC}}}{V_{\text{oc-STC}}} - 1\right)\left[\ln\left(1 - \frac{I_{\text{m-STC}}}{I_{\text{sc-STC}}}\right)\right]^{-1} \tag{6-21}$$

式中，a、b 是温度补偿系数；ΔT 是测试时电池温度与标准测试温度 25℃之间的差别；S 是测试时电池受到的光强；S_{STC} 是电池标准测试情况下的光强，1000W/m^2；C_1、C_2 是计算得到的系数；$I_{\text{sc-STC}}$、$V_{\text{oc-STC}}$、$I_{\text{m-STC}}$、$V_{\text{m-STC}}$ 是电池标准测试情况(温度为 25℃，光强为 1000W/m^2)下的短路电流、开路电压、最大功率点电流及最大功率点电压。

由以上内容可知，通过标准测试情况下的技术参考值(通常厂商都会给)，可以分析任意光强与温度下的光伏发电特征。

6.3.1.2 指数模型[24]

首先利用幂律关系建立输出电流与电压的关系；其次基于标准测试情况下的

技术参考值，推算出任意光强与温度下的短路电流 I_{sc}、开路电压 V_{oc}、最大功率点电流 I_m 与最大功率点电压 V_m。关系如下：

$$\frac{I}{I_{sc}}=1-\left(\frac{V}{V_{oc}}\right)^{\frac{\ln\left(1-\frac{I_m}{I_{sc}}\right)}{\ln\frac{V_m}{V_{oc}}}} \tag{6-22}$$

$$I_{sc}=I_{sc\text{-STC}}\frac{S}{S_{STC}}(1+d_1\Delta T) \tag{6-23}$$

$$I_m=I_{m\text{-STC}}\frac{S}{S_{STC}}(1+d_2\Delta T) \tag{6-24}$$

$$V_{oc}=\frac{1}{\frac{1}{V_{oc\text{-STC}}}\ln\frac{1+\left(\frac{I_{sc\text{-STC}}-I_{m\text{-STC}}}{I_{sc\text{-STC}}}\right)^{\frac{V_{oc\text{-STC}}}{V_{oc\text{-STC}}-V_{m\text{-STC}}}}}{\left(\frac{I_{sc\text{-STC}}-I_{m\text{-STC}}}{I_{sc\text{-STC}}}\right)^{\frac{V_{oc\text{-STC}}}{V_{oc\text{-STC}}-V_{m\text{-STC}}}}}}\times\ln\left[\frac{S}{\left(\frac{I_{sc\text{-STC}}-I_{m\text{-STC}}}{I_{sc\text{-STC}}}\right)^{\frac{V_{oc\text{-STC}}}{V_{oc\text{-STC}}-V_{m\text{-STC}}}}\cdot S_{STC}}+1\right](1+f_1\Delta T) \tag{6-25}$$

$$V_m=\frac{1}{\frac{1}{V_{oc\text{-STC}}}\ln\frac{1+\left(\frac{I_{sc\text{-STC}}-I_{m\text{-STC}}}{I_{sc\text{-STC}}}\right)^{\frac{V_{oc\text{-STC}}}{V_{oc\text{-STC}}-V_{m\text{-STC}}}}}{\left(\frac{I_{sc\text{-STC}}-I_{m\text{-STC}}}{I_{sc\text{-STC}}}\right)^{\frac{V_{oc\text{-STC}}}{V_{oc\text{-STC}}-V_{m\text{-STC}}}}}}\times\ln\left[\frac{I_{sc\text{-STC}}\frac{S}{S_{STC}}+\left(\frac{I_{sc\text{-STC}}-I_{m\text{-STC}}}{I_{sc\text{-STC}}}\right)^{\frac{V_{oc\text{-STC}}}{V_{oc\text{-STC}}-V_{m\text{-STC}}}}\cdot I_{sc\text{-STC}}-I_{m\text{-STC}}\frac{S}{S_{STC}}}{\left(\frac{I_{sc\text{-STC}}-I_{m\text{-STC}}}{I_{sc\text{-STC}}}\right)^{\frac{V_{oc\text{-STC}}}{V_{oc\text{-STC}}-V_{m\text{-STC}}}}\cdot I_{sc\text{-STC}}}\right](1+f_2\Delta T) \tag{6-26}$$

式中，d_1、d_2、f_1、f_2 分别是对应的短路电流温度系数、开路电压温度系数、最大功率点电流温度系数和最大功率点电压温度系数。

由以上内容可知，通过标准测试情况下的技术参考值，利用式(6-23)～式(6-26)可分析得到任意光强与温度下的短路电流、开路电压、最大功率点电流和最大功率点电压，然后代入式(6-22)，就可以重现任意光强和温度下的电池输出特性。

6.3.2　模型结果对比与分析

为了验证模型的适用性，本节通过 BPsolar 公司提供的 BP3235N 太阳电池进行数据验证，并计算实验数据与模型仿真之间的全局相对误差[25]。

图 6-15 是在光强为 1000W/m^2、温度为 25℃时两类模型的仿真数据和实验数据对比图。首先，总体看来，两类模型都可以比较精确地拟合实验结果。其次，可以看出，在 30V 以下，两类模型都可以正确描述电池的发电特征，而超过 30V 以后，简化模型与实验数据有明显误差。原因在于，简化模型在推导过程中忽略了并联电阻的影响，而并联电阻在高偏压下并不能忽略[26]。最后，计算实验数据与简化模型之间的全局相对误差，得到实验数据和简化模型之间的误差为 24.1%，实验数据和指数模型之间的误差为 10.1%，说明指数模型优于简化模型，原因在于幂律函数下的指数模型可以较好地重现光伏发电特征，没有简化。

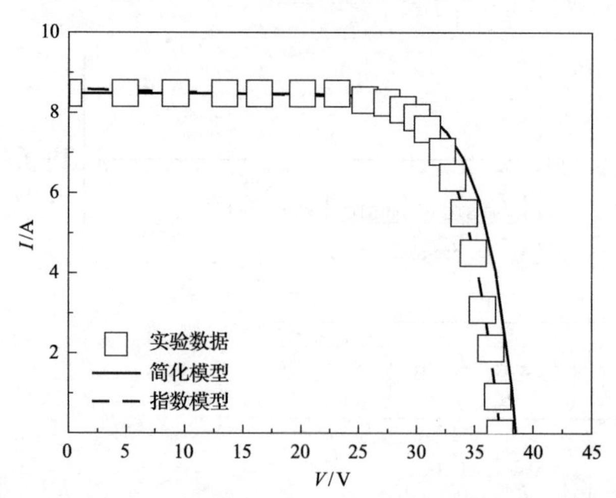

图 6-15　光强为 1000W/m^2、温度为 25℃时两类模型的仿真数据和实验数据对比图

为了进一步研究模型在变光强下适应发电的特征，在光强为 800W/m^2、温度为 25℃时对两类模型的仿真数据和实验数据进行了对比研究，结果见图 6-16。

从图 6-16 首先可以看出，任何一种模型都可以比较精确地仿真实验结果，再次说明模型是合理的。其次，可以看出，30V 仍然是一个分界点，在此之前两种模型都与实验符合较好，而在此之后，误差都明显上升。原因仍然是高偏压下，电池的特征已经完全改变，无法用理想恒流源、理想二极管的特征来描述电池。

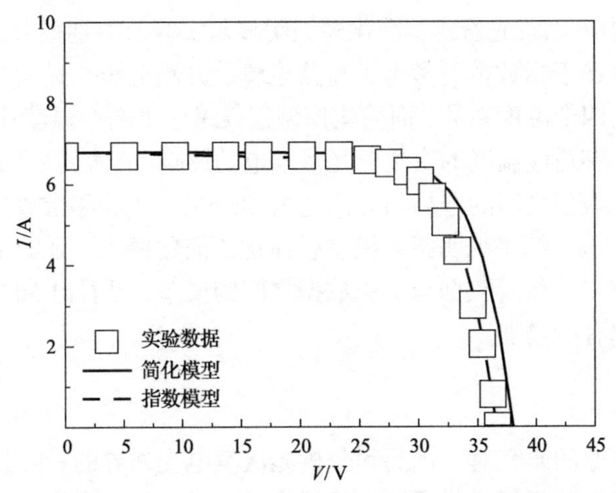

图 6-16　光强为 800W/m²、温度为 25℃时的两类模型的仿真数据和实验数据对比图

再次，可以看出，光强为 800W/m² 下，实验数据和简化模型之间的全局相对误差为 26.3%，实验数据和指数模型之间的全局相对误差为 12.7%，结果说明指数模型整体优于简化模型，原因在于指数模型中不仅电流考虑了光强的影响，电压也考虑了光强的影响。最后，注意到，相对于上述光强为 1000W/m² 下的仿真数据与实验数据的对比结果，光强为 800W/m² 下的两类模型的仿真数据与实验数据的误差都有所增加。原因有两方面：第一，随着光强的减弱，电池的非线性效应明显，模型无法适应电池的实际变化；第二，两类模型都是基于标准测试情况下的技术参考值来估算发电特征，因此模型对于偏离标准情况下的分析的误差就会上升。

下面研究了两种模型在另外一个温度下是否适应光伏发电的特征，光强为 1000W/m²、温度为 50℃时两类模型的仿真数据和实验数据的对比图如图 6-17 所示。

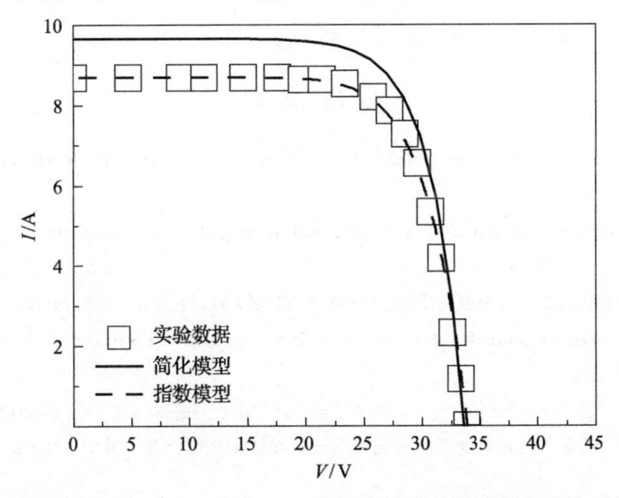

图 6-17　光强为 1000W/m²、温度为 50℃时两类模型的仿真数据和实验数据对比图

从图 6-17 中可以首先看出，简化模型明显与实验值差别很大，而指数模型吻合得很好，原因在于指数模型考虑了短路电流、开路电压、最大功率点电流和最大功率点电压的四个温度系数，而简化模型仅仅考虑了两个温度补偿系数，因此，指数模型更加能够适应温度的变化对光伏发电的影响。其次，注意到，温度在 50℃时，实验和简化模型之间的全局相对误差为 35.5%，实验和指数模型之间的全局相对误差为 14.5%；结果说明指数模型整体优于简化模型，证明了上面的结论。最后，相较于 25℃下仿真数据与实验数据之间的误差，可看出 50℃下的两类模型与实验的误差都有所增加。

6.3.3 结论

光伏发电模型的研究对于预测和分析光伏发电受外界的影响具有重要意义。为此，本章研究并分析了近年来国内外提出的两类光伏发电模型的适用性，一类是简化模型，另一类是指数模型。结果首先表明，两类模型总体都可以比较精确地重现实验结果，但两类模型理论值与实验值的误差随偏压的上升而明显上升，原因在于，高偏压下电池的特征已经完全改变，无法用理想恒流源、理想二极管的特征来描述电池属性。其次，发现当光强或电池温度改变的时候，两类模型的理论值与实验值之间的误差都上升了，原因在于两方面：第一，外界环境变化时，电池的非线性效应明显，模型无法适应电池的实际变化；第二，两类模型都是基于标准测试情况下的技术参考值来预估发电特征，因此，模型对于偏离标准情况下的分析的误差就会上升。最后，注意到指数模型整体优于简化模型，更加适应不同情况下的光伏发电特性。原因在于两方面：一方面是指数模型考虑了光强对电流与电压的影响，而简化模型仅仅考虑了光强对电流的影响；另一方面是指数模型考虑了短路电流、开路电压、最大功率点电流和最大功率点电压的温度系数，而简化模型仅仅考虑了两个温度补偿系数。

参 考 文 献

[1] Peng L L,Sun Y Z, Zhuo M, et al. A new method for determining the characteristics of solar cells. Journal of Power Sources, 2013, 227(1): 131-136.

[2] Rajasekar N, Kumar N K, Venugopalan R, et al. Bacterial foraging algorithm based solar PV parameter estimation. Solar Energy, 2013(97): 255-265.

[3] 任航, 叶林. 太阳能电池的仿真模型设计和输出特性研究. 电力自动化设备, 2009, 29(10): 112-115.

[4] Karmalkar S, Saleem H. The power law *J-V* model of an illuminated solar cell. Solar Energy Materials and Solar Cells, 2011, 95(4): 1076-1084.

[5] 苏建徽, 余世杰, 赵为, 等. 硅光伏电池工程用数学模型. 太阳能学报, 2001, 22(4): 409-412.

[6] 廖志凌, 阮新波. 任意光强和温度下的硅光伏电池非线性工程简化数学模型. 太阳能学报, 2009, 30(4): 430-435.

[7] 宋长江, 梁岚珍.光伏阵列幂函数模型及其模拟装置. 可再生能源, 2013, 31(5): 5-9.

[8] Saetre T O, Midtgart O, Yordanov G H. A new analytical solar cell *I-V* curve model. Renewable Energy, 2011, 36(8): 2171-2176.

[9] 傅望, 周林, 郭珂, 等. 光伏电池工程用数学模型研究. 电工技术学报, 2011, 26(10): 211-216.

[10] 王明达, 赵瑞杰. 基于数据手册的光伏电池特性及参数实用估算方法. 可再生能源, 2012, 30(3): 102-107.

[11] Lun S X, Du C J, Guo T T, et al. A new explicit *I-V* model of a solar cell based on Taylor's series expansion. Solar Energy, 2013(94): 211-232.

[12] Lun S X, Du C J, Guo T T, et al. An explicit approximate *I-V* characteristic model of a solar cell based on padé approximants. Solar Energy, 2013(92): 147-159.

[13] 薛定宇. 基于 Matlab/Simulink 的系统仿真技术与应用. 北京: 清华大学出版社, 2011.

[14] 张德丰. Matlab/Simulink 建模与仿真实例精讲. 北京: 机械工业出版社, 2010.

[15] 王长江. 基于 Matlab 的光伏电池通用数学模型. 电力科学与工程, 2009, 25(4): 11-13.

[16] 肖文波, 吴华明, 傅建平, 等. 光强和温度对硅光伏电池输出特性的影响. 华中科技大学学报(自然科学版), 2017(1): 108-112.

[17] Easwarakhanthan T, Bottin J, Bouhouch I, et al. Nonlinear minimization algorithm for determining the solar cell parameters with microcomputers. International Journal of Solar Energy, 1986(4): 1-12.

[18] 丁金磊. 太阳电池 *I-V* 方程显式求解原理研究及应用. 合肥: 中国科技大学, 2007.

[19] Tian H M, Zhang X B, Yuan S K, et al.An improved method to estimate the equivalent circuit parameters in DSSCs.Solar Energy, 2009(83): 715-720.

[20] González-Longatt F M. Model of photovoltaic module in Matlab//II CIBELEC Conference, Puerto La Cruz, 2005.

[21] Dolara A, Leva S, Manzolini G. Comparison of different physical models for PV power output prediction. Solar Energy, 2015(119): 83-99.

[22] Karmalkar S, Haneefa S. A physically based explicit *J-V* model of a solar cell for simple design calculations. IEEE Electron Device Letters, 2008, 29(5): 449-451.

[23] Rasool F, Drieberg M, Badruddin N, et al. PV panel modeling with improved parameter extraction technique. Solar Energy, 2017(153): 519-530.

[24] 肖文波, 胡方雨, 戴锦. 全工况下光伏组件输出特性的预测建模与研究. 光子学报, 2014, 43(11): 42-48.

[25] Tian H, Mancilla-David F, Ellis K, et al. A cell-to-module-to-array detailed model for photovoltaic panels. Solar Energy, 2012, 86(9): 2695-2706.

[26] Swaleh M S, Green M A. Effect of shunt resistance and bypass diodes on the shadow tolerance of solar cell modules. Solar Cells, 1982, 5(2): 18.

第 7 章　光伏系统发电最大功率点跟踪技术的研究

太阳电池控制器是光伏发电系统的一个重要部分，其中最重要的部分是最大功率点跟踪技术(MPPT)。最大功率点跟踪技术通过设计算法控制太阳电池的输出电压或电流使太阳电池始终工作在最大功率点，从而保证太阳电池始终保持最大的功率输出。通过在太阳电池阵列和负载之间安装具备太阳电池最大功率点跟踪功能的电力电子转换器，可以有效提高太阳能光伏发电系统的效率。随着光伏发电应用的日益广泛，最大功率点跟踪技术研究发展迅速，国内外对这一技术都开展了广泛的研究，各种最大功率点跟踪方法也已经被开发和不断改进。最大功率点跟踪的方法主要分两大类，一类是传统的算法，其中主要包括扰动观察法、电导增量法以及各种改进算法[1]；另一类是人工智能算法，其中主要包括粒子群优化算法、人工神经网络法、模糊控制算法、蚁群算法、遗传算法等[2]。

光伏发电最大功率点跟踪原理，就是在给定条件下让电池产生的电能高效地传输给负载，使系统的能量利用率尽量提高。基本原理如图 7-1 所示，图中横坐标是电池输出电压(V)，纵坐标是电池输出功率(P)。通过对比电池当前输出功率与前一次功率的大小，判断电池输出最大功率的方向；然后通过增加或减少负载调整输出电压，以达到电池输出功率最大。

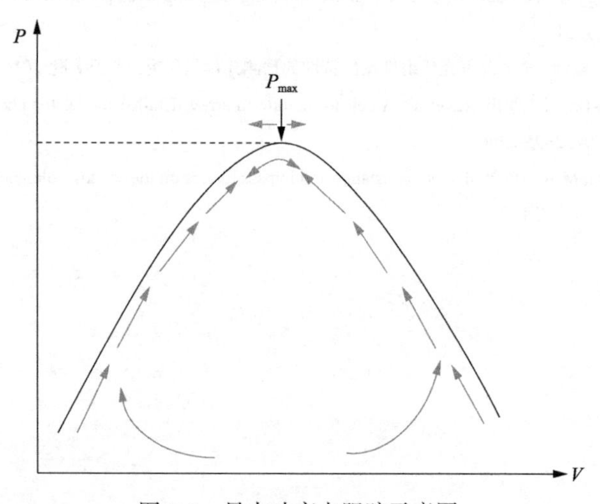

图 7-1　最大功率点跟踪示意图

在国内，谢明明等[3]通过改变升压变换器占空比的大小，比较占空比和调整占空比引起的功率变化来判定最大功率点的位置，采用改变占空比大小的方法能够更加快速稳定地跟踪太阳电池的最大功率点，但是依旧有比较大的功率损失。进一步，吴雷等[4]为了解决传统的最大功率点控制算法跟踪精度和跟踪速度相矛盾的问题，提出一种分阶段变步长电导增量法。该算法将太阳电池输出曲线划分为两个阶段，根据不同阶段的曲线特性分析比较，从而进行步长模式的切换，在远离最大功率点的动态阶段采用大步长跟踪，而在最大功率点附近的稳态阶段则采用小步长跟踪。该方法可以较准确地跟踪最大功率点，但是跟踪的时间比较长。湖南大学于晶荣等[5]利用极值搜索算法实现最大功率点控制，通过高通滤波器提取逆变器直流电压中的纹波电压，以纹波电压为极值搜索算法的扰动信号，在极值搜索算法中引入优化补偿环节，提高了算法的收敛速度，并提高了最大功率点控制的稳态和动态性能。彭文丽等[6]利用模糊控制算法适应性强、鲁棒性好、不要求精确控制对象的优点，提出了规则生成、模糊决策与推理，建立了仿真模型对模糊控制器进行验证和分析；结果表明，当外部环境发生变化的时候，系统能够迅速跟踪此变化，使系统始终工作在最大功率点附近，并具有较好的稳定性，性能优良。河海大学陈小华和李志华[7]结合遗传算法搜索过程的准确性和神经网络控制输出的快速性，提出了基于径向基函数(RBF)神经网络和遗传算法的最大功率点跟踪方法，该方法根据光强和环境温度直接由 RBF 神经网络输出期望负载电压，减少了最大功率点处的电压搜索时间，因此系统是实时的；同时该方法有效地避免了实时控制过程中最大功率点全局搜索的滞后性和最大功率点处输出振荡的弊端，能有效地跟踪最大功率点。

在国外，Hussein 等[8]提出电导增量算法，该算法对平均电导和瞬时电导进行比较确定最大功率点的位置，准确度较高。但是算法的跟踪步长选取是一个问题，如果步长选取得较大则跟踪的时间较短，但是跟踪的准确度较低，如果步长选取得过小则跟踪的时间长，而跟踪的准确度比较高。为此，Mei 等[9]提出指数型变化步长方法，在刚刚跟踪的时候步长较大，而在最大功率点附近的时候步长较小，这样不仅可以在跟踪速度上有提高而且在跟踪准确度方面也有进步，但是这样的选择并不是最佳步长方案，其在最大功率点附近波动较大。Messalti 等[10]使用经典的扰动观察法的数据训练人工神经网络模型，研究了基于固定步长和可变步长的人工神经网络最大功率点跟踪模型，该模型在快速变化的环境条件下的最大功率点跟踪达到了非常快的速度，瞬态响应时间也得到缩短，稳态超调和振荡幅度减小，能量损失因此也得到减少。Ishaque 等[11]使用直接占空比控制方法消除了 PI(比例积分)控制回路，在部分阴影条件下能跟踪光伏阵列的全局最大功率点，并使用光伏阵列模拟器进行实验测试，在阵列上施加了十个辐照模式，其中大部分包括各种局部阴影模式。与传统的直接占空比方法相比，所提出的方法在所有阴影条件下都表现优异。最后，从上午 8 点到下午 6 点，研究人员对所提方法的性能进行了测试,实测数据表明对于10点(日间)的光强和温度曲线,其平均MPPT效率为99.5%。

综上所述，最大功率点跟踪算法大体可以分为两类。一类是以扰动观察法、电导增量法等为代表的传统算法，这些方法的研究中存在跟踪速度和跟踪的准确度矛盾的问题，增加步长可以提高跟踪速度但是会降低跟踪的准确度；减小步长会提高跟踪的准确度但是会增加跟踪的时间，因此研究的重点在于寻找到一种合适的方法提高跟踪的速度和准确度从而提高太阳能发电系统的效率。另一类是以神经网络算法、粒子群优化算法、遗传算法、模糊控制算法为代表的人工智能算法，这类算法适用于求解非线性、多极值的问题。

为此，本章首先基于模块化思想建立太阳电池工程数学模型，并比较了扰动观察法、电导增量法以及它们的改进算法。然后综述两类最大功率点智能跟踪理论，第一类是传统通用的控制算法，如遗传算法等；第二类是混合几种算法的方法，如电导增量和萤火虫混合算法等。最后建立遮阴条件下串联组件的粒子群最大功率点跟踪算法，并应用仿真数据，分析跟踪差异的原因。

7.1 扰动观察法、电导增量法及其改进算法的研究

最大功率点跟踪可以让太阳电池产生的电能高效地传输给负载，使系统的能量利用率尽量提高，在当前光伏发电系统造价比较高的情况下，最大功率点跟踪算法的研究十分重要。目前，光伏发电最大功率点跟踪算法中的通用方法大致为扰动观察法、电导增量法及其相关改进算法[12]。

7.1.1 扰动观察法

扰动观察法(*P*&O)又称为爬山法[13]，其主要原理是不断扰动光伏系统当前的输出电流或者电压，采集扰动后的输出电流和电压并计算出输出功率，将输出功率与前一次的值进行比较，根据比较的结果来判定下一次的扰动方向。下面以扰动电压为例来介绍扰动观察法，其过程如图 7-2 所示。具体过程如下：控制器首先采集 2 个相邻时刻的电压和电流 $V(k)$、$I(k)$、$V(k-1)$、$I(k-1)$，然后分别计算出它们的功率 $P(k)$、$P(k-1)$。通过两功率之差 $\mathrm{d}P=P(k)-P(k-1)$ 与 0 的比较来判断下一步扰动的方向。如果 $\mathrm{d}P>0$ 且 $\mathrm{d}V\leqslant 0$、$\mathrm{d}P<0$ 且 $\mathrm{d}V>0$，则电压向左边扰动一个步长 $V(k)=V-\Delta V$；如果 $\mathrm{d}P>0$ 且 $\mathrm{d}V>0$、$\mathrm{d}P<0$ 且 $\mathrm{d}V\leqslant 0$，则电压向右边扰动一个步长 $V(k)=V+\Delta V$；如果 $\mathrm{d}P=0$，则功率没有改变，直接返回进行下一次的比较。

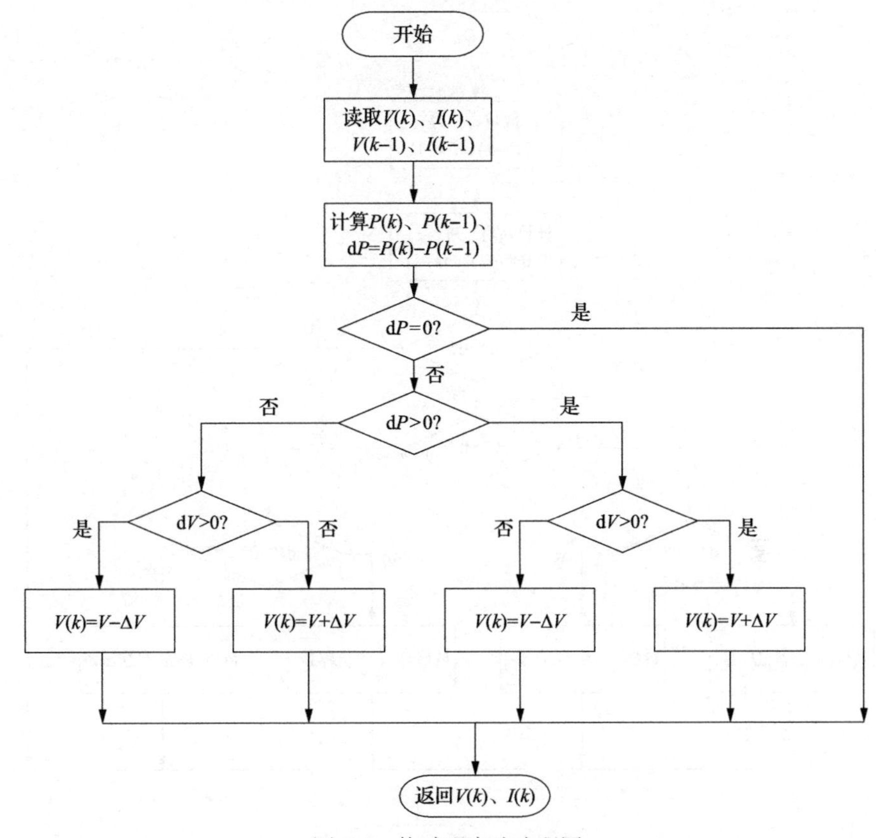

图 7-2　扰动观察法流程图

7.1.2　改进的扰动观察法

上述扰动观察法由于步长固定所以并不能使系统真正工作在最大功率点，实际的工作点会在最大功率点附近振荡，因此会造成能量的损耗；在外界条件变化的情况下固定的步长会造成误判；固定扰动观察法的速度和精度不能同时提高，而变步长算法是以 $\Delta V=N\times|\mathrm{d}P/\mathrm{d}V|$ 的形式获得动态变步长的搜索算法，其中 N 为步长调整系数，$\mathrm{d}P/\mathrm{d}V$ 在恒定温度和光强时能够反映运行点与最大功率点的远近，当接近最大功率点时，$\mathrm{d}P/\mathrm{d}V$ 趋近于 0。变步长的设计既提高了搜索的效率，又减小了最大功率点处功率振荡的幅度[14]。改进的扰动观察法在扰动观察法的基础上改变扰动的步长为 $N\times|\mathrm{d}P/\mathrm{d}V|$，其流程图如图 7-3 所示。

7.1.3　电导增量法

电导增量(incremental conductance，INC)法[15,16]是 Hussein 在 20 世纪首先提出的一种跟踪算法。通过观察光伏阵列的功率曲线，发现在最大功率点处曲线的

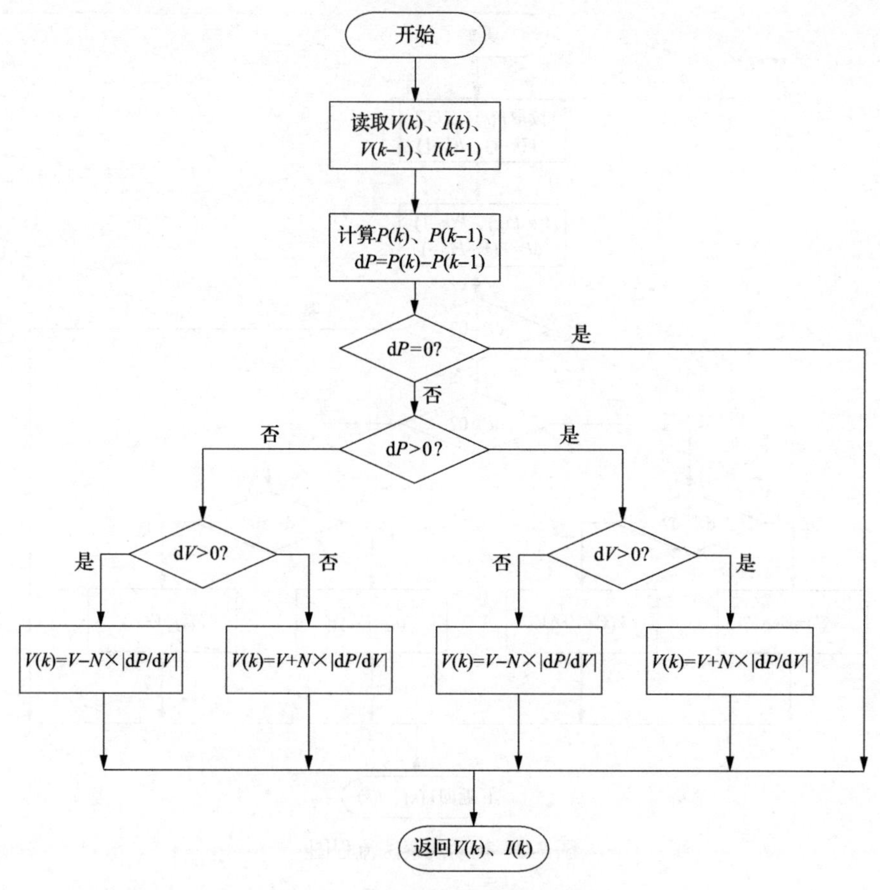

图 7-3　改进的扰动观察法流程图

斜率为 0，在最大功率点的左边曲线的斜率大于 0，在最大功率点的右边曲线的斜率小于 0，其数学表达式如下。

在最大功率点处：

$$\frac{\mathrm{d}P}{\mathrm{d}V}=0 \tag{7-1}$$

在最大功率点的左边：

$$\frac{\mathrm{d}P}{\mathrm{d}V}>0 \tag{7-2}$$

在最大功率点的右边：

$$\frac{\mathrm{d}P}{\mathrm{d}V}<0 \tag{7-3}$$

由 $\frac{\mathrm{d}P}{\mathrm{d}V}=\frac{\mathrm{d}(VI)}{\mathrm{d}V}=I+V\frac{\mathrm{d}I}{\mathrm{d}V}$，式(7-1)～式(7-3)可变为如下公式。

在最大功率点处：

$$\frac{\mathrm{d}I}{\mathrm{d}V}=-\frac{I}{V} \tag{7-4}$$

在最大功率点的左边：

$$\frac{\mathrm{d}I}{\mathrm{d}V}>-\frac{I}{V} \tag{7-5}$$

在最大功率点的右边：

$$\frac{\mathrm{d}I}{\mathrm{d}V}<-\frac{I}{V} \tag{7-6}$$

通过比较瞬时电导和电导增量的大小可以跟踪最大功率点，具体跟踪过程如下(图 7-4)：控制器首先采集某时刻及其前一时刻的电压和电流，然后计算出此时电压、电流的微分 dV、dI。通过 dV 与 0、dI 与 0 及 dI/dV 与 $-I/V$ 的比较来判断下

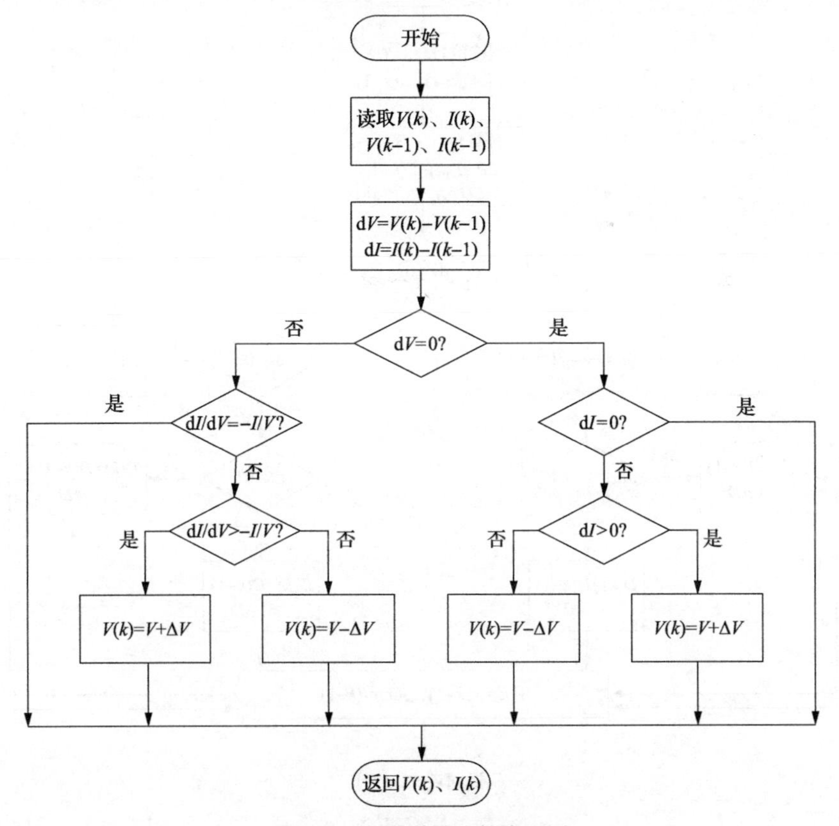

图 7-4　电导增量法的流程图

一步扰动的方向。当 $dI/dV=-I/V$ 时，说明正工作在最大功率点；当 $dI/dV>-I/V$ 时,说明工作在最大功率点的左边,此时增加一个固定的电压值 $V(k)=V+\Delta V$；$dI/dV<-I/V$ 时，表明工作在最大功率点的右边，此时减小一个固定的电压值 $V(k)=V-\Delta V$。如果 $dV=0$，那么判断 dI 是否等于 0，如果等于 0，那么返回。如果 $dI>0$，则 $V(k)=V+\Delta V$；否则 $V(k)=V-\Delta V$。

7.1.4 改进的电导增量法

通过分析传统的电导增量法，可知步长和跟踪速度之间存在矛盾[17]。较大的步长可以较快地达到最大功率点，但是在稳定点附近的功率振荡较大；小步长时功率振荡小，但是跟踪速度会变慢。因此，选择合适的步长是一个重要的问题。改进的电导增量法在电导增量法的基础上改变扰动的步长为

$$\Delta D=N\times|dP/dV| \tag{7-7}$$

流程图如图 7-5 所示。

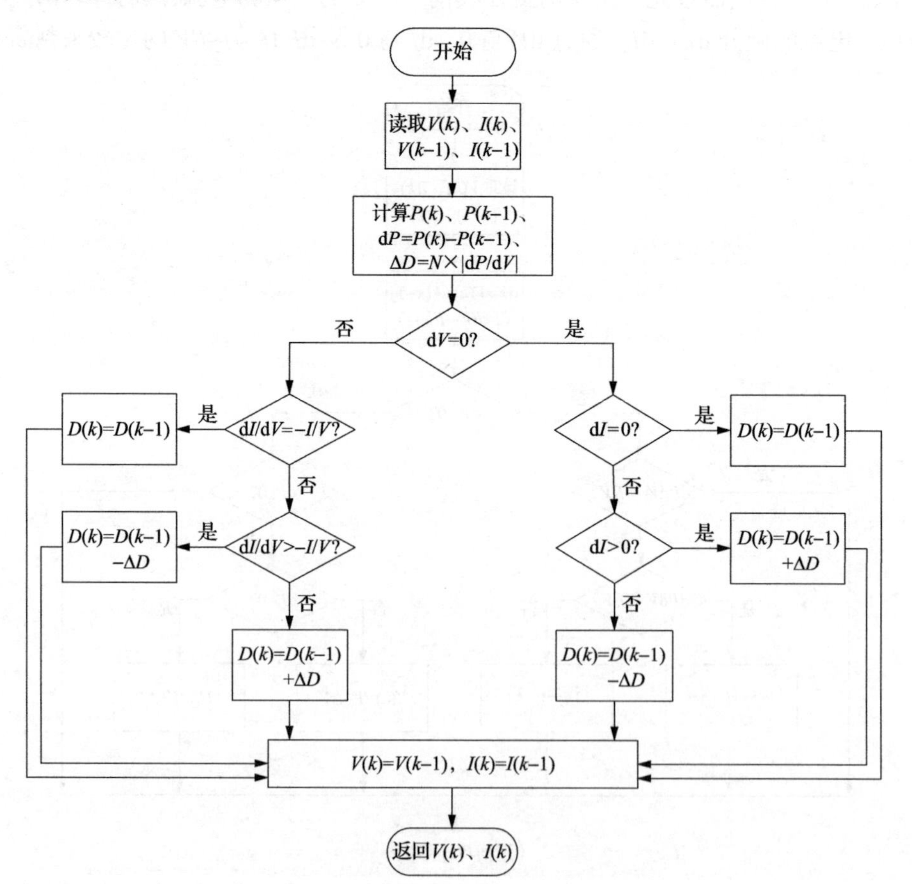

图 7-5 改进的电导增量法的流程图

改进的电导增量法采用变步长，通过步长选取 N，在靠近最大功率点时采取较小步长，在远离最大功率点时采用较大步长，可以有效减小振荡达到准确跟踪最大功率点的目的。

7.1.5 电路仿真图

7.1.5.1　扰动观察法

扰动观察法由输出功率值的变化决定下一步占空比的变化方向。如果功率增加，则搜索方向不变，如果功率减小，则搜索方向相反，因此在扰动观察法电路模型中采用了 MATLAB 数学运算库 Math Operations 中的 Sign 模块，它的功能是显示输入信号的符号，当输入大于 0 时输出为 1，当输入小于 0 时输出为–1。模型中的两个零阶保持器的采样时间取为 1ms，每次占空比变化 0.01，电路仿真图如图 7-6 所示。

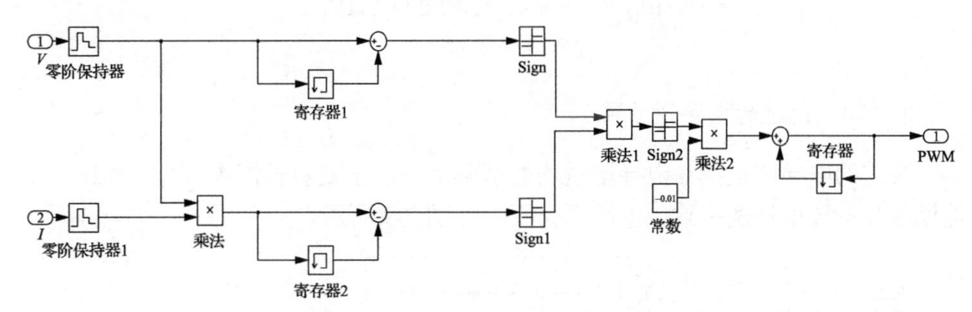

图 7-6　扰动观察法的电路仿真图

PWM 表示脉冲宽度调制

7.1.5.2　改进的扰动观察法

改进的扰动观察法在扰动观察法的基础上添加了变步长模块 $N\times|\mathrm{d}P/\mathrm{d}V|$，其他模块和扰动观察法一致，电路仿真图如图 7-7 所示。

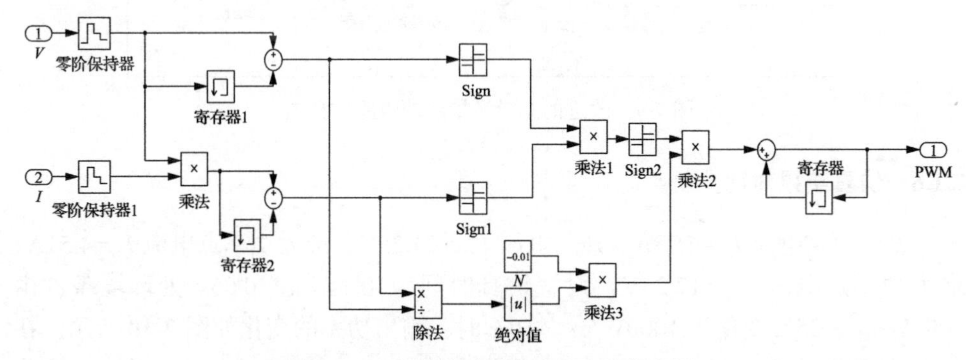

图 7-7　改进的扰动观察法的电路仿真图

7.1.5.3 电导增量法

电导增量法的算法思想是：由 dI/dV 与 $-I/V$ 之间的关系来决定下一步占空比的变化方向。如果 $-dI/dV>I/V$，则搜索方向不变，如果 $-dI/dV<I/V$，则搜索方向相反。模型中的两个零阶保持器的采样时间取为 0.001s，每次占空比变化 0.01，电路仿真图如图 7-8 所示。

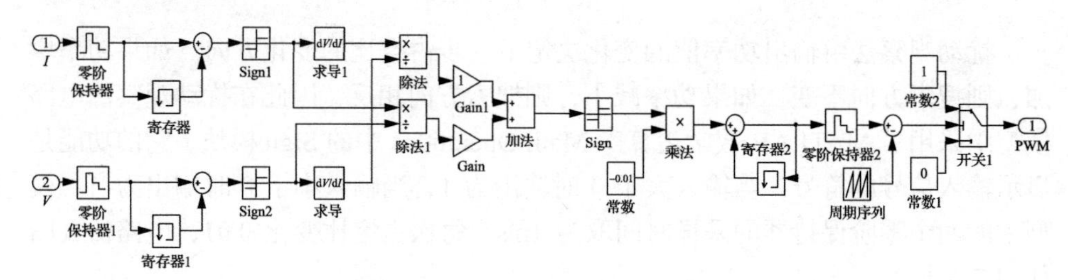

图 7-8 电导增量法的电路仿真图

Gain 表示设置常数 1

7.1.5.4 改进的电导增量法

改进的电导增量法在电导增量法的基础上添加了变步长模块 $N\times|dP/dV|$，其他模块和电导增量法一致，电路图仿真图如图 7-9 所示。

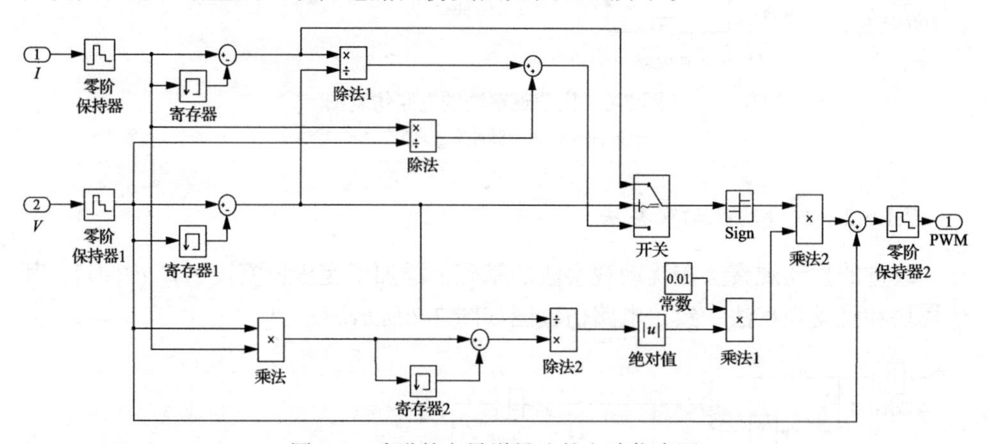

图 7-9 改进的电导增量法的电路仿真图

7.1.6 仿真结果对比分析

设置短路电流 I_{sc}=4.75A、开路电压 V_{oc}=21.25V、最大功率点电流 I_m=4.51A、最大功率点电压 V_m=17.25V，设置仿真时间为 0.1s。在 0.05s 处环境条件由 1000W/m^2、25℃变化为 1000W/m^2、50℃时，输出功率的变化如图 7-10 所示。在 0.05s 处环境条件由 1000W/m^2、25℃变化为 800W/m^2、25℃时的输出功率的变化

如图 7-11 所示。

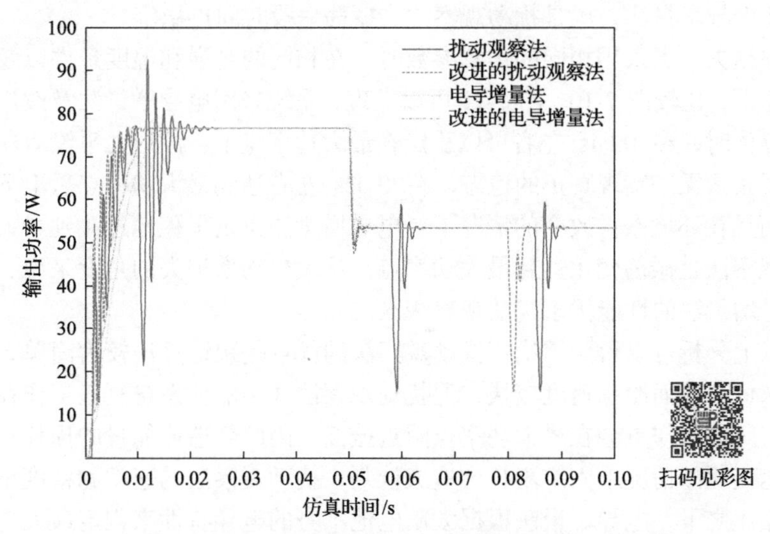

图 7-10　光强不变温度改变时几种算法的输出功率比较

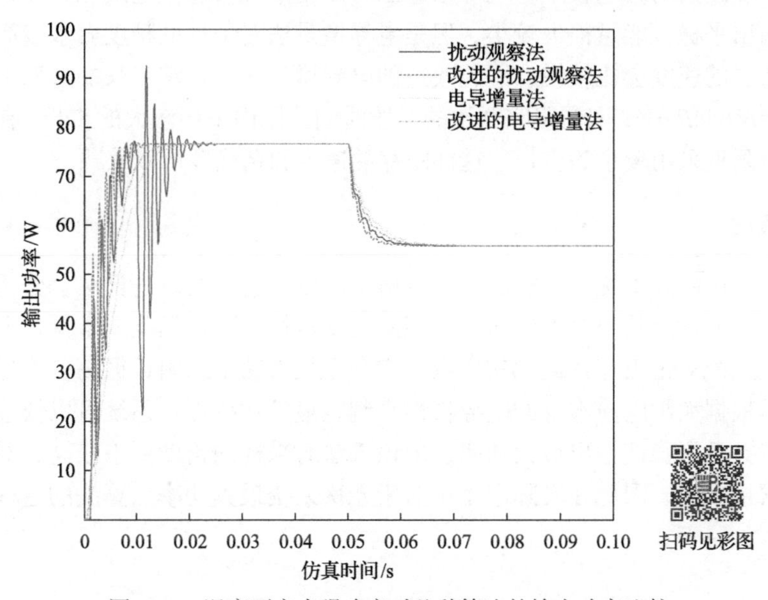

图 7-11　温度不变光强改变时几种算法的输出功率比较

图 7-10、图 7-11 证明了几种算法都实现了太阳电池的最大功率点跟踪。通过比较跟踪速度和功率损失，可以得出两类算法在跟踪过程中的性能差别。

跟踪速度：当采用相同的仿真参数时，在相同的光强和温度条件以及相同的起始状态下，比较图 7-10、图 7-11 可以发现，系统完成寻优，达到最大功率点的速度不同。电导增量法在 0.04s 左右完成寻优，扰动观察法在 0.02s 左右完成寻优，在环境改变的条件下扰动观察法也更快达到最大功率点，因此扰动观察法的跟踪速度优于电导增量法，但是扰动观察法会振荡一段时间再稳定。

功率损失：当采用相同的仿真参数时，在相同的光强和温度条件以及相同的起始状态下，比较图 7-10、图 7-11 可以发现，系统采用电导增量法及改进的电导增量法寻优时，在 0.04s 左右可以稳定在最大功率点上，波形几乎没有振荡。但是扰动观察法无法实现真正的稳态，在 0.02s 左右达到最大功率点后上下不停地振荡。而且在环境条件改变的情况下，电导增量法也是平稳地过渡到最大功率点而扰动观察法是振荡变化达到最大功率点。从减少功率损失的角度来说，显然改进的电导增量法的性能优于扰动观察法。

从以上分析可以得到结论：扰动观察法的优点是跟踪算法较为简单，采样的精度要求低，从而跟踪速度较快，但扰动观察法并不能使系统真正工作在最大功率点，实际的工作点会在最大功率点附近振荡，因此会造成能量的损耗；在外界条件快速变化的情况下固定步长会造成误判，扰动观察法的速度和精度不能同时提高。相比之下，电导增量法根据太阳电池本身的电导特性来判定最大功率点，所以受环境因素的影响较小。电导增量法可以使系统快速稳定地工作在最大功率点并且输出平稳，能量损失较小，但是电导增量法对采样的精度要求较高，所以电导增量法的速度会比较慢，因此改进的电导增量法在跟踪步长的选取上采用变步长$\Delta D=N\times|\mathrm{d}P/\mathrm{d}V|$，即在跟踪开始的一段时间范围内采用较大的步长，在接近最大功率点附近采用较小的步长，这样跟踪的速度和精确度可以兼顾。

7.1.7　结论

本节对比研究了扰动观察法、电导增量法以及它们的改进算法。分析表明，扰动观察法的优点是跟踪算法简单、跟踪速度较快、采样精度要求低，但该方法并不能使系统真正工作在最大功率点，它会在最大功率点附近振荡；电导增量法的优点是根据太阳电池本身的电导特性来判定最大功率点，系统可以快速跟踪最大功率点并且平稳地输出最大功率，但该方法对采样的精度要求较高，对硬件和计算要求也较高。因此在实际应用中对于光伏系统最大功率点算法的选取需要综合考虑各种因素。

7.2　遮阴条件下光伏发电最大功率点的智能跟踪理论综述

当前，由于均匀光照工作环境下电池输出是单一最大功率点(MPP)，已有研究表明基于采样数据的直接 MPPT 控制方法能高效地跟踪到电池输出的最大功率[18]，如扰动观察法、电导增量法等。但在非均匀光照条件(PSC)下，电池功率呈现出多个功率极值点,直接 MPPT 控制方法往往容易因陷入局部极值点而失效。

因此，各种智能跟踪理论被提出来，如蚁群优化算法、神经网络算法等，可利用它们跳出局部极值点而进行全局最大功率点跟踪(GMPPT)[19-21]，但各种 GMPPT 理论建立的基础不同、步骤不同等，因此它们各具特点。

为此，本节对当今国内外提出的各种 GMPPT 控制理论进行分类与总结，主要包括传统的 GMPPT 控制算法、混合优化算法等，并对 GMPPT 控制理论问题与未来的发展方向进行探讨。

7.2.1　传统的 GMPPT 控制算法

7.2.1.1　蚁群优化算法

蚁群优化算法[22,23]是基于蚂蚁觅食行为寻找最优路径的概率算法。事实上，蚂蚁会随机地沿着小路移动，探索这片区域来寻找食物。当它们把食物搬到巢穴时，会在途中留下化学信息素的痕迹。在移动过程中，信息素的含量随着食物的数量而增加，这种信息素的数量会促使其他蚂蚁沿着这条路走，并通过选择运动中较短的路径来寻找食物来源。蚁群优化算法搜索原理类似于 PSO，不同之处在于蚁群优化算法只记忆位置信息，其优点在于能同时适应实时的变化及连续运行。以下针对 Jiang 和 Maskell[24]提出的蚁群优化算法的步骤和公式进行阐述。

(1)设置参数的初始值，如蚂蚁数(NP)、档案大小(K)、平衡系数(Q)、最大代数(maxIter)和收敛速度常数(EP)。生成 K 个随机解并将它们存储在大小为 $K(K\geqslant \text{NP})$ 的压缩文档中，然后根据适应度值($f(s_i)$)(s_i 为每一步的值)对这些解进行排序(从最佳到最差)，$f(s_1)\leqslant f(s_2)\leqslant\cdots\leqslant f(s_i)\leqslant\cdots\leqslant f(s_k)$。

(2)生成新的解决方案，通过对每个维度的高斯概率密度子函数进行采样，生成新的解决方案。第一步是选择高斯概率密度子函数，第二步是根据参数化正态分布对所选择的高斯概率密度子函数进行采样。在第一步中，当选择第 1 个高斯概率密度子函数时，每个维度中的解 s_1 的子组件将用于在以下步骤中计算所选高斯子函数的参数。每个维度的概率密度函数，即高斯函数，由多个(K)高斯子函数组成，由式(7-8)给出：

$$G^i(x)=\sum_{I=1}^{K}\omega_I g_I^i(x)=\sum_{I=1}^{K}\omega_I\frac{1}{\sigma_I^i\sqrt{2\pi}}\exp\left(-\frac{(x-\mu_I^i)^2}{2\sigma_I^{i^2}}\right)\tag{7-8}$$

式中，$G^i(x)$ 是解的第 i 维的高斯核；g_I^i 是解的第 i 维的第 I 个亚高斯函数；x 是高斯函数变量；μ_I^i 和 σ_I^i 是第 i 维平均值、第 I 个解决方案的标准偏差。方程中每一维的高斯核的三个参数(平均值 μ_I^i、标准偏差 σ_I^i、权重 ω_I)基于档案中的解决方案计算。它们由式(7-9)～式(7-11)给出：

$$\mu^i = \left\{\mu_1^i, \cdots, \mu_I^i, \cdots, \mu_K^i\right\} = \left\{s_1^i, \cdots, s_I^i, \cdots, s_K^i\right\} \tag{7-9}$$

$$\sigma_I^i = \xi \sum_{j=1}^{K} \frac{\left|s_j^i - s_I^i\right|}{K-1} \tag{7-10}$$

$$\omega_I = \frac{1}{QK\sqrt{2\pi}} \exp\left(-\frac{(I-1)^2}{2Q^2K^2}\right), \qquad \omega_K \leqslant \cdots \leqslant \omega_I \leqslant \cdots \leqslant \omega_2 \leqslant \omega_1 \tag{7-11}$$

式中，s_I^i 是第 I 个解的第 i 维值，被认为是每个高斯子函数的平均值；σ_I^i 是第 I 个解的第 i 个维度的标准偏差，是通过乘以所选择的平均距离来计算的；ξ 是收敛速度(ξ 值越高，收敛速度越低)，使用参数 ξ 可以解决存档中其他解的问题；ω_I 是权重，I 是解的等级；Q 是表示重要性的算法参数。高斯子函数是基于以下概率随机选择的：

$$p_1 = \frac{\omega_I}{\sum_{r=1}^{K} \omega_r} \tag{7-12}$$

(3)排名和存档更新：通过重复上述过程，生成 NP 个新的解决方案。将新生成的解决方案添加到存档中的原始解决方案中，对 NP + K 个解决方案进行排名，并在存档中仅保留 K 个最佳解决方案。

(4)转到步骤(2)，在找到最优解或满足终止条件($\left|V_{\text{ref}}(k) - V_{\text{ref}}(k-1)\right| < \varepsilon$，$\varepsilon$ 为无穷小数，$V_{\text{ref}}(k\text{–}1)$ 为 k–1 步的参数)时停止。

为了验证蚁群优化算法的有效性，通过 MATLAB/Simulink 对不同阴影类型进行仿真，表 7-1 为四块串联电池的光强数据，即阴影模式(SP1，四块电池的光强均为 600W/m^2；SP2，一块电池的光强为 900W/m^2，一块电池的光强为 400W/m^2，两块电池的光强为 800W/m^2；SP3，两块电池的光强为 400W/m^2，两块电池的光强为 100W/m^2)。图 7-12 为基于蚁群优化算法的 MPPT 跟踪结果。

表 7-1　阴影模式　　(单位：W/m^2)

阴影类型	阴影模式
SP1	[600，600，600，600]
SP2	[900，400，800，800]
SP3	[400，400，100，100]

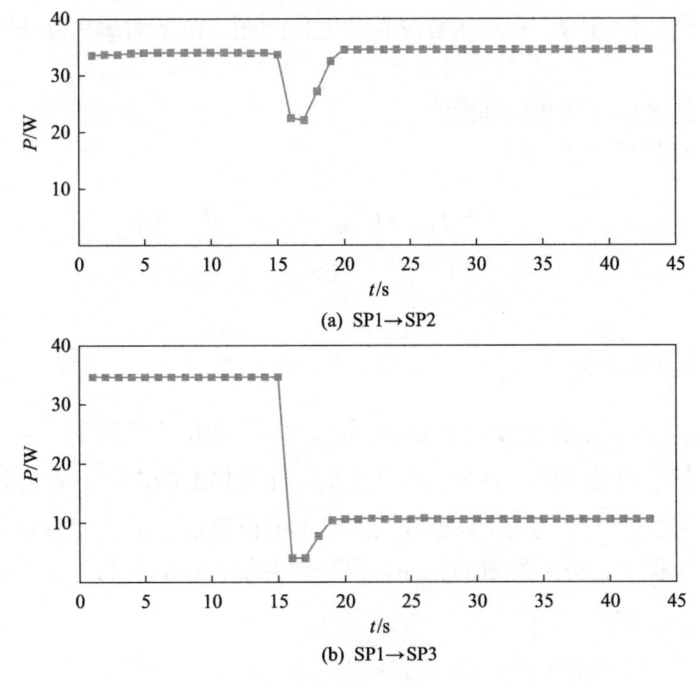

(a) SP1→SP2

(b) SP1→SP3

图 7-12　基于蚁群优化算法的 MPPT 跟踪结果

从图 7-12 中可以发现，阴影模式从 SP1 变化为 SP2 时，全局最大功率点从 35.0W 变为 35.9W，蚁群优化算法仅使用 5s 就搜索到了新的最大功率点；阴影模式从 SP1 变化为 SP3 时，所需的步骤数是 33，全局最大功率点从 35.0W 变为 10.7W，蚁群优化算法使用 4s 左右搜索到新的最大功率点，实验结果验证了蚁群优化算法在全局最大功率点跟踪中的有效性。

由于蚁群优化算法在跟踪过程中光伏输出功率持续振荡，收敛时间增长，文献[25]提出改进的蚁群算法，将蚁群优化算法与传统的扰动观察法相结合。首先，利用蚁群优化算法的全局搜索能力获取全局最优解；其次，利用扰动观察法进一步跟踪定位，该改进算法相比于蚁群优化算法的收敛效率提高了 57.24%。此外，为了解决蚁群优化算法的精度、收敛时间等问题，文献[26]利用蚁群优化算法设计 MPPT 控制器，算法分两步执行，第一步跟踪 MPP，第二步监测环境的变化。在标准条件(25℃，1000W/m^2)下，该算法与蚁群优化算法、PSO 算法、遗传算法相比，收敛效率分别提高了 50%、55%、60%。但蚁群优化算法设计的 MPPT 控制器存在不足之处，蚁群优化算法的参数设置没有明确的理论依据，大部分还是依靠经验和实验来确定。

7.2.1.2　蝙蝠算法

蝙蝠算法是一种生物启发的元启发式优化算法，其灵感来自天然蝙蝠在定位食物时的回声定位行为，它用于解决各种优化问题。以下对蝙蝠算法[27]过程及公式进行阐述。

算法包括全局搜索和局部搜索。

(1)全局搜索公式如下：

$$f_i = f_{\min} + (f_{\max} - f_{\min}) \cdot \beta \tag{7-13}$$

$$v_i^t = v_i^{t-1} + (x_i^t - x^*) \cdot f_i \tag{7-14}$$

$$x_i^t = x_i^{t-1} + v_i^t \tag{7-15}$$

式中，f_i、$f_{\min}$、$f_{\max}$分别是第 i 只蝙蝠在当前时刻发出的声波频率、声波频率的最小值、声波频率的最大值；β 为随机产生的一个在[0,1]的常数；v_i^t 为第 i 只蝙蝠当前时刻的速度值；x_i^t 为第 i 只蝙蝠当前时刻的位置值；x^* 为目前的最佳位置。

在搜索过程中，蝙蝠发射的脉冲音强和频率都在不断更新。发射的脉冲音强表达式为

$$A_i^{t+1} = \alpha \cdot A_i^t \tag{7-16}$$

式中，A_i^{t+1} 是 t+1 时刻第 i 只蝙蝠发出的脉冲音强；α 是音强衰减系数，取值范围为[0,1]。

发射的脉冲频率表达式为

$$r_i^{t+1} = r^0[1 - \exp(-\gamma \cdot t)] \tag{7-17}$$

式中，r_i^{t+1} 是第 i 只蝙蝠在 t+1 时刻的脉冲频率；r^0 是最大的频率；γ 是脉冲频率的增加系数，该系数是大于零的常数。

(2)局部搜索公式如下：

$$x_{i\text{new}} = x_{i\text{old}} + \varepsilon A_i^t \tag{7-18}$$

式中，ε 是范围在[−1,1]内的随机数；$x_{i\text{new}}$ 为第 i 只蝙蝠的新位置值；$x_{i\text{old}}$ 为第 i 只蝙蝠的老位置值。

下面针对 Kaced 等[28]使用的典型蝙蝠算法进行阐述，算法详细流程如下：

(a)初始化。

(b)生成新的占空比。由式(7-13)、式(7-19)、式(7-20)生成新解。

$$v_i^k = \omega v_i^{k-1} + (x_{\text{best}} - x_i^{k-1}) \tag{7-19}$$

$$x_{i\mathrm{new}}^{k} = x_{i}^{k-1} + v_{i}^{k} \tag{7-20}$$

式中，x_{best}是最优个体；下标i表示第i只蝙蝠；上标k表示第k次迭代；v是速度；x是位置。

(c)更新解。对于每一个新的占空比，若更新后的目标函数$P_{i\mathrm{new}}^{k} > P_{i\mathrm{new}}^{k-1}$，并且它接收到的信号的幅值小于一个随机数，那么它就被接受，并将成为下一代的一个新解。

(d)收敛性判据。该算法继续计算新的占空比，直到满足收敛约束。本节将式(7-21)所示条件作为收敛准则。如果每两个不同的占空比之间的绝对差小于一个阈值Δd，则算法停止优化过程并得到d_{best}；

$$\left|d_{i}^{k} - d_{j}^{k}\right| \leqslant \Delta d, \quad i, j = 1,2,3, \ i \neq j \tag{7-21}$$

(e)重新初始化。MPPT算法应该具有检测环境变化的能力，且能够重新搜索新的GMPP。如果满足以下条件，则初始化搜索过程；

$$\frac{\left|P_{\mathrm{PVnew}} - P_{\mathrm{PVlast}}\right|}{P_{\mathrm{PVlast}}} > \Delta P \tag{7-22}$$

式中，P_{PVnew}和P_{PVlast}是两个连续采样周期中的光伏面板功率值；ΔP是功率公差。

为了验证该算法的性能，通过MATLAB/Simulink软件，针对10种阴影模式的蝙蝠算法和PSO算法进行仿真，结果如表7-2所示

通过表7-2展示的10种阴影模式下的仿真结果可知，在大多数情况下，两种算法都能精确定位全局最大功率点(GMPP)，静态效率都在99.9%以上。由于蝙蝠算法(BA)采用全局搜索和局部搜索相结合的方法，且局部搜索中采用小步长，因此算法能够更有效地跟踪到最优解，相较于PSO算法，蝙蝠算法跟踪全局最大功率点时具有更高的精度。

由于原蝙蝠算法中初始分配的排序是随机的，可能会出现分布不均匀的现象，过早收敛。根据这一特性，文献[29]提出了一种改进的蝙蝠算法，在初始排序中引入混沌搜索策略，提高种群的均匀性和遍历性，此外，还引入自适应权重来平衡全局搜索和局部搜索，采用动态收缩的方法减小搜索范围。改进后的算法与蝙蝠算法均可跟踪到最大功率值，最大功率值和偏差分别为188.7997W、188.5093W和0.5267W、0.8171W，收敛时间分别为1.32s和3.50s。研究表明，改进后的算法能在PSC下快速、准确地跟踪到全局最大功率点。文献[30]使用蝙蝠算法优化PI控制器，用蝙蝠算法求解PI控制器的最优参数从而设计PI控制器，通过对光伏阵列电压、电流的监测和D/D变换器占空比的调节，实现最大功率点的跟踪，从而提高控制器的跟踪性能。

表 7-2　蝙蝠算法和 PSO 算法的仿真结果

阴影模式	遮阴模式								全局峰值			BA MPPT			PSO MPPT			静态效率	
	G_{11}	G_{12}	G_{21}	G_{22}	G_{31}	G_{32}	G_{41}	G_{42}	V_{GMPP}/V	I_{GMPP}/A	P_{GMPP}/W	V_{MPPT}/V	I_{MPPT}/A	P_{MPPT}/W	V_{MPPT}/V	I_{MPPT}/A	P_{MPPT}/W	BA/%	PSO/%
1	1	1	1	1	1	1	1	1	69.78	3.15	219.25	69.6	3.15	219.24	69.6	3.15	219.24	99.99	99.99
2	1	1	0.9	0.9	0.8	0.8	0.6	0.6	74.88	1.94	144.64	75.04	1.93	144.62	74.12	1.95	144.33	99.98	99.99
3	1	1	0.9	0.9	0.3	0.3	0.2	0.2	34.37	2.88	98.96	34.94	2.82	98.65	35.23	2.79	98.20	99.68	99.23
4	1	1	0.8	0.8	0.7	0.7	0.4	0.4	54.08	2.26	121.77	53.88	2.26	121.74	54.91	2.21	121.21	99.97	99.54
5	1	1	0.9	0.9	0.8	0.8	0.7	0.5	64.56	2.29	147.49	64.57	2.28	147.48	64.14	2.30	147.33	99.99	99.89
6	0.7	0.7	0.6	0.6	0.45	0.45	0.3	0.1	54.74	1.42	77.44	55.05	1.41	77.39	55.61	1.38	77.00	99.93	99.43
7	1	1	0.5	0.5	0.2	0.2	0.3	0.1	36.04	1.57	56.48	36.18	1.56	56.47	35.21	1.59	56.11	99.98	99.34
8	1	1	0.9	0.9	0.8	0.7	0.6	0.5	65.86	1.95	128.26	66	1.94	128.24	66.51	1.92	127.76	99.98	99.61
9	1	1	0.6	0.6	0.5	0.4	0.3	0.1	46.17	1.60	73.77	46.32	1.59	73.74	45.27	1.62	73.31	99.96	99.38
10	1	0.9	0.8	0.7	0.6	0.5	0.4	0.3	56.34	1.61	90.37	56.56	1.60	90.33	56.92	1.58	90.01	99.95	99.60

注：G_{11}～G_{42}为遮阴电池的位置，如G_{11}表示第一行第一列的电池。

7.2.1.3　遗传算法

遗传算法[31]是一种模拟自然界“适者生存”进化规律的进化计算方法，它的主要操作是繁殖、交叉和突变。利用遗传算法求解一个问题的最优解的过程如下：

(1)搜索参数编码为染色体中的二进制字符串。

(2)随机重复该过程产生 N 个初始物种(字符串)。

(3)根据求解条件设计适应度函数。表现出高适应度值的物种会被选作交配池(即繁殖过程)。

(4)计算交叉和突变过程，完成遗传算法的生成。重复这一过程，得到适应度值最高的物种。

遗传算法具体流程如图 7-13 所示。

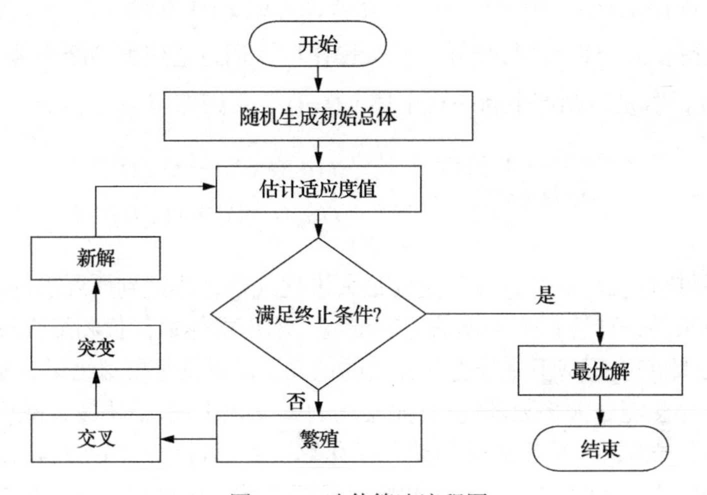

图 7-13　遗传算法流程图

文献[32]提出一种改进的遗传算法，在初始阶段利用遗传算法的宏观搜索能力和良好的全局优化性能跟踪最优解；在跟踪后期转换为扰动观察法对上一步得到的结果进行更深层次的搜索定位。实验研究表明，改进的遗传算法跟踪的最大功率为 41.15W，而实际最大功率为 41.25W，可见该算法的精度高达 99.76%，相比于单一的遗传算法，收敛速度也大大提高。

7.2.1.4　差分进化算法

差分进化算法是一种进化计算方法，其基本流程如下：

(1)生成初始种群。迭代次数 t=0，在 D 维空间随机产生 NP 个个体位置 $x_i(t), i=1,2,\cdots,\mathrm{NP}$ 。

(2)变异操作。变异操作是差分进化算法的关键步骤，是从种群中随机选择 3

个个体：$x_a(t)$、$x_b(t)$、$x_c(t)$，且 $a \neq b \neq i, c \in \{1,2,\cdots,\mathrm{NP}\}$，NP 大于或等于 4。

$$v_{ij}(t) = x_a(t) + F(x_b(t) - x_c(t)) \tag{7-23}$$

式中，F 是缩放因子，$F \in [0,2]$；$v_{ij}(t)$ 为更新后个体的位置。

(3) 交叉操作。交叉操作可以增加种群的多样性，通过式(7-24)对第 t 种群 $|x_i(t)|$ 和其变异中间体 $|v_i(t+1)|$ 进行个体间的交叉操作；

$$u_{ij}(t+1)=\begin{cases} v_{ij}(t), & \mathrm{rand}(0,1) \leqslant \mathrm{CR} \text{ 或者 } j = \mathrm{rand}(1,n) \\ x_{ij}(t), & \mathrm{rand}(0,1) > \mathrm{CR} \text{ 或者 } j \neq \mathrm{rand}(1,n) \end{cases} \tag{7-24}$$

式中，$\mathrm{CR} \in [0,1]$ 是交叉概率；rand(0,1) 是[0,1]上服从均匀分布的随机数。这种交叉策略可以确保 $u_{ij}(t+1)$ 中至少有一个分量 $v_i(t)$ 或 $x_i(t)$ 贡献。

(4) 选择操作。种群进行变异、交叉操作后，通过适应度判断个体 $u_{ij}(t+1)$ 是否优于 $x_i(t)$，若是，则产生新一代个体 $x_i(t+1)$，否则保留 $x_i(t)$ 不变。

$$x_i(t+1) = \begin{cases} u_{ij}(t+1), & f(u_{ij}(t+1)) < f(x_i(t)) \\ x_i(t), & f(u_{ij}(t+1)) \geqslant f(x_i(t)) \end{cases} \tag{7-25}$$

(5) 反复执行(2)～(4)，直到达到最大进化代数，或达到所要求的收敛精度。若满足结束条件，计算每个个体的适应度值，输出群体最优值和最优位置。

文献[33]和[34]是基于差分进化算法的论文，仅提供了模拟结果，模拟结果说明差分进化算法能在大多数环境(日照不均匀或变化迅速)下快速、准确地收敛到最优功率点。文献[35]采用改进的差分进化算法，通过修改静态目标函数，以适应动态 MPPT 系统的特点。首先，初始化目标参数，用测得的电流和电压计算出阵列的输出功率，将其作为适应度函数；然后，算法进入突变、交叉和选择的循环，直到跟踪到 GMPP 或者满足终止准则。这种改进算法在 PSC 下能够快速、准确地收敛到 GMPP，且搜索精度高达 99.6%。

综上所述，蚁群优化算法具有强鲁棒性和并行性，由于算法本身的复杂性，需要较长的搜索时间，容易出现停滞现象；蝙蝠算法具有参数少、鲁棒性强、易于理解等优点，但存在着后期收敛速度慢、收敛精度不高、易陷入局部最优等问题；遗传算法具有强搜索能力和良好的全局优化等特点，但遗传算法也存在收敛速度较慢、参数(n(群体规模)、P_s(选择概率)、P_c(交叉概率)、P_m(变异概率))选择等问题；差分进化算法的体系结构类似于遗传算法，主要的区别是差分进化算法使用特殊的微分算子来代替遗传算法中的交叉过程，产生下一代，与遗传算法相比，其主要优点有待定参数少、收敛速度快、易于跟其他智能算法混合构造出具有更优性能的智能算法，但同样存在容易陷入局部最优的问题。

7.2.2　混合优化算法

通过前面介绍的单一算法可知，虽然单一算法在 PSC 下能跟踪到 GMPP，但是跟踪效果并非最优，为了获得性能更好的算法，研究人员对两种单一算法进行混合研究。本节介绍一些混合优化算法，如电导增量和萤火虫混合算法(INC-FA)、差分进化的蝙蝠算法(DEBA)、两阶段搜索算法等。

7.2.2.1　电导增量和萤火虫混合算法

Shi 等[36]提出一种电导增量和萤火虫混合算法，以下对算法进行详细的阐述，流程图如图 7-14 所示。

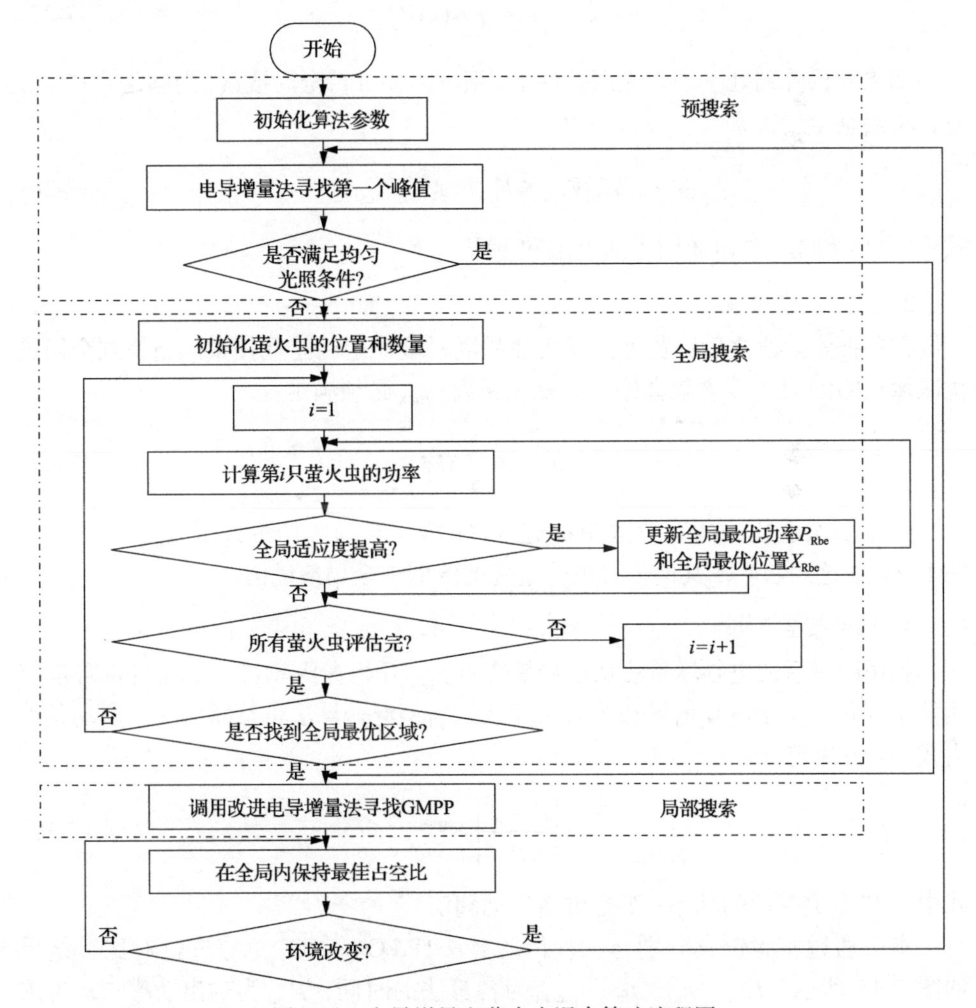

图 7-14　电导增量和萤火虫混合算法流程图

1. 预搜索阶段

利用种群初始化机制来确定萤火虫的初始位置和种群大小。种群大小由式(7-26)计算表示：

$$n = \frac{V_{\text{ocs}} - V_{\text{m1}}}{\Delta V_{\text{p}}} \tag{7-26}$$

式中，V_{ocs} 是开路电压；V_{m1} 是第一个峰值电压的近似位置；ΔV_{p} 是峰值电压之间的平均距离。

根据第一只萤火虫 x_1 的位置，确定其他萤火虫的初始位置：

$$x_i = x_1 + (i-1)\Delta V_{\text{p}} \tag{7-27}$$

如果光伏阵列处于均匀光照条件下，则不需要进行全局搜索，当满足式(7-28)时，将启动全局搜索。

$$M_{\text{v1}} V_{\text{ocs}} \leqslant V_{\text{m1}} \leqslant M_{\text{v2}} V_{\text{ocs}} \tag{7-28}$$

式中，M_{v1} 和 M_{v2} 是电压因子的上限和下限。

2. 全局搜索阶段

在预搜索阶段之后，萤火虫算法(FA)将被要求进行全局搜索。当找到全局最优区域(GOR)时，搜索就会停止。最大距离 $d_{\max}$ 必须满足：

$$d_{\max} \leqslant \frac{2}{5}\Delta V_{\text{p}} \tag{7-29}$$

经过多次迭代，所有萤火虫都进入 GOR，全局最佳萤火虫 x_{gbe} 几乎等于 GMPP。在这一领域，其他萤火虫的适应度值低于全局最优值。

3. 局部搜索阶段

利用改进后的电导增量法从全局最优点 x_{gbe} 开始查找 MPP。如果外部环境突然发生变化，基于电导增量和萤火虫算法的新型混合算法将重新启动，启动条件由式(7-30)决定：

$$\left| \frac{P' - P}{P} \right| \geqslant T \tag{7-30}$$

式中，P' 是突变后的功率；T 是重新启动阈值。

本书通过实验仿真分别与三种传统算法(P&O、INC、FA)进行对比，结果如图 7-15 所示。$t_{\text{p\&o}}$、t_{inc}、t_{fa}、$t_{\text{inc-fa}}$ 为各算法的时间，P_{out} 为输出功率；η 为跟踪效率。

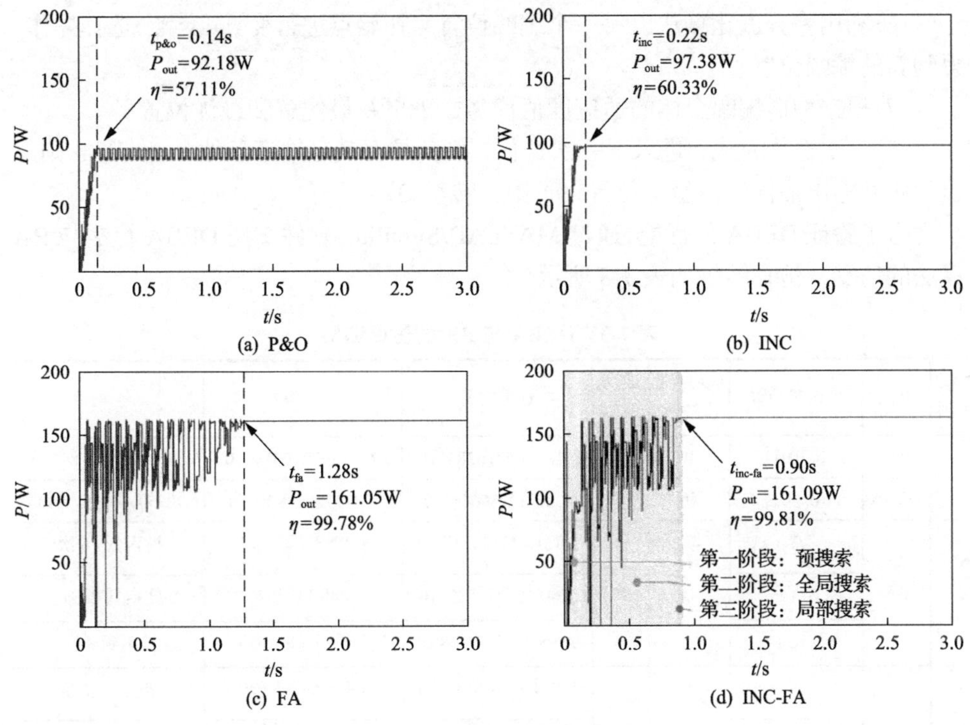

图 7-15　算法跟踪情况

从图 7-15 中可知，P&O 和 INC 被困在局部最大功率点中，而 FA 和 INC-FA 找到了 GMPP，FA 和 INC-FA 分别在 1.28s 和 0.90s 达到 GMPP。与 FA 相比，INC-FA 节省了 29.69%的跟踪时间。P&O、INC、FA 和 INC-FA 的跟踪效率分别为 57.11%、60.33%、99.78%和 99.81%。由上述数据可知，INC-FA 具有更好的适应性和更快的跟踪速度。

7.2.2.2　差分进化的蝙蝠算法

肖辉辉和段艳明[37]在典型蝙蝠算法的基础上，将差分算法融入蝙蝠算法中，提出了 DEBA，具体步骤如下：

(1) 初始化 DEBA 的参数。

(2) 根据目标函数计算种群个体的适应度函数值，确定当前的最优值及最优解。

(3) 利用蝙蝠算法中的式(7-13)～式(7-15)对蝙蝠的搜索脉冲频率、速度和位置进行更新。

(4) 对当前的最优解进行随机扰动，产生一个新的解，并对新的解进行越界处理。

(5) 根据条件来判断是否接收(4)产生的这个新的解以及是否对 r_i^t 和 A_i^t 进行更新。

(6) 利用差分进化算法以每一个蝙蝠位置为初始点进行变异、交叉、选择操作，得到新的蝙蝠位置。

(7) 根据种群蝙蝠个体的适应度值优劣，来更新最优解和最优位置。

(8) 一次迭代完成，进入下一次迭代，判断是否满足结束条件，若满足，则退出程序并输出最优解及最优位置，否则，转至(3)。

为了验证 DEBA 的性能，通过 MATLAB/Simulink 软件实现 DEBA 算法与 BA 算法的仿真，仿真结果如表 7-3 所示。

表 7-3　DEBA 与 BA 的仿真结果

案例	算法	理论精确解	成功搜索次数/次	成功率/%	x_1 平均值	x_2 平均值	x_3 平均值
1	BA	$(0,0,0)^T$	0	0	$4.578590571628\times10^{-1}$	$3.247189721001\times10^{-1}$	$5.023170345078\times10^{-1}$
	DEBA	$(0,0,0)^T$	50	100	$7.622681705064\times10^{-30}$	$6.398777206882\times10^{-30}$	$6.703500461981\times10^{-30}$
2	BA	$(-1/\sqrt{2},1.5)^T$	45	90	$-7.070841315659\times10^{-1}$	1.499976277451	搜索到 16 次
		$(0,1)^T$			$1.324840927253\times10^{-4}$	1.000011738264	搜索到 26 次
		$(-1,2)^T$			$-9.998761977260\times10^{-1}$	1.999690811060	搜索到 3 次
	DEBA	$(-1/\sqrt{2},1.5)^T$	50	100	$-7.071055767883\times10^{-1}$	1.499998490630	搜索到 16 次
		$(0,1)^T$			$1.662351674504\times10^{-8}$	1.000000011499	搜索到 11 次
		$(-1,2)^T$			−1	−2	搜索到 23 次
3	BA	$(4,3,1)^T$	12	24	4.000080748725	2.999931656397	1.000020535628
	DEBA	$(4,3,1)^T$	50	100	3.999998911387	3.000000138599	$9.999980285824\times10^{-1}$
4	BA	$(0.2909,0)^T$	16	32	$2.909001348719\times10^{-1}$	$1.643408611679\times10^{-3}$	搜索到 16 次
	DEBA	$(0.2909,0)^T$	49	98	$2.908999819239\times10^{-1}$	$1.901374673878\times10^{-3}$	搜索到 49 次

从表 7-3 中可以得出，案例 1 中 DEBA 在成功搜索次数、成功率、平均值等方面占有绝对优势；案例 2 中 DEBA 与 BA 都能找到解，在 $\left(-1/\sqrt{2},1.5\right)^T$ 的理论精确解下两种算法相差不大，但从 $(0,1)^T$ 及 $(-1,2)^T$ 的理论精确解来看，x_3 平均值搜索到的次数各有优势；案例 3 中，从成功搜索次数和成功率来看，DEBA 的成功率占优势，从其他方面来看，二者相差不大；案例 4 中 DEBA 的总体性能优于 BA。经过上述数据分析可知，DEBA 相比于 BA 具有更好的鲁棒性。

7.2.2.3　两阶段搜索算法

下面针对 Patel 和 Agarwal[38]提出的两阶段搜索算法的基本搜索流程进行阐述。

(1) 取 $0.85V_{oc}$ (V_{oc} 表示系统总开路电压) 作为 P&O 的搜索起点，查找并记录一个峰值。

(2) 将步骤(1)中发现的峰值作为操作点(OP)向左移动一大步(参考值为 $0.6V_{oc\text{-}one}$～$0.7V_{oc\text{-}one}$($V_{oc\text{-}one}$表示单个模块的开路电压)),然后进行 P&O 搜索并记录下一个峰值。

(3) 如果得到的峰值高于之前的峰值,则重复步骤(2);如果确定的峰值小于前一个峰值,则前一个峰值为全局最大功率点。

本书对光伏阵列设置不同阴影模式验证步骤(1)中的结论,如图 7-16 所示。

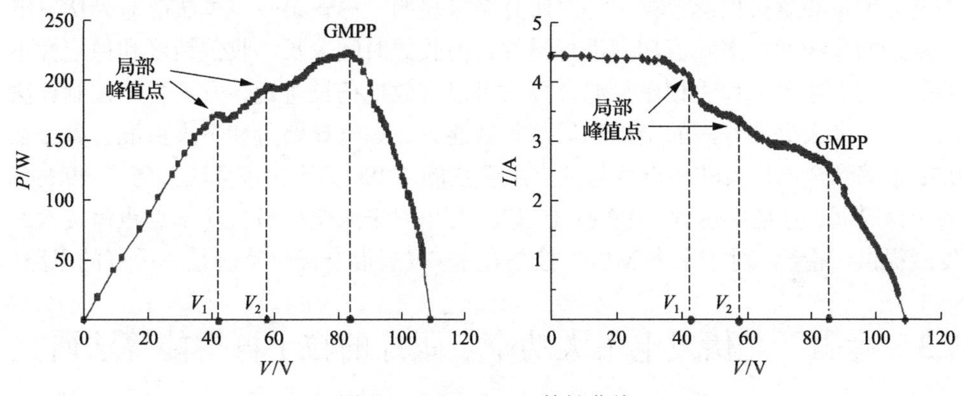

图 7-16　$P\text{-}V$ 和 $I\text{-}V$ 特性曲线

在遮阴条件下得到图 7-16 所示的输出特性曲线,V_{oc} 和 I_{sc} 的记录值分别为 109V 和 4.44A,GMPP 对应的功率为 223W,其电流和电压分别为 2.67A 和 83.3V;局部峰值 P_1 和 P_2 对应的功率分别为 167W 和 194W,其电压 V_1 和 V_2 分别为 42V 和 57.7V。因此,V_1 和 V_2 大约发生在 $n\times0.8\times V_{oc\_module}$(组件的开路电压)处,其中 n 为光伏阵列无遮挡电池片数量。以上数据说明峰值(P_1 和 P_2)之间的位移约为 $0.8\times V_{oc\_module}$,仿真结果验证了预估计结果的有效性。通过上述验证的结论,并结合传统算法进行搜索,从而实现两阶段搜索算法在 PSC 下快速、准确地跟踪全局最大功率点的目的。

文献[39]和[40]采用两阶段搜索算法进行 PSC 下的 GMPPT,利用上述最大功率点发生在 $0.85V_{oc}$ 处的结论,预估计全局峰值的位置;再使用扰动观察法对预估计范围的功率电压($P\text{-}V$)曲线进行扫描,从而快速、高效地得到全局最大峰值。但该算法存在一些缺点,在阴影较大的情况下,容易错过全局最大功率点。

综上所述,电导增量和萤火虫混合算法能够在不同的搜索模式中实现快速切换单峰或者多峰值的能力,具有较低的振荡、较高的速度和精度;DEBA 具有较强的全局寻优能力和局部搜索能力,该算法克服了蝙蝠算法收敛精度不高、容易陷入局部最优等缺点,但也存在离散性和自适应参数设置等问题;两阶段搜索算法易于实现,可以集成到传统的光伏系统(PGS)固件中,但该算法的不足之处在于:一是参数值(即步长值)的大小影响全局最大功率点的跟踪;二是跟踪速度低,由于每个局部最大功率点(LMPP)都必须使用 P&O 法来确定，所以需要更多的跟踪步骤。

7.2.3 总结与展望

本节通过调研国内外文献，对两类最大功率点跟踪算法进行归纳和概括，第一类是传统通用的控制算法，如蚁群优化算法等；第二类是混合几种算法的方法，如电导增量和萤火虫混合算法等。研究结果表明：尽管第一类算法能对光伏发电中复杂的非线性、多峰值功率进行寻优，但收敛时间较长、收敛精度和稳定性不够高；与上述单一算法相比，混合算法可以有效地扬长避短，发挥智能控制算法的优点，大大提高算法的全局和局部收敛能力，如电导增量和萤火虫混合算法在 0.9s 跟踪到全局最大功率点，与萤火虫算法的 1.28s 相比，该算法节省了 29.69% 的跟踪时间，且精度达到了 99.81%。以上结果对未来全局最大功率点跟踪技术的发展提供了指导。对于未来 MPPT 控制技术，发展混合优化算法是一个好的思路。

7.3 遮阴下光伏发电最大功率点跟踪的粒子群智能算法研究

智能算法的搜索过程从问题的一个随机初始化的解集开始，而不是单个个体，具有隐含的并行搜索特性，从而大大地减小了搜索陷入局部极值的可能性[41]。作为光伏阵列发电最大功率点跟踪的代表算法之一的粒子群优化算法，是 Kennedy 和 Eberhart 在 1995 年提出的，它的基本概念源于对鸟群捕食行为的研究。通过上述分析看出，全局最大功率点跟踪的混合方法是未来 MPPT 控制的技术主流。

因此，本节基于前面提到的物理模型(幂函数模型)，利用 Simulink 搭建相应的仿真系统，并借助于粒子群优化算法，研究带有旁路二极管的串联光伏组件在不均匀光照条件下的输出特性；设计出一种针对遮阴光伏阵列的 GMPPT 算法，解决了部分遮阴条件下的太阳电池组件的最大功率点跟踪问题。

7.3.1 遮阴下光伏发电最大功率点跟踪的建模

粒子群优化算法[42]源于对群体性鸟类寻找食物行为的模拟，假设鸟群中的每只鸟都不知道将要寻找的食物的具体位置，而食物的位置是随机的，最初寻找食物时鸟群都是分散的，而当一只鸟找到食物所在的位置时所有的鸟就会迅速聚集在某一点。将每只鸟都当作粒子群优化算法中的一个粒子，每个粒子都有其自身的位置、速度和适应度函数。食物的位置，即是粒子群优化算法要求出的潜在最优解[43]。

算法开始时所有粒子的位置随机初始化；适应度函数根据具体问题的要求设定，粒子的优劣根据适应度值来评价；粒子的速度决定了其运动距离和方向。粒子更新基于个体最优值(pbest)和全局最优值(gbest)，个体最优值表示粒子本身经历的最优位置，全局最优值表示种群中所有粒子经历的最优位置[44]。

根据粒子群优化算法原理设计粒子群最大功率点跟踪算法，采用粒子群优化算法进行寻优，记录并存储计算得出的光伏系统的最大功率点，在粒子群优化算法的寻优阶段，将目标函数设定为光伏阵列的输出总功率，粒子的位置表示阵列的输出电压值。基本过程：第一步初始化粒子，初始化粒子群优化算法中各个参数的数值，主要包括种群规模、学习因子、惯性权重、迭代次数或者收敛精度、搜索空间的维数、粒子的初始速度以及位置等[45]。第二步评价粒子，由适应度函数计算出粒子的适应度值，比较出群体中的个体最优值 pbest 和全局最优值 gbest，再把当前迭代后各粒子的适应度值以及位置存储于各个粒子的个体最优值中，把所有个体最优值中适应度值最优的粒子的位置以及适应度值存储于全局最优值中。第三步更新粒子，更新粒子的速度和位置，如果粒子的速度和位置超出设置的上下限则将其设置为上限或者下限。第四步重新计算最优值，重新计算粒子的适应度值，并和之前的值进行比较，更新个体最优值与全局最优值。第五步检验是否终止，如果搜索结果满足收敛精度或者是达到了设定的迭代次数，那么迭代终止并输出最终解。如果不满足，就跳转至第三步继续更新粒子。自适应惯性权重粒子群最大功率点跟踪算法的流程如图 7-17 所示。

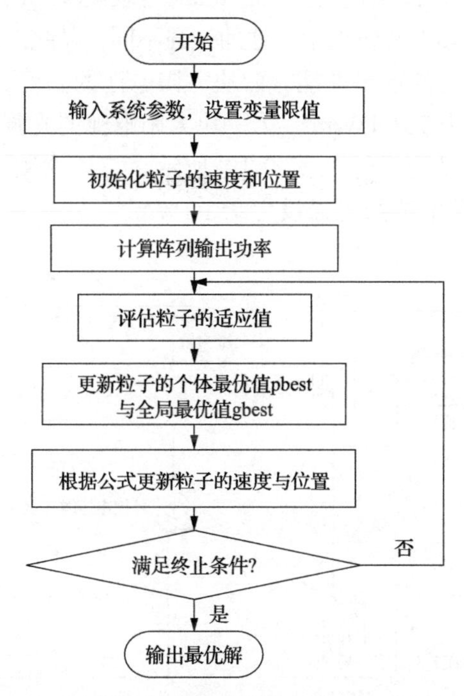

图 7-17　自适应惯性权重粒子群最大功率点跟踪算法流程图

具体流程如下：设置初始化参数，种群粒子数目 n=20，最大迭代次数 M=50，搜索空间维数 d=2，ω 从 0.9 线性递减到 0.4，$c_1=c_2=2$，速度最大值 $v_{\max}=2$；计算出每个粒子的适应度值；比较和确定个体最优值和全局最优值，将其和曾经经历过的最优位置的适应度值进行比较，如果当前适应度值大，就把当前适应度值作为新的 pbest。然后再将每个粒子的适应度值和群体最优适应度值进行比较，将最大者作为全局最优值 gbest；根据式 $v_{id}^{k+1}=\omega v_{id}^{k}+c_1r_1(P_{id}^{k}-X_{id}^{k})+c_2r_2(P_{id}^{k}-X_{id}^{k})$ 和 $X_{id}^{k+1}=X_{id}^{k}+v_{id}^{k+1}$ 对粒子的位置 X 和速度 v 进行更新，限制粒子的最大速度。公式中各个参数的代表意义如下：ω 表示惯性权重，d 表示搜索空间维数，i 表示粒子序号，c 表示学习因子，r 表示(0,1)内的独立随机数，k 表示迭代次数。迭代次数达到最大迭代次数 M 则停止搜索。检测终止条件，如果满足，则停止迭代，此时即得到算法的最优解，反之，重新计算适应度值。

7.3.2　遮阴下粒子群优化算法最大功率点跟踪的仿真电路图

通过 MATLAB/Simulink 编写程序，实现对遮阴条件下的光伏阵列的跟踪，为了验证仿真的正确性，本节分别对两块太阳电池串联组件和三块太阳电池串联组件进行粒子群优化算法的最大功率点跟踪的寻优仿真。具体情况如下：两块太阳电池串联组件主要由两块太阳电池的 Simulink 封装模块和两个二极管串联而成，具体如图 7-18 所示，其中两块太阳电池的光强不同，以此来模拟遮阴条件下处于不同光强下的太阳电池的输出性能。两块太阳电池的温度都设置为 39.3℃，一块太阳电池的光强设为 751.1W/m^2，另一块太阳电池的光强设为 375.6W/m^2。三块太阳电池串联组件结构具体如图 7-19 所示，三块太阳电池的温度都设置为 39.3℃，其中两块太阳电池的光强设为 751.1W/m^2，另一块太阳电池的光强设为 375.6W/m^2。

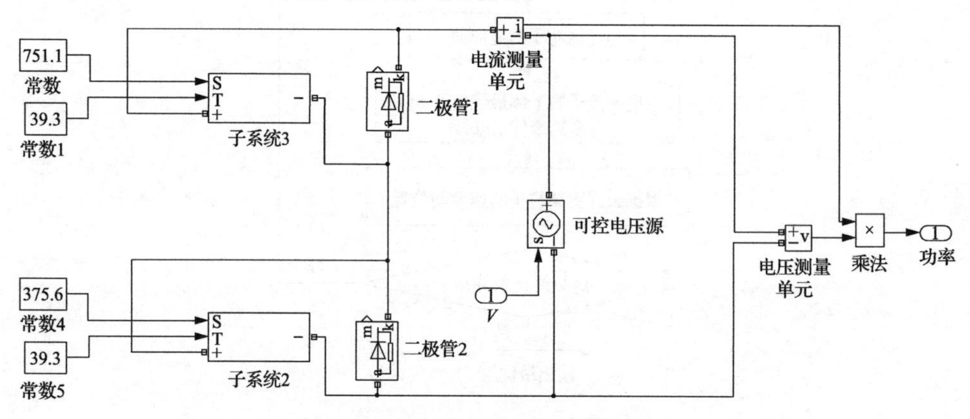

图 7-18　两块太阳电池串联组件仿真图

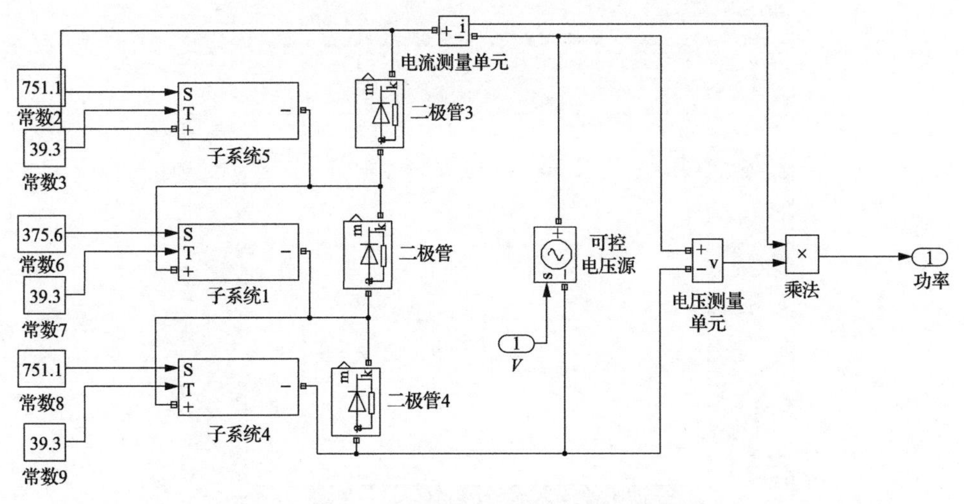

图 7-19　三块太阳电池串联组件仿真图

7.3.3　结果与分析

对于两块太阳电池串联组件，从图 7-20 中该组件的 *P-V* 曲线可得到该组件的最大功率点，经过粒子群优化算法跟踪之后，两块太阳电池的仿真结果如图 7-21、图 7-22 所示，由图 7-21 适应度曲线可知，粒子群优化算法迭代 50 次停止，其中迭代 5 次左右寻优到最大功率点的功率为 54.8W，由图 7-22 可得，跟踪的结果在命令行显示为最大功率点处电压约为 17.48V，功率约为 54.87W。比较跟踪前后的数据可以得出结论，该粒子群优化算法基本可以实现多极值的最大功率点跟踪。

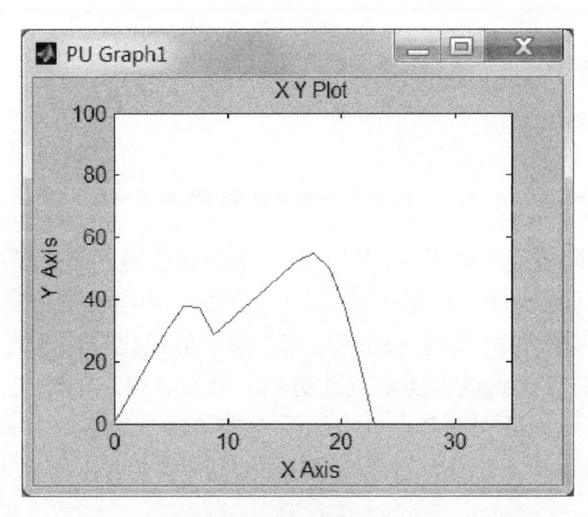

图 7-20　两块太阳电池串联组件的 *P-V* 曲线

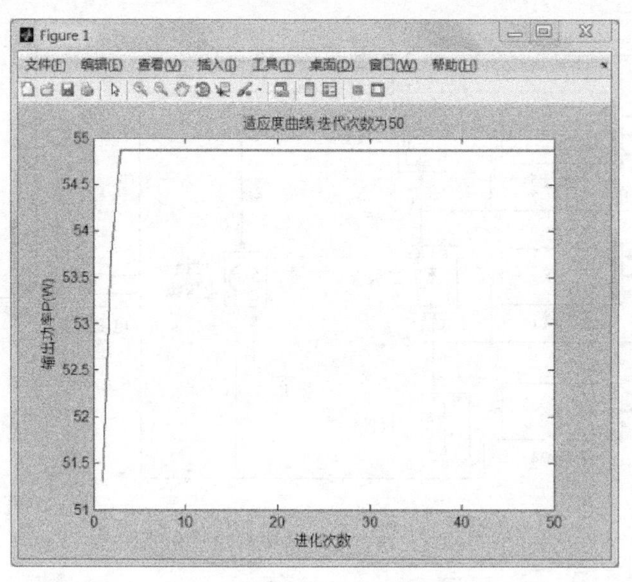

图 7-21　两块太阳电池串联组件迭代次数曲线跟踪结果

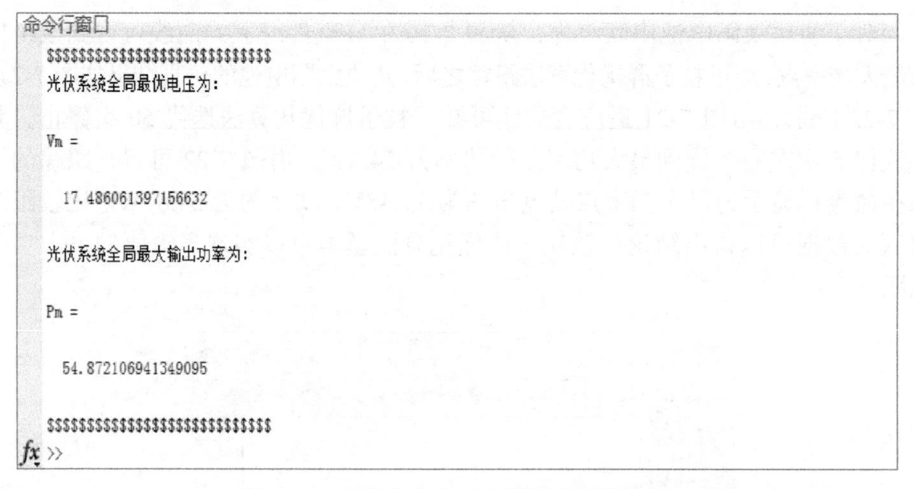

图 7-22　两块太阳电池串联组件跟踪结果

对于三块太阳电池串联组件，从图 7-23 中该组件的 *P-V* 曲线可得到该组件的最大功率点，经过粒子群优化算法跟踪之后，三块太阳电池的仿真结果如图 7-24、图 7-25 所示，由图 7-24 适应度曲线可知，粒子群优化算法迭代 50 次停止，其中迭代 36 次左右寻优到最大功率点的功率约为 85.3W，由图 7-25 可得，跟踪的结果在命令行显示为最大功率点处电压约为 27.04V，功率约为 85.29W。比较跟踪前后的数据可以得出结论，该粒子群优化算法基本可以实现多极值的最大功率点跟踪。

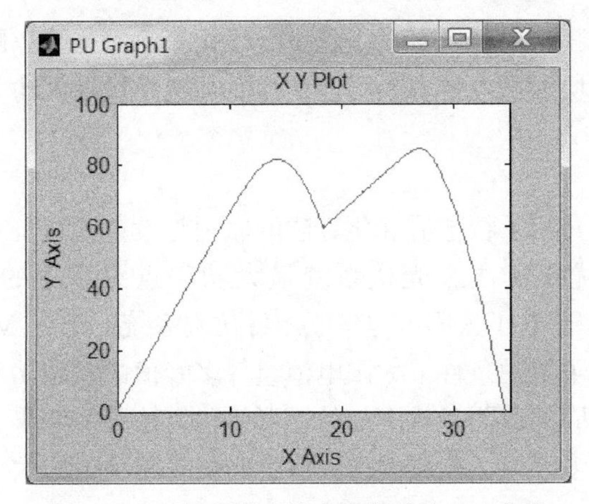

图 7-23　三块太阳电池串联组件的 P-V 曲线

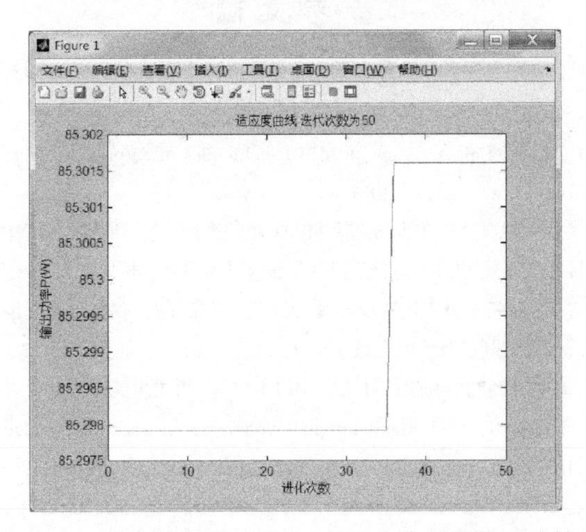

图 7-24　三块太阳电池串联组件迭代次数曲线跟踪结果

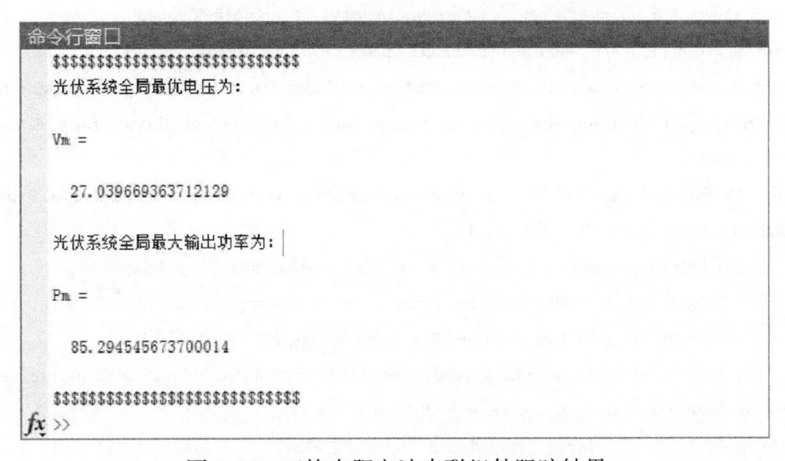

图 7-25　三块太阳电池串联组件跟踪结果

通过以上的仿真结果可以看出，粒子群优化算法基本可以跟踪全局最大功率点，对于两块或三块太阳电池串联组件，都能实现光伏最大功率点跟踪。

7.3.4 结论

本节首先详细介绍了粒子群优化算法的原理与设计流程，重点分析了自适应惯性权重粒子群优化算法在光伏系统最大功率点跟踪中的应用。其次通过MATLAB/Simulink 建立了太阳电池串联组件仿真系统，结合 M 文件编写的粒子群优化算法，实现了遮阴条件下太阳电池组件多峰值的输出功率跟踪。通过比较两种串联组件在不同的遮阴条件下的粒子群优化算法跟踪结果，证明了该改进的粒子群优化算法在多峰值、非线性最大功率点跟踪问题中的优秀能力。

参 考 文 献

[1] 邱革非, 张春刚, 仲泽坤, 等. 基于扰动观察法和电导增量法的光伏发电系统 MPPT 算法研究综述.中国电力, 2017, 50(3): 154-160.

[2] Mohapatra A, Nayak B, Das P, et al. A review on MPPT techniques of PV system under partial shading condition. Renewable and Sustainable Energy Reviews, 2017(80) : 854-867.

[3] 谢明明, 董明燕, 王永立. 一种自适应变步长光伏 MPPT 跟踪算法. 电子世界, 2015(13): 32-35.

[4] 吴雷, 杜蘅, 徐鹏. 一种用于光伏 MPPT 的分阶段变步长电导增量法. 电源技术, 2016(3): 617-620.

[5] 于晶荣, 曹一家, 何敏, 等. 单相单级光伏逆变器最大功率点跟踪方法. 仪器仪表学报, 2013, 34(1): 18-25.

[6] 彭文丽, 席自强, 张佳. 模糊控制在光伏发电最大功率点跟踪中的应用. 电工电气, 2013(1): 23-26.

[7] 陈小华, 李志华. 基于 RBF 神经网络和遗传算法的 MPPT 方法. 可再生能源, 2013, 31(1): 93-96.

[8] Hussein K H , Muta I , Hoshino T , et al. Maximum photovoltaic power tracking: An algorithm for rapidly changing atmospheric conditions. IEE Proceedings - Generation, Transmission and Distribution, 1995, 142(1): 59-64.

[9] Mei Q, Shan M, Liu L, et al. A novel improved variable step-size incremental-resistance MPPT method for PV systems. IEEE Transactions on Industrial Electronics, 2011, 58(6): 2427-2434.

[10] Messalti S, Harrag A, Loukriz A. A new variable step size neural networks MPPT controller: Review, simulation and hardware implementation. Renewable and Sustainable Energy Reviews, 2017(68): 221-233.

[11] Ishaque K, Salam Z, Shamsudin A, et al. A direct control based maximum power point tracking method for photovoltaic system under partial shading conditions using particle swarm optimization algorithm. Applied Energy, 2012(99): 414-422.

[12] Karami N, Moubayed N, Outbib R. General review and classification of different MPPT techniques. Renewable and Sustainable Energy Reviews, 2017, 68(1): 1-18.

[13] 刘军. 光伏阵列 MPPT 扰动观察法的分析与改进. 电子技术与软件, 2016(3): 243-244.

[14] Bhatnagar A P, Nema B R K. Conventional and global maximum power point tracking techniques in photovoltaic applications: A review. Journal of Renewable and Sustainable Energy, 2013, 5(3): 302-310.

[15] Tey K S, Mekhilef S. Modified incremental conductance MPPT algorithm to mitigate inaccurate responses under fast-changing solar irradiation level. Solar Energy, 2014, 101: 333-342.

[16] 高嵩, 罗浩, 何宁, 等. 基于 MPPT 的新型变步长增量电导法的研究. 电气传动, 2015(2): 16-19.

[17] Loukriz A, Haddadi M, Messalti S. Simulation and experimental design of a new advanced variable step size incremental conductance MPPT algorithm for PV systems. ISA Transactions, 2016(62): 30-38.

[18] 聂晓华，赖家俊. 局部阴影下光伏阵列全局最大功率点跟踪控制方法综述. 电网技术，2014，38(12): 3279-3285.

[19] Ram J P, Rajasekar N. A new global maximum power point tracking technique for solar photovoltaic (PV) system under partial shading conditions (PSC). Energy, 2017(118): 512-525.

[20] Ram J P, Babu T S, Rajasekar N. A comprehensive review on solar PV maximum power point tracking techniques. Renewable & Sustainable Energy Reviews, 2017(67): 826-847.

[21] Verma D, Nema S, Shandilya A M, et al. Maximum power point tracking (MPPT) techniques: Recapitulation in solar photovoltaic systems. Renewable and Sustainable Energy Reviews, 2016, 54(9): 1018-1034.

[22] Liao T, Stützle T, Oca M A M D, et al. A unified ant colony optimization algorithm for continuous optimization. European Journal of Operational Research, 2014, 234(3): 597-609.

[23] Liao T, Socha K, Oca M A M D, et al. Ant colony optimization for mixed-variable optimization problems. IEEE Transactions on Evolutionary Computation, 2014, 18(4): 503-518.

[24] Jiang L L , Maskell D L. A uniform implementation scheme for evolutionary optimization algorithms and the experimental implementation of an ACO based MPPT for PV systems under partial shading. IEEE Symposium Series on Computational Intelligence, Orlando, 2015.

[25] Sundareswaran K , Vigneshkumar V , Sankar P , et al. Development of an improved P&O algorithm assisted through a colony of foraging ants for MPPT in PV system. IEEE Transactions on Industrial Informatics, 2016, 12(1): 187-200.

[26] Titri S , Larbes C , Toumi K , et al. A new MPPT controller based on the ant colony optimization algorithm for photovoltaic systems under partial shading conditions. Applied Soft Computing, 2017(58): 465-479.

[27] 吴忠强, 于丹琦, 康晓华. 改进蝙蝠算法在光伏阵列存在局部阴影时的应用. 光电工程, 2018, 45(5): 170711.

[28] Kaced K, Larbes C, Ramzan N, et al. Bat algorithm based maximum power point tracking for photovoltaic system under partial shading conditions. Solar Energy, 2017(158): 490-503.

[29] Wu Z, Yu D. Application of improved bat algorithm for solar PV maximum power point tracking under partially shaded condition. Applied Soft Computing, 2018(62): 101-109.

[30] Oshaba A S , Ali E S , Abd Elazim S M. MPPT control design of PV system supplied SRM using BAT search algorithm. Sustainable Energy, Grids and Networks, 2015(2): 51-60.

[31] Shaiek Y , Ben Smida M , Sakly A , et al. Comparison between conventional methods and GA approach for maximum power point tracking of shaded solar PV generators. Solar Energy, 2013(90): 107-122.

[32] Sundareswaran K , Palani S , Vigneshkumar V. Development of a hybrid genetic algorithm/perturb and observe algorithm for maximum power point tracking in photovoltaic systems under non-uniform insolation. IET Renewable Power Generation, 2015, 9(7): 757-765.

[33] Tey K S, Mekhilef S, Seyedmahmoudian M, et al. Improved differential evolution-based MPPT algorithm using SEPIC for PV systems under partial shading conditions and load variation. IEEE Transactions on Industrial Informatics, 2018, 14(10): 4322-4333.

[34] Tajuddin M F N , Ayob S M , Salam Z. Tracking of maximum power point in partial shading condition using differential evolution (DE)//IEEE International Conference on Power & Energy, Kota Kinabalu, 2012.

[35] Tajuddin M F N , Ayob S M , Salam Z , et al. Evolutionary based maximum power point tracking technique using differential evolution algorithm. Energy and Buildings, 2013(67): 245-252.

[36] Shi J Y, Ling L T, Xue F, et al. Combining incremental conductance and firefly algorithm for tracking the global MPP of PV arrays. Journal of Renewable and Sustainable Energy, 2017, 9(2): 023501.

[37] 肖辉辉, 段艳明. 基于 DE 算法改进的蝙蝠算法的研究及应用. 计算机仿真, 2014, 31(1): 272-277.

[38] Patel H, Agarwal V. Maximum power point tracking scheme for PV systems operating under partially shaded conditions. IEEE Transactions on Industrial Electronics, 2008, 55(4): 1689-1698.

[39] Kouchaki A, Iman-Eini H, Asaei B. A new maximum power point tracking strategy for PV arrays under uniform and non-uniform insolation conditions. Solar Energy, 2013(91): 221-232.

[40] Veerapen S, Wen H, Du Y. Design of a novel MPPT algorithm based on the two stage searching method for PV systems under partial shading//2017 IEEE 3rd International Future Energy Electronics Conference and ECCE Asia (IFEEC 2017-ECCE Asia), Kaohsiung, 2017.

[41] 梁创霖. 光伏发电 MPPT 算法及控制器研究. 长沙: 湖南大学, 2011.

[42] Kennedy J, Eberhart R. Particle swarm optimization//IEEE International Conference on Neural Networks, Perth, 2011.

[43] Lodhi E, Shafqat R N, Kerrouche K D E, et al.Application of particle swarm optimization for extracting global maximum power point in PV system under partial shadow conditions. International Journal of Electronics and Electrical Engineering, 2017, 5(3): 223-229.

[44] 李丽, 牛奔. 粒子群优化算法. 北京: 冶金工业出版社, 2009.

[45] 徐玉杰. 粒子群算法的改进及应用. 南京: 南京师范大学, 2013.

第 8 章　总结与展望

8.1　国内外光伏发电的趋势

近年来，随着光伏发电技术的发展，以及光伏发电成本的降低，光伏产业走向平价，全球光伏行业发展态势良好，国内增速迅猛。2017 年，全球光伏市场新增装机容量为 102GW，同比增长 33.7%，中国 2017 年新增装机 53GW，占全球装机比过半，连续三年位居全球首位[1]。截至 2018 年底，中国累计光伏装机量已超过 170GW。2018 年取得的成绩：多晶硅产量达到 25 万 t，同比增长 3.3%；硅片产量达到 109.2GW，同比增长 19.1%；电池片产量达到 87.2GW，同比增长 21.1%；组件产量达到 85.7GW，同比增长 14.3%。2018 年全年我国太阳电池组件出口 41GW，同比增长 30%，光伏产品出口额达到 161.1 亿美元，为二十多个国家实现光伏平价上网提供支撑，这为全球应对气候变化做出了重要贡献[2]。同时，新兴市场正逐步发力，印度有望超越美国成为全球第二大市场；墨西哥、巴西等国家的光伏产业实现高速增长。

2017 年 11 月，国家能源局印发《解决弃水弃风弃光问题实施方案》，通过政府引导与市场主导相结合，全面提升电源、电网、用电各环节消纳可再生能源电力的技术水平，提出 2017 年甘肃、新疆弃光率降至 20%左右，陕西、青海弃光率力争控制在 10%以内。

除了上述光伏发电需求及政策的走向外，晶硅的制备、切片、背钝化和局部背电极等技术已经明显提升。2018 年单晶硅片国内报价为 4.25 元/片、单晶与多晶硅片价差缩小至每片 1.1～1.15 元，单晶替代趋势进一步加强。

随着太阳能光伏电站的广泛融入全球大多数国家，电站的利用率越来越高，无论是并网还是独立网络，对电力系统规划和运行阶段都会产生巨大的影响。太阳能光伏集成系统要求具备处理功率输出不确定性和波动的能力。在这种情况下，太阳能光伏发电功率预测成为确保太阳能光伏电站优化规划和建模的重要方面。准确的预测为电网运营商和电力系统设计人员提供了重要的信息，对设计最优的太阳能光伏电站以及管理需求提供帮助。这里涉及的问题有大型太阳能光伏并网电站的实施对电网的稳定性、可靠性、电力平衡、无功补偿和频率响应的影响等问题[3]。光伏发电的优化，还包括光伏组件的数量、存储和逆变器容量以及控制器类型[4]等方面。通过合理的储能调度，可以提高可再生能源电网的运行效率，使其发电量与预测的负荷曲线紧密匹配，提高了系统的稳定性以及光伏系统的普及率，降低了辅助设备的维护成本[5]。

8.1.1　光伏建筑一体化应用

随着技术的成熟，光伏建筑[6]也已经得到了大面积推广，实现了一体化应用。发展光伏建筑一体化应用技术是实现行业内信息化的必然趋势，此项技术可以很好地解决建筑设计师们在传统设计中存在的资源无法共享、信息交接无法及时传递等问题[7]，极大地提升了参与各方的工作效率[8]。但国内在光伏建筑一体化应用技术方面的水平有限，数据规范和标准也存在不足[5]，而且光伏在国内主要应用于复杂建筑，要实现其在建筑生命全周期的应用还有一段距离[9]。

光伏与建筑物相结合有以下两种形式：一种是建筑与光伏系统相结合；另一种是建筑与光伏器件相结合。

8.1.1.1　建筑与光伏系统相结合[10]

与建筑相结合的光伏系统，可以作为独立电源供电或者以并网的方式供电，而并网发电是当今光伏应用的新趋势。将现成的平板光伏组件安装在住房或建筑物的屋顶或外墙，引出端经过控制器及逆变器与公共电网相连接，由光伏方阵与电网并联向用户供电，这就组成了户用并网光伏系统。由于其全部或基本不用蓄电池，造价大大降低，并且除了发电以外还具有调峰、环保和代替某些建材的多种功能，因而是光伏发电步入商业应用并逐步发展成基本电源之一的重要方式。这类系统与独立光伏系统相比有如下特点。

(1) 对于并网户用光伏系统，光伏方阵在有日照时所发出的电能，供给建筑物内负载使用，如果有多余，可反馈给电网；在阴雨天或晚间，由电网给负载供电。这样，系统不必配备储能装置，可以降低系统造价，既免除了维护和更换蓄电池的麻烦，还增加了供电的可靠性。

(2) 光伏方阵一般可以安装在闲置的屋顶或阳台上就地供电，不需要另外架设输电线路，避免了长距离输配电所造成的线路损耗。这种分散供电的模式具有很多优点，将会改变目前单一的集中供电模式。

(3) 光伏阵列安装在房顶和墙壁等外围结构上，吸收太阳能，转化为电能，大大降低了室外综合温度，减少了墙体散热和室内空调冷负荷，既节省了能源，又利于保证室内空气的品质。

(4) 夏天是用电的高峰期，在天气炎热时，空调等制冷设备的利用率高，耗电量大。同时夏天的太阳辐射强度大，太阳电池方阵所发的电能也多，正好能起到电网调峰作用。

(5) 避免了使用一般化石燃料发电所导致的空气污染和废渣污染，这对于环保要求严格的今天与未来更为重要。

(6)在建筑结构上安装光伏阵列，可以推动光伏组件的应用和批量生产，从而进一步降低其市场价格。

所以说，光伏发电与建筑有机结合≠光伏发电+建筑。

光伏并网发电一般来说不配备蓄电池。国外开发可调度型并网系统的目的是为电网调峰，虽然要配备蓄电池，但只要求其容量每天能满足 3～4h 的调峰需要即可，不像独立光伏发电系统的蓄电池容量要满足 5 天以上的用电要求，因而其造价较独立系统仍有较大幅度的降低。由于可调度型并网系统的上网时间可以控制，因而其调峰效果大为提高。当然，由于配备了蓄电池，其环保作用不如不可调度型并网系统。

8.1.1.2　建筑与光伏器件相结合[11]

光伏与建筑相结合的进一步目标是将光伏器件与建筑材料集成化。一般，建筑物的外墙采用涂料、马赛克等材料，有的还采用价格不菲的幕墙玻璃，其功能仅仅是保护和装饰。若能将屋顶及向阳的外墙甚至窗户材料都用光伏器件来代替，则既能作为建材又能发电，可谓一举两得。当然，对光伏器件来说，其同时还应具备建材所要求的绝热保温、电气绝缘、防水防潮，与建筑材料有相同的机械强度等特性，而且要考虑安全可靠、美观大方、便于施工等因素。显然，光伏器件如果能代替部分建材，则可进一步降低光伏发电的成本，有利于推广应用，所以存在着巨大的潜在市场。例如，变换组件的边框材料就可以变更为一种屋瓦型太阳电池组件，铺盖于屋顶擦条上，可省去普通屋瓦；用可挠性树脂材料为基底的大面积柔性薄膜电池组件，可随意剪裁成所需尺寸，铺设于各种建筑物屋顶，既可发电，又可防雨；墙体式组件可代替普通玻璃幕墙，也可安装在高速公路边，与隔音墙成为一体。

光伏器件与建筑相结合，将原来互不相关的两个领域结合到一起，涉及面很广，并非光伏设计及制造者所能独立完成的，必须与建筑材料、建筑设计、建筑施工等有关部门密切合作，共同努力，才能取得成功。光伏建筑一体化体现了创新性的建筑设计理念、高科技以及人文环境协调的美观形象。

可以预计，光伏与建筑相结合是未来光伏应用中最重要的领域之一，其前景十分广阔，有着巨大的市场潜力。随着科学与技术的不断进步，光伏组件的成本将很快下降，与光伏相结合的建筑物会如雨后春笋般出现在我们的身边，同时太阳能光伏发电也必将在能源结构中占有相当重要的地位。

2018 年 8 月 10 日，在中国(西安)光伏产业发展高峰论坛暨展览会上[12]，国家能源集团宣布，由其牵头实施的铜铟镓硒薄膜光伏建筑一体化(CIGS-BIPV)技术与应用研究取得了重大突破，该科技创新项目首次高度集成了铜铟镓硒薄膜光伏建筑一体化装配、光伏光热太阳能综合利用、直流电供电系统、智能楼控系统、自动化控制系统、大数据、云平台等多项技术，实现了真正意义上的光伏建筑一体化。

8.1.2 光伏发电技术在农业中的应用

光伏发电技术在各个领域得到了应用与发展，在农业技术革命中，也已经得到了良好的普及，推动了农业快速发展[13]。光伏+农业，顾名思义是指在光伏电站设计、建设、运营中，预留给农业种植、养殖所必需的空间，确保在光伏电站正常发电的同时，满足植物、动物的生理需求，达到农光互补的效果，实现生态农业、循环农业技术模式集成与创新，为农业可持续发展提供有力的技术支撑。例如，Hassanien 等[14]介绍了温室内的环境光伏控制系统（制冷、供暖和照明）以及太阳能光伏抽水灌溉应用技术，并对此进行了经济性分析。Filippo 等[15]分析了意大利地区实现并网光伏在农业大棚中应用的案例，并评估得出了光伏农业具有经济优势，可实现最小投资收益的结论。Harshavardhan 和 Joshua[16]表明需要针对不同作物和不同区域进行全球光伏农业技术推广的探索。除此之外，国外研究者还对光伏发电在农业上的其他应用进行了相关的研究[17,18]。

目前，光伏农业主要有四大模式，即光伏种植、光伏养殖、光伏水利、光伏村舍；八个小模式，即菌菇光伏模式、渔光互补模式、蔬菜（瓜果）光伏模式、畜禽（牧业）光伏模式、林光模式、药材光伏模式、生态光伏模式、水利光伏模式。现对光伏+农业大棚模式展开具体介绍。

一些地区的农业大棚建设已经全面应用到了良好的光伏技术，也就是说，与建筑一体化相似，通过对农业大棚的改造，将光伏发电技术应用到大棚智能温控系统，不但实现了农业现代化、智能化、自动化控制，更在环保方面上得到了全面的改善。在实际应用中，需要把光伏组件全部安装到大棚钢制骨架中，通过对温度的有效调节，为作物提供稳定的光源，确保了植物补光效果，为植物健康成长提供了有效的环境空间，实现了绿色环保的整体生产需求。

因为农业大棚的种类较多，所以划分的光伏+农业大棚模式的种类也比较多，主要有以下几种。①光伏+连栋大棚，连栋大棚利用棚顶倾角的变化，增加了南坡面的面积，减少了北坡面的面积，可以增加光伏组件的铺设，可以在南坡面全部铺设或者间隔式铺设光伏组件，这取决于大棚的功能，即棚内作物需要的自然光的多少。②光伏+日光温室，日光温室是可以种植反季节蔬菜的有山墙的拱棚，拱面覆膜，冬季加覆保温层。该棚型是北方反季节蔬菜种植的主要棚型，每座规格一般为 667～1000m^2。光伏组件和支架系统安装在山墙上，也可以独立建设。③光伏+普通蔬菜拱棚，该棚型由全拱支架和覆膜组成，结构简单，投资规模较小，也是大部分地区最常见的大棚，单层膜无法种植反季作物，北方地区一般采取双层膜或加盖保温层来实现反季节种植。该模式和光伏+日光温室类似，支架高度增加，棚间距增加，使得土地占用面积增加，光伏投入成本增加，而该拱棚只能在春秋季使用，影响一个自然年内的种植周期，而且这种温度影响是不可控的，不利于规模化生产，同时支架的升高增加了投资。④光伏+大田种植，该模式的应用较为广泛，利用光伏阵列间的土地进行大田种植，适用的作物品种较多，阵列间距足够机械化种植，可以达到农业的正常种植和收益。协鑫新能源控股有限公司旗下的光伏农业项目众多，有些已取得成功。⑤光伏+食用菌棚，该棚型由支架、单层塑料薄膜、外遮阳网组成，结构与普通蔬菜拱棚类似，为了便于食用菌的生长，棚内设置菌棒台架。该棚型南北方通用，北方入冬后不再生产。

技术不成熟是光伏农业受到质疑的主要原因之一，导致光伏与农业争光，农业减产，光伏在农业中的运用受到限制。所以要对光伏农业进行更多的实践与试验，用事实验证光伏农业的兼容性，用需求推动标准的建立。由于理论体系不完善，光伏农业没有成熟系统性的产业研究成果与体系，商业模式、运营模式、盈利模式、管理模式等还处在探索与发展阶段。要根据当地的资源禀赋和市场情况，确定光伏农业的发展定位，精准定位才能做到有针对性的生产，同时制定当地的整体规划，选准品种，稳步推进。光伏农业最适合推广的模式是大棚下种植食用菌、药用菌，在大棚下进行水产养殖、动物养殖及农副产品深加工、市场交易等子项目。

8.1.3　光伏发电技术在 LED 照明中的应用

LED 广泛应用到照明领域，由半导体材料制作形成。把光伏发电技术应用到 LED 中[19,20]，能够实现电能、光能转化，在全面保证照明的同时，与传统照明相比具备良好的优势，实现了环保目的。

光伏发电技术应用在 LED 照明时，采用灯、太阳电池组件、灯架、蓄电池等共同组成 LED。在智能控制器的作用下，光伏白天就可以直接向蓄电池充电，晚上给 LED 供电。LED 作为第四代照明光源，拥有体积小、节能环保等诸多特点。

(1) 高节能：LED 拥有超低功耗、直流驱动，相比传统光源，能够达到 80% 以上的节能目标。

(2) 寿命长：相比传统的光源，其寿命能够延长 10 倍以上。

(3) 易于调光、调色、可控性大：LED 作为一种发光器件，可以通过控制流过的电流来控制亮度，这种特性更易于满足下文提到的通过智能控制系统来实现各种应用的需要。

LED 典型应用场景是光伏太阳能 LED 路灯，由光伏电池组件、光控单元、智能控制器、蓄电池、发光负载等组成。

光伏发电利用太阳电池组件依据光生伏特效应将太阳辐射能转化为电能输出，并将电能储存于蓄电池，由智能控制器控制其充电过程。夜晚当控制器检测到照度降低至 10lx 以下，同时组件开路电压降至 4.5V 时，启动蓄电池放电给灯头满足照明需要。系统具有完善的负载输出控制与过流、短路保护功能。过流与短路保护包含两级保护：前级保护采用软、硬件结合的方式，由电阻、运算放大器及比较器配合单片机外部中断和 A/D 转换实现；后级保护利用电子保险丝在流过的电流超过整定值时其温度上升、阻值增大的特性达到电路保护的目的。此外，在设计硬件电路时还应注意：将感应雷保护置于电池板引线的入口；应采用快速恢复二极管防止太阳电池板反接；保护电路取样电阻的阻值选择应充分考虑工作电流、功率和热稳定性要求。

8.2 光伏发电技术的展望

8.2.1 光伏材料

光伏材料方面，新材料太阳电池，如钙钛矿太阳电池、染料敏化太阳电池等[9]深深吸引了人们的注意。钙钛矿材料最初是指一种稀有矿石 $CaTiO_3$，其具有 ABX_3 结构，其中 A 为有机阳离子，B 为金属离子，X 为卤素基团。自 1926 年晶体结构被基本明确以来，已应用于多个领域。2009 年，钙钛矿材料首次被用作太阳电池的吸光材料，获得了 3.8%的光电转换效率。随后钙钛矿太阳电池异军突起，迅速成为国内外研究的热点，短短几年内，其能量转换效率由 3.8%飙升到 20.1%，被 *Science* 评选为 2013 年十大科学突破之一。

钙钛矿太阳电池被誉为“光伏领域的新希望”，卓越的光伏特性、良好的吸光性和高电荷传输速率使其具有巨大的开发潜力，钙钛矿太阳电池具有非常稳定的光伏性能，以及较高的量子效率、短路电流密度和开路电压。由于构造简单、制造成本低、光电转换性能优异、效率高，钙钛矿太阳电池有望成为全固态的新型太阳电池，是目前现有商业太阳电池最有潜力的竞争者。

虽然钙钛矿太阳电池的研究取得了突出的进步，但是仍存在一些问题：①很难制备大面积的钙钛矿太阳电池，阻碍了其市场应用；②对水蒸气和氧气十分敏感，会与其发生化学反应，晶体结构被破坏，导致电池性能的衰减，造成其稳定性较差；③制备钙钛矿太阳电池所用的钙钛矿材料通常为 $CH_3NH_3PbI_3$，其中重金属 Pb 易对环境造成污染；④现有的测试技术不能很好地避免能量转换效率测试时的回滞现象；⑤空穴传输层材料造价昂贵。

传统电池方面，研究人员在定向凝固的铸造多晶硅生长技术基础上，发展了底部诱导成核的高效多晶硅生长技术[21]和底部引晶的铸造类单晶技术[22]。前者已成为目前最主要的铸造多晶硅制备技术，使传统晶体硅太阳电池的光电转换效率极限接近 30%[23]，但仍然会有部分能量转化为热能被浪费，且热能不能完全散失，反而导致光伏组件的温度升高，对组件的发电效率产生不利影响。

转换效率的不断提高及有效的成本控制使得多晶硅太阳电池一直占据市场的重要位置，再加上不断完善的多晶硅技术及日趋成熟的电池生产工艺，预计多晶硅太阳电池将迎来更加稳健的发展：①优化多晶硅的制备工艺，尽量减少缺陷、气孔和杂质，提高结晶质量，减小晶界的影响，提高光生载流子的收集率；②合理采用性能优良的氮化硅减反膜，氮化硅中释放出的氢也会钝化硅中的杂质，钝化效果明显，性能稳定；③为降低多晶硅片内杂质的影响，以及减小背表面复合的概率，可尝试采用磷扩散、背钝化及铝背场的吸杂等措施。

8.2.2　发电跟踪与预测技术

光伏发电系统中最大功率点跟踪技术及控制策略也是研究的重点。为了充分获得光伏发电系统的功率[24]，首先要获得最大功率点，当光照变化时，就要研究最大功率点跟踪方法。太阳电池等效电路是典型的非线性电路，当光照发生变化时，最大功率点的负载电压和负载电流随之变化，为了始终获得负载的最大输出功率，需要进行最大功率点跟踪。最大功率点跟踪技术细分为扰动观察法、电导增量法、动态等效阻抗匹配法等。目前常用的最大功率点跟踪技术是当光照和温度变化时要设定不同的寻找最大功率点的最优步长，步长过小则跟踪时间加长，影响系统的动态响应；步长过大则会加剧最大功率点附近的振荡问题。当光照变化时，采用不同的步长寻找最大功率点时产生的功率损耗也不相同，这种跟踪技术并不适合用在光照快速变化时的场合，如聚光太阳电池。实际工程应用中，为了解决电导增量法和扰动观察法在光照快速变化时不稳定的问题，先在电导增量法或扰动观察法中进行切换，然后转入恒定电压法。

其实，在研究电池发电功率跟踪方面，研究者发现太阳电池的发电能力和遮挡的图形有密切的关系[25]，一个电池串中只有几片电池被遮挡时可能对整个电池串的发电能力基本没有影响，但当被遮挡的电池片的数量达到某一阈值时，电池串的输出功率会急剧下降，直至完全无输出。可见，传统计算方法的精度较差，特别是针对空间站的大面积太阳电池阵，如果误差较大，则可能造成据此设计的太阳电池阵过大或者过小：前者会浪费资源，后者难以保证能源系统平衡。因此，应尽量减小发电能力的计算误差。由此涌现了大量多峰下的 MPPT 算法。主要有人工智能算法和代数算法。人工智能算法不依赖阵列的具体数学模型，有很好的自适应能力和准确度，但需要大量的运行数据和经验积累，实现电路复杂，MPPT 过程中存在随机功率振荡，给负载或电网造成较大扰动。代数算法计算量小，搜索轨迹明确，实现简单，但是其准确度与阵列的数学模型密切相关，在非均匀光照下仍然存在最大功率点误跟踪的问题。

实际上，光伏发电预测技术主要有三种方法，即统计方法、物理方法和集成方法。统计方法包括五个子模型：①人工神经网络（ANN）；②支持向量机（SVM）；③马尔可夫链；④自回归模型；⑤回归模型。这些统计方法高度依赖于历史数据，易于实现，具备通过提取过去的数据来预测时间序列的能力。物理方法包括三个子模型：①数值天气预报（NWP）；②天空图像模型；③卫星成像模型。这些物理模型依赖于物理状态与太阳辐射在大气中的动态运动之间的相互作用。集成方法是指任何统计方法或物理方法的组合。这个概念是指将具有不同特性的模型混合在一起，以克服单个模型的局限性，从而提高预测性能[26]。这些技术还具有将线性方法和非线性方法结合起来的能力，因此，集成方法优于单个方法[27]。

8.2.3　电池参数提取技术

目前，太阳电池工程参数的求解方法主要是在 MATLAB、Maple 和 Mathematica 等工程软件中对太阳电池进行数学建模，然后通过牛顿迭代法和相关算法来求解，整个过程烦琐、求解不便、变量关系不直接[28]。随后，相关学者对太阳电池数学模型进行了改进，引入生产厂商提供的电气参数建立相对简单的工程模型，达到参数求解的目的。此外，可以通过测量电池在光照条件下的伏安特性曲线，用解析法或者拟合方法计算得到各个参数。当采用解析法时，一般需要测量得到短路电流点处、开路电压点处和最大功率点处的电流电压关系且还需对伏安特性曲线进行求导，根据采用方法的不同还需要知道部分上述特殊点处的斜率，由于所选用的点的数量较少，又做了较多简化假设，而且求导需要获得平滑的曲线，因此，解析法准确程度相对较低。拟合方法的准确程度相对较高，为了将太阳电池模型方程转化为显函数方程，常引入 Lambert W 函数，但是这增加了计算的复杂度。也有采用数论方法进行曲线拟合的，但是在此方法运用中需要准确估计各器件的参数初值，且器件参数搜索范围较小，对偏离正常范围的太阳电池不适用。最近，为了解决器件参数的初值依赖问题，研究人员提出了粒子群优化算法和遗传算法，但是这类算法相对比较复杂。因此，本书提出一种较为简单的拟合方法，在适当估计器件参数范围的基础上，不需要引入 Lambert W 函数，且器件参数搜索范围较大，适用于太阳电池性能相差较大的情况。目前，普遍采用解析方法求解太阳电池参数，该求解方法利用边界条件将输出电流方程化简为解析方程组，该求解过程虽然简单，但求解精度依赖于伏安特性曲线中的特殊点的信息，或者通过拟合求解待定参数值，该求解过程的数学推导过程烦琐且需要设置近似条件[29]。

近年来，智能优化算法被广泛应用于太阳电池的参数辨识，该数值求解方法将太阳电池参数的求解转变为目标函数的寻优问题，无近似条件，相比传统求解方法，可大幅度提高求解精度。利用自适应粒子群优化算法提取了相应太阳电池的各电性参数，对太阳电池各参数的辨识结果和单纯形算法的计算结果进行了比较，讨论了权重因子策略和种群规模对参数提取结果的影响。粒子群优化算法收敛快，特别是在算法的早期，但存在着精度较低、易发散等缺点；蚁群优化算法与粒子群优化算法类似，不同之处在于蚁群优化算法只记忆位置信息，而且由于蚁群优化算法本身的复杂性，其需要较长的搜索时间；蝙蝠算法具有参数少、鲁棒性强等优点，该算法存在着后期收敛速度慢、收敛精度不高、易陷入局部最优等问题；遗传算法和差分进化算法对实时非线性和多模式的目标函数问题具有高鲁棒性；与单一算法相比，混合算法可以有效地扬长避短，发挥智能控制算法的优点，大大提高跟踪性能。对于未来的 MPPT 控制技术，发展混合优化算法是一个好的思路，本节旨在为光伏系统领域的研究者提供一个参考。

8.2.4　并网技术

随着光伏发电技术的日益成熟，其发电稳定性得到有力保障，光电转换效率大幅提升。除此之外，光伏发电受地理位置影响有限，可以选择多种地形进行安装运行，如平原、山丘、高原等。因此，光伏发电逐渐被人们重视。尤其是大规模光伏发电开发利用有效改善了我国偏远地区的电力供应条件，对人们的生活产生了重大影响。近几年，光伏发电成功并入电网，同时受到国家的大力扶持，这将会进一步推动其作为绿色能源造福人类。目前，大规模光伏发电在快速发展的同时对电力系统的影响还需要从以下几方面进行进一步研究。

(1) 研究新型输电技术输送光伏等波动性能源的经济性效益及社会效益；研究新型输电技术适应光伏波动的运行技术；研究新型输电技术输送光伏的优化布局等规划技术。

(2) 研究适应大规模光伏的输电系统网架结构优化技术、网架优化原则和方法；研究适应大规模光伏集中接入的送端电源结构和布局优化技术；研究考虑动态性能的光伏置信容量评价方法和指标体系；研究综合考虑社会效益、环境效益的光伏发电容量优化规划和技术经济评价方法。

(3) 研究适应大规模分散式接入的智能配电网规划技术，包括系统结构优化方法、光伏电站布点、容量优化以及微网模式的设计等；研究大规模光伏接入后的电能质量监测及治理技术；研究智能配电网背景下接纳分散式光伏的有功、无功控制技术。

(4) 研究将大规模光伏接入、含多时间尺度的频率控制技术；研究规模化光伏接入的分层分区、多级协调自动电压控制技术；设计大规模光伏接入的有功频率、无功电压控制系统框架及功能；着重研究高压交直流集中外送波动性光伏的有功、无功控制技术。

(5) 研究大规模光伏接入后的安全评估技术；研究大规模光伏集中接入高压交直流外送的广域协调安控技术；研究大规模光伏分散式接入后提升供电效果[30,31]

的辅助决策技术。

参 考 文 献

[1] 全球起重机械网. 2018 年光伏行业发展现状分析. (2018-08-14)[2023-02-22]. www. chinacrane. net/news/201808/14/138044. html.

[2] 王勃华. 中国光伏产业发展现状与展望. 电力设备管理, 2019(2): 27.

[3] Koohi-Kamali S, Rahim N, Mokhlis H, et al. Photovoltaic electricity generator dynamic modeling methods for smart grid applications: A review. Renewable and Sustainable Energy Reviews, 2016(57): 131-172.

[4] Koohi-Kamali S, Rahim N, Mokhlis H. Smart power management algorithm in microgrid consisting of photovoltaic, diesel, and battery storage plants considering variations in sunlight, temperature, and load. Energy Conversion and Management, 2014(84): 562-582.

[5] de Giorgi M G, Congedo P M, Malvoni M. Photovoltaic power forecasting using statistical methods: Impact of weather data. IET Science Measurement & Technology, 2014(8): 90-97.

[6] 周民强. 光伏发电技术应用探讨. 科技创新与应用, 2018(27): 161-162.

[7] Gourlis G, Kovacic I. Building information modelling for analysis of energy efficient industrial buildings-A case study. Renewable and Sustainable Energy Reviews, 2017(68): 953-963.

[8] Sandeep K, Jeff S H, Mark J C, et al. Building information modeling(BIM)-based daylighting simulation and analysis. Energy and Buildings, 2014(81): 391-403.

[9] Stathis E, Dejan M, Paul G. Life cycle energy efficiency in building structures: A review of current developments and future outlooks based on BIM capabilities study at National Taiwan University. Renewable and Sustainable Energy Reviews, 2017(67): 811-825.

[10] 王柯, 王一彬. 光伏发电与建筑的有机结合. 智能建筑电气技术, 2008, 2(6): 88-90.

[11] 沈辉, 曾祖勤. 太阳能光伏发电技术. 北京: 化学工业出版社, 2019.

[12] 王轶辰. 我国光伏建筑一体化技术取得重大突破. 经济日报, 2018-08-14.

[13] 吴楠, 张耀邦, 佘炜, 等. 光伏发电+农业 解锁农业发展新模式. 蔬菜, 2018(4): 1-7.

[14] Hassanien R, Li M, Wei D L. Advanced applications of solar energy in agricultural greenhouses. Renewable and Sustainable Energy Reviews, 2016(54): 989-1001.

[15] Filippo S, Salvatore T, Anna Maria D T, et al. Efficacy and efficiency of Italian Energy Policy: The case of PV system ingreenhouse farms. Energies, 2014, 7(6): 3985-4001.

[16] Harshavardhan D, Joshua M P. The potential of agrivoltaic systems. Renewable and Sustainable Energy Reviews, 2016(54): 299-308.

[17] Yang J, Wang S, Lee J H. Photovoltaic detection of hydrogen peroxide over a wide range of concentrations for agricultural applications. Journal of Chemical Engineering of Japan, 2015, 48 (7): 575-583.

[18] Abla K, Chokri B S, Mimouni F M. Power management of a photovoltaic/battery pumping system in agricultural experiment station. Solar Energy, 2015(112): 319-338.

[19] 赵敏, 董慧敏. 光伏太阳能 LED 路灯照明系统设计. 价值工程, 2016, 35(13): 207-208.

[20] 李积煜. 光伏电能在智能变电站照明的应用. 集成电路应用, 2018, 35(9): 69-70.

[21] Yang Y M, Yu A, Hsu B, et al. Development of high performance multicrystalline silicon for photovoltaic industry. Progress in Photovoltaics Research & Applications, 2015, 23(3): 340-351.

[22] Hu D, Yuan S, He L, et al. Higher quality mono-like cast silicon with induced grain boundaries. Solar Energy

Materials and Solar Cells, 2015(140): 121-125.

[23] 于佳禾, 许盛之, 韩树伟, 等. 太阳电池与光伏组件的温度特性及其影响因素的分析. 太阳能, 2018(3): 29-36.

[24] 张忠政, 程晓舫. 太阳电池最大功率恒压跟踪研究. 中国电机工程学报, 2014, 34(26): 4521-4527.

[25] 路火平, 施梨, 杨华星, 等. 阴影遮挡对太阳电池阵发电能力影响的仿真分析. 航天器环境工程, 2017(3): 252-257.

[26] Leva S, Dolara A, Grimaccia F, et al. Analysis and validation of 24 hours ahead neural network forecasting of photovoltaic output power. Mathematics and Computers in Simulation, 2017(131): 88-100.

[27] Sobri S, Koohi-Kamali S, Rahim N A. Solar photovoltaic generation forecasting methods: A review. Energy Conversion and Management , 2018(156): 459-497.

[28] 汪石农, 陈其工, 高文根. 太阳电池最大功率点参数求解方法研究. 太阳能学报, 2018, 8(39): 2305-2309.

[29] 肖文波, 刘伟庆, 吴华明, 等. 太阳电池单二极管模型中的参数提取方法. 物理学报, 2018, 19(67): 198801.

[30] 丁明, 王伟胜, 王秀丽, 等. 大规模光伏发电对电力系统影响综述. 中国电机工程学报, 2014, 1(34): 1-14.

[31] 李秀云, 韩继武. 大规模光伏发电并网对电力系统的影响及其发展现状. 智慧中国, 2019(4): 93-95.